物理数学

ベクトル解析・複素解析・フーリエ解析

三井敏之＋山崎 了
Mitsui Toshiyuki+Yamazaki Ryo
［著］

日評ベーシック・シリーズ

日本評論社

まえがき

本書では，物理学を学ぶ上で必要となる数学のうち，ベクトル解析，複素解析，フーリエ解析について解説した．これらは物理学を志す者にとっては「掛け算の九九」のようなものであると言ってよいのであろうが，初学者にとって敷居が高いと感じられるのも事実であろう．しかし，だからといって避けては通れないものである．このような場合は，例題を通して具体例にもふれつつ学んでいくと良いのではなかろうか．読者が例題を解きながらこれらの数学についての理解を深めていけるよう心がけて本書を執筆した．また，単なる数学の道具の紹介にとどまらず，電磁気学，量子力学などとの関連についても，話の筋をさまたげない範囲内で可能なかぎり紹介するよう努めた．教科書を「読む」ということは，単に音読をするということではなく，筆記用具を手に持ち，教科書に書かれている数式を読者自ら導出しながら読み進めていくということである．本書もそのように自力で「読む」ことができるように式変形を丁寧に記述した．読者が例題を自ら解くうちに「教科書の読み方」も身につけていただきたい．

第 I 部の「ベクトル解析」（三井が執筆）では，まずは簡単な図形についてベクトルを用いて記述し，ベクトルの内積や外積からはじめ，微分，積分も図を用いて説明した．ガウスやストークスの積分定理は，流体力学や電磁気学などに用いられる重要な定理であるので，まずは簡単に証明をして，さらに，ベクトルの発散や回転の図形としての性質から直感的に理解できるように説明した．曲線座標では，極座標と円柱座標をとりあげ，それぞれの座標系におけるスカラーの勾配やベクトルの発散と回転が，図形としての性質から導けるように説明した．

第 II 部の「複素解析」（山崎が執筆）では，大学 1 年生で習う実関数 (= 実数を変数とする実数値をとる関数) の微積分学の知識をもとに複素関数論の世界を概観する．定理の証明や実際の計算など，複素関数の話を自分の守備範囲――つまり実関数についての知識――に持ってきて理解するというスタンスで読み進めていってもらいたい．複素積分を用いた計算は電磁気学，プラズマ物理学，場の理論など物理学のさまざまな場面で登場する基本的な「算術」である．第 III 部のフーリエ解析でも複素解析が登場する．

第 III 部（山崎が執筆）では，物理学のあらゆる場面で出会う基本的な解析のテクニックである「フーリエ解析」について学ぶ.「性質の良い関数ならば，どんな関数でも三角関数の重ね合わせで表すことができる」というフーリエ解析の結論は，微分方程式を解くために利用されるだけでなく，データ解析の際のノイズ除去などでも使われる．単なる計算の道具だけでなく，量子力学の基本原理にも通じるものである．なお，第 III 部の最後では，フーリエ解析の偏微分方程式への応用として，グリーン関数を用いた波動方程式の解法について解説した．フーリエ解析の微分方程式への応用としては，多くの教科書では熱伝導方程式の解法が紹介されているため，本書ではそれについての記述はあえて避けた．だからといって熱伝導方程式の解法が不要というわけではないので誤解せず，他書を読んで勉強していただきたい．

内容をベクトル解析，複素解析，フーリエ解析にしぼったおかげで，これらの詳細や式の導出について分量を割いて丁寧な説明ができたと考えているが読者の判断を仰ぎたい.「習うより慣れろ」という精神のもと，読者の理解の手助けを図るために例題を多くあげてその解説の充実につとめたが，やはり本書だけでは演習量の不足は免れまい．難易度の高い問題も紹介することはできなかった．本書以外にも詳細な演習を積むことでさらなる実力アップを図っていただきたい．

本書の原稿は青山学院大学理工学部物理・数理学科の同僚である増田哲氏に丁寧にチェックしていただき，誤りを指摘していただいた．また，青山学院大学の大学院生であった正治圭崇君には原稿の一部の入力を手伝っていただいた．最後に，本書の執筆依頼の声をかけてくださり，図の作成等でお世話になった日本評論社の筧裕子さんに感謝を申し上げる．

2018 年 6 月

三井敏之，山崎 了

目次

第I部
ベクトル解析

第1章

ベクトル

自然現象を記述する物理学において，変位，速度，力，電場のように，「大きさ」と「向き」を指定することが必要な物理量が存在し，それらを**ベクトル**として表す．一方，「大きさ」のみで表せる，長さ，時間，温度，電荷，電圧，質量などは**スカラー**[1]と呼ぶ．

1.1 ベクトルの記述と性質

向きを指定する必要があるベクトルは「矢印」を用いて表せる．ベクトルはスカラーと区別するために太字で $\boldsymbol{A}$, あるいは $\overrightarrow{A}$ と表記する．ベクトルを図で示す場合，図 1.1 のような線分に向きを指定して始点 O から終点 P までの $\overrightarrow{\mathrm{OP}}$ として表す．その線分の長さ $|\mathrm{OP}|$ は，ベクトルの大きさである．本書では $\boldsymbol{A}$ の大きさを $|\boldsymbol{A}|$ あるいは A と表記する．

よって，$\boldsymbol{A} = \boldsymbol{B}$ ならば二つのベクトル $\boldsymbol{A}$ と $\boldsymbol{B}$ の大きさと向きは同じである (図 1.1).

定義 1.1　零ベクトル $\mathbf{0}$：始点と終点が一致した大きさが 0 のベクトル．その向きは定めない．

$$(例)\quad \boldsymbol{A} + \mathbf{0} = \boldsymbol{A}.$$

定義 1.2　単位ベクトル $\boldsymbol{e}$：大きさが 1 のベクトル ($|\boldsymbol{e}| = 1$). $\boldsymbol{A}$ と $\boldsymbol{e}$ の向きが同じなら $\boldsymbol{A} = A\boldsymbol{e}$ となる (p.5 参照).

1] 第 I 部ではスカラーはすべて実数とする．

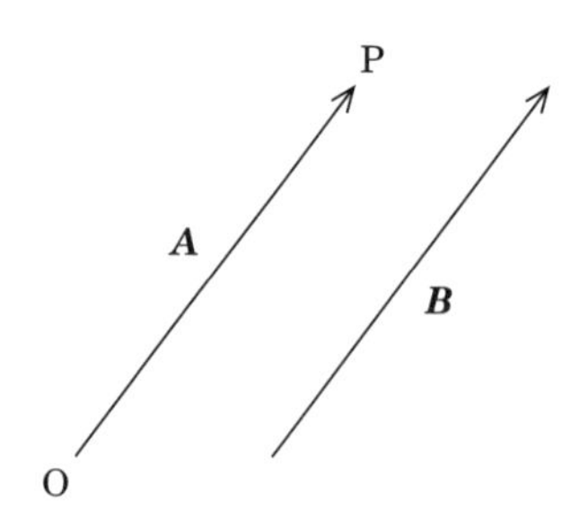

図 1.1　ベクトルを「矢印」で表す．大きさと向きが同じ二つのベクトル $\boldsymbol{A}, \boldsymbol{B}$ は $\boldsymbol{A} = \boldsymbol{B}$.

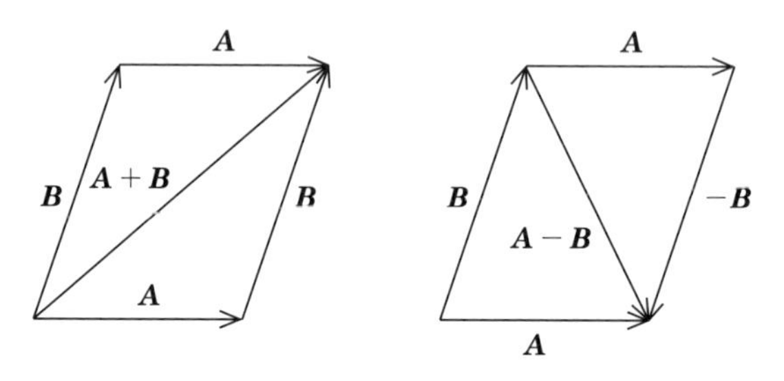

図 1.2　ベクトルの加法と減法.

これらの定義や性質を用いて，次にベクトルの演算について考えよう．

ベクトルの加法と減法はスカラーとは異なり，向きの指定があるので，図に表すとわかりやすい．たとえば $\boldsymbol{A}+\boldsymbol{B}$ は，図 1.2 のように $\boldsymbol{A}$ の終点を $\boldsymbol{B}$ の始点としたとき，$\boldsymbol{A}$ の始点から $\boldsymbol{B}$ の終点にひいたベクトルである．文字通り矢印の足し算である．この $\boldsymbol{A}+\boldsymbol{B}$ は図 1.2 からわかるようにベクトル $\boldsymbol{A}$ と $\boldsymbol{B}$ による平行四辺形の一つの対角線を表している．

ベクトル $\boldsymbol{A}$ に対して，大きさが等しく，向きが逆のベクトルを $-\boldsymbol{A}$ とおけば，

$$\boldsymbol{A}+(-\boldsymbol{A}) = \boldsymbol{A}-\boldsymbol{A} = \boldsymbol{0}$$

としてベクトルの減法を示すことができる．この減法により，図 1.2 の平行四辺形のもう一つの対角線を，$\boldsymbol{A}+(-\boldsymbol{B})$, つまり $\boldsymbol{A}-\boldsymbol{B}$ と表せる．このように幾何学的にベクトルの加法と減法を表すと，次の関係も示すことができる．

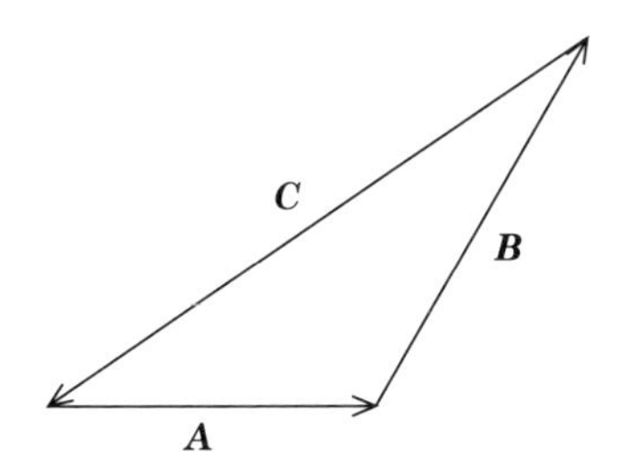

図 1.3 $\boldsymbol{A}+\boldsymbol{B}+\boldsymbol{C}=\boldsymbol{0}$ は三角形を表す.

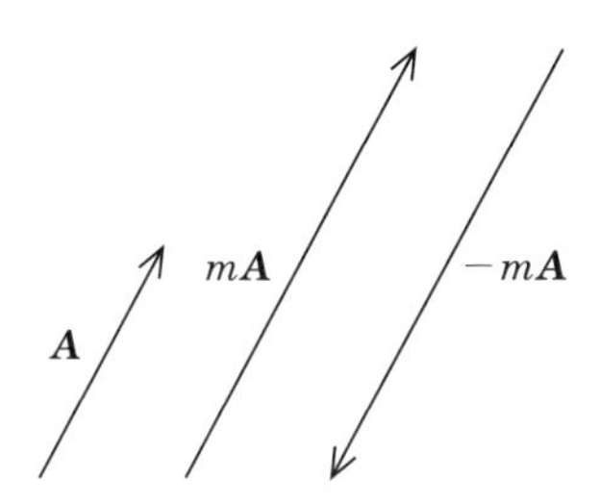

図 1.4 ベクトルのスカラー倍, $m>0$ の場合.

(1) $\boldsymbol{A}+\boldsymbol{B}+\boldsymbol{C}=\boldsymbol{0}$ は三角形をつくる (図 1.3) .

(2) $\boldsymbol{A}+\boldsymbol{B}=\boldsymbol{B}+\boldsymbol{A}$ が成り立つ (交換法則, 図 1.2 (左) を参照).

ここで, ベクトルのスカラー倍について考えよう. m をスカラー (実数) とする. このときベクトル $m\boldsymbol{A}$ は $\boldsymbol{A}$ と平行で, 大きさが $|\boldsymbol{A}|$ の m 倍のベクトルを表す. m の条件により $m\boldsymbol{A}$ の向きは, 次のようになる (図 1.4).

(1) $m>0$ の場合は $\boldsymbol{A}$ と同じ向き

(2) $m<0$ の場合は $\boldsymbol{A}$ と逆向き

(3) $m=0$ の場合は $\boldsymbol{0}$ (零ベクトル)

例 1.3 ニュートンの運動第二法則は, 質量を m, その質点に作用する力を $\boldsymbol{F}$ とした場合に, 質点の加速度をベクトル $\boldsymbol{A}$ として, $\boldsymbol{F}=m\boldsymbol{A}$ と書ける. これは力の向きに加速することを示す.

ベクトルの加法とスカラー倍より, 次の関係が成り立つ.

(1)　$\boldsymbol{A}+\boldsymbol{B}=\boldsymbol{B}+\boldsymbol{A},\ m\boldsymbol{A}=\boldsymbol{A}m$　(交換法則)

(2)　$\boldsymbol{A}+(\boldsymbol{B}+\boldsymbol{C})=(\boldsymbol{A}+\boldsymbol{B})+\boldsymbol{C},\ m(n\boldsymbol{A})=(mn)\boldsymbol{A}$　(結合法則)

(3)　$(m+n)\boldsymbol{A}=m\boldsymbol{A}+n\boldsymbol{A},\ m(\boldsymbol{A}+\boldsymbol{B})=m\boldsymbol{A}+m\boldsymbol{B}$　(分配法則)

(3) のベクトルの分配法則の 2 番目の式は，図 1.2 のような $\boldsymbol{A}$, $\boldsymbol{B}$, $\boldsymbol{A}+\boldsymbol{B}$ によって表せる三角形の相似 (m 倍) を意味する．

1.2　ベクトルの成分表示

ベクトルを図として描くと演算の意味がわかりやすい．物理では重力による質点の運動など，空間内において，力が同一の向き (鉛直下向き) とみなせる場合，その向きを 3 次元空間内の直交座標 (デカルト座標) の z 軸の負の向きとして運動を解析するとわかりやすい．質点の速度 $\boldsymbol{v}$ を，重力の向きと，重力に垂直な向きに分けて考えられるからである．このようにベクトルを直交座標系のそれぞれの軸に分けて表すことを**ベクトルの成分表示** (解析的表示) という．たとえば図 1.5 のように直交座標 (右手系)[2] において $\boldsymbol{A}$ の始点を原点とし，終点の座標を (A_x, A_y, A_z) とする．$\boldsymbol{i}, \boldsymbol{j}, \boldsymbol{k}$[3] はそれぞれ x 軸，y 軸，z 軸の正に向かう単位ベクトル (**基本ベクトル**) とすると，ベクトル $\boldsymbol{A}$ は成分表示として $\boldsymbol{A}=A_x\boldsymbol{i}+A_y\boldsymbol{j}+$

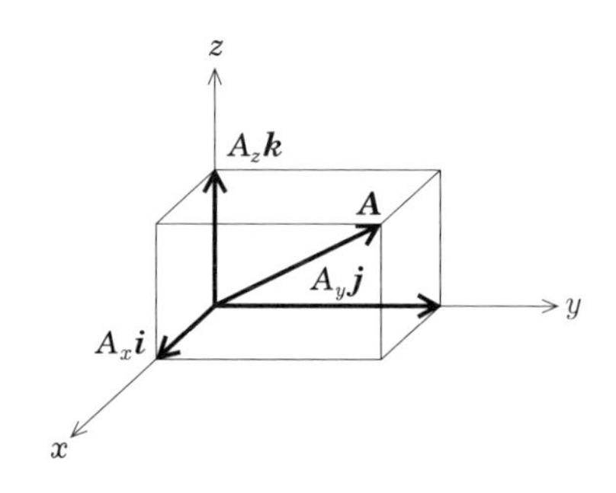

図 1.5　直交座標とベクトル $\boldsymbol{A}$ の x, y, z 成分．

2]　右手系とは，x 軸正の向きから y 軸正の向きへ右ねじをまわしたときに進む向きを z 軸正の向きとする座標系．

3]　$\boldsymbol{i}=(1,0,0), \boldsymbol{j}=(0,1,0), \boldsymbol{k}=(0,0,1)$.

$A_z\boldsymbol{k}$, または, $\boldsymbol{A} = (A_x, A_y, A_z)$ と表せる. そして, これら A_x, A_y, A_z を, ベクトル $\boldsymbol{A}$ の x, y, z 方向における成分と呼ぶ. 本書ではベクトル $\boldsymbol{A}, \boldsymbol{B}$ 等の成分は $\boldsymbol{A} = (A_x, A_y, A_z)$, $\boldsymbol{B} = (B_x, B_y, B_z)$ とする.

これらの成分を使うと, 次のように表すことができる.

(1) ベクトル $\boldsymbol{A}$ の大きさ

$$|\boldsymbol{A}| = \sqrt{A_x^2 + A_y^2 + A_z^2} \tag{1.1}$$

(2) ベクトルの加法

$$\begin{aligned}\boldsymbol{A} + \boldsymbol{B} &= (A_x\boldsymbol{i} + A_y\boldsymbol{j} + A_z\boldsymbol{k}) + (B_x\boldsymbol{i} + B_y\boldsymbol{j} + B_z\boldsymbol{k}) \\ &= (A_x + B_x)\boldsymbol{i} + (A_y + B_y)\boldsymbol{j} + (A_z + B_z)\boldsymbol{k}\end{aligned} \tag{1.2}$$

(3) 方向余弦

$$l = \cos\alpha, \quad m = \cos\beta, \quad n = \cos\gamma$$

ここで, ベクトル $\boldsymbol{A}$ と各座標軸とのなす角を α, β, γ とする.

この方向余弦によりベクトル $\boldsymbol{A}$ の x 成分は

$$A_x = Al = A\cos\alpha$$

と表せる. ここで, $|\boldsymbol{A}| = A$ とした.

ベクトルの大きさを求める (1.1) 式を方向余弦を用いて表すと,

$$|\boldsymbol{A}| = A = \sqrt{A_x^2 + A_y^2 + A_z^2} = \sqrt{(Al)^2 + (Am)^2 + (An)^2} = A\sqrt{l^2 + m^2 + n^2}$$

よって方向余弦は $l^2 + m^2 + n^2 = 1$ を満たす.

例題 1.4 $\boldsymbol{A} = \boldsymbol{i} + 3\boldsymbol{j} + 2\boldsymbol{k}$ のとき, $\boldsymbol{A}$ の大きさと方向余弦を求めよ.

解 (1.1) 式より, 大きさは

$$|\boldsymbol{A}| = \sqrt{1^2 + 3^2 + 2^2} = \sqrt{14}$$

方向余弦はそれぞれ,

$$l = \frac{A_x}{|\boldsymbol{A}|} = \frac{1}{\sqrt{14}}, \quad m = \frac{A_y}{|\boldsymbol{A}|} = \frac{3}{\sqrt{14}}, \quad n = \frac{A_z}{|\boldsymbol{A}|} = \frac{2}{\sqrt{14}}$$

□

次に，3次元空間内において図形を表すのに便利なベクトルを定義する．始点が原点で，終点が座標上の点 $\mathrm{P}(x, y, z)$ のとき，ベクトル $\boldsymbol{P}$ を点Pの**位置ベクトル**という．この位置ベクトル $\boldsymbol{P}$ の成分が，それぞれ x, y, z となることから，位置ベクトル $\boldsymbol{P}$ は

$$\boldsymbol{P} = \overrightarrow{\mathrm{OP}} = x\boldsymbol{i} + y\boldsymbol{j} + z\boldsymbol{k}$$

と表せる．

1.3 直線と平面のベクトル

3次元空間内の直線や平面，そして，それらによる図形は，ベクトルを用いると，より直感的にパラメータ表示として書き表すことができる．そして，それらは成分表示にすることで，容易に x, y, z による直線や平面の式の形に書き換えることができる．

まず，図1.6を見ながら直線を表すベクトルを示そう．点Aを通りベクトル $\boldsymbol{B}$ に平行な直線のパラメータ表示は，点Aを終点とする位置ベクトルを $\boldsymbol{A}$, スカラー変数を t として，

$$\boldsymbol{r} = \boldsymbol{A} + t\boldsymbol{B} \tag{1.3}$$

となる． $t = 0$ のときベクトル $\boldsymbol{r}$ の終点は点Aを通り，また $t \neq 0$ のとき t が変化することでベクトル $\boldsymbol{B}$ に平行な直線上を動く．

$\boldsymbol{r} = (x, y, z)$ とすると，このベクトルの各成分は，

$$x = A_x + tB_x,$$

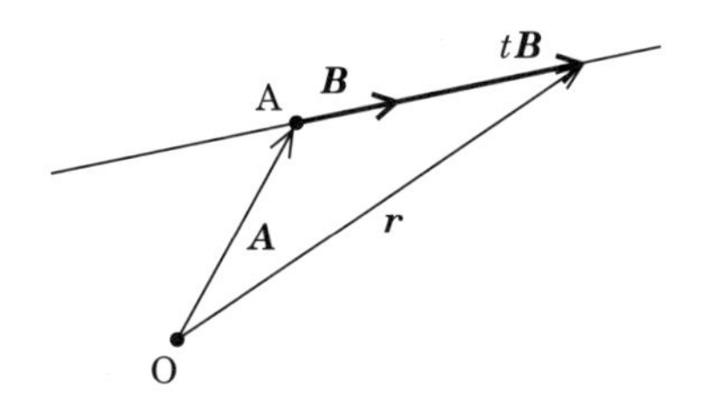

図1.6 直線を示すベクトル．

$$y = A_y + tB_y, \tag{1.4}$$
$$z = A_z + tB_z$$

と書ける．この三つの式から t を消去すると，$B_x, B_y, B_z \neq 0$ ならば

$$\frac{x - A_x}{B_x} = \frac{y - A_y}{B_y} = \frac{z - A_z}{B_z}$$

となり，直線の式になる．

例題 1.5 $(1,0,2)$ を通り，ベクトル $\boldsymbol{B} = (1,2,1)$ に平行な直線の式を求めよ．

解 (1.3) 式の $\boldsymbol{A}$ の終点を $(1,0,2)$ とする．(1.4) の三つの式から t を消去すると，

$$y = 2x - 2 = 2z - 4$$

となり，求める直線の式となる． □

例題 1.6 相異なる 2 点 A, B を通る直線のパラメータ表示を求めよ．

解 それぞれの位置ベクトルを $\boldsymbol{A}, \boldsymbol{B}$ とする．点 A から点 B に向かうベクトル $\overrightarrow{\mathrm{AB}}$ は $\boldsymbol{B} - \boldsymbol{A}$ より，

$$\boldsymbol{r} = \boldsymbol{A} + t(\boldsymbol{B} - \boldsymbol{A}) = (1-t)\boldsymbol{A} + t\boldsymbol{B} \tag{1.5}$$

となる． □

例題 1.7 点 P(1,1,1) と点 Q(2,2,4) がある．この 2 点を通る直線の式を求めよ．

解 $\boldsymbol{r} = x\boldsymbol{i} + y\boldsymbol{j} + z\boldsymbol{k}$ とすると，(1.5) 式より，

$$\begin{aligned} x\boldsymbol{i} + y\boldsymbol{j} + z\boldsymbol{k} &= \boldsymbol{i} + \boldsymbol{j} + \boldsymbol{k} + t\{2\boldsymbol{i} + 2\boldsymbol{j} + 4\boldsymbol{k} - (\boldsymbol{i} + \boldsymbol{j} + \boldsymbol{k})\} \\ &= t(\boldsymbol{i} + \boldsymbol{j} + 3\boldsymbol{k}) + \boldsymbol{i} + \boldsymbol{j} + \boldsymbol{k} \end{aligned}$$

と書ける．各成分の式より

$$\boldsymbol{i} \text{ 成分 } : x = 1 + t,$$
$$\boldsymbol{j} \text{ 成分 } : y = 1 + t,$$
$$\boldsymbol{k} \text{ 成分 } : z = 1 + 3t$$

これより，t を消去すると直線の式は $x = y = \dfrac{z+2}{3}$ となる． □

この直線の方向余弦は $\overrightarrow{\mathrm{PQ}} = \boldsymbol{i} + \boldsymbol{j} + 3\boldsymbol{k}$ より，$\overrightarrow{\mathrm{PQ}}$ の向きをもつ単位ベクトルは，

$$\frac{\overrightarrow{\mathrm{PQ}}}{|\overrightarrow{\mathrm{PQ}}|} = \frac{1}{\sqrt{11}}(\boldsymbol{i} + \boldsymbol{j} + 3\boldsymbol{k})$$

よって，この直線の方向余弦は $l\boldsymbol{i} + m\boldsymbol{j} + n\boldsymbol{k} = \dfrac{1}{\sqrt{11}}(\boldsymbol{i} + \boldsymbol{j} + 3\boldsymbol{k})$ となる．

例題 1.8 空間内の 2 点 P, Q の間を $m:n$ の比に分ける点 R を求めよ．

解 点 P, Q, R の位置ベクトルをそれぞれ $\boldsymbol{A}, \boldsymbol{B}, \boldsymbol{r}$ とする．ベクトルの加法から $\boldsymbol{r}$ は

$$\boldsymbol{r} = \overrightarrow{\mathrm{OP}} + \overrightarrow{\mathrm{PR}} = \boldsymbol{A} + \frac{m}{m+n}(\boldsymbol{B} - \boldsymbol{A}) = \frac{n}{m+n}\boldsymbol{A} + \frac{m}{m+n}\boldsymbol{B}$$

となる．このベクトルを $\boldsymbol{r} = \lambda\boldsymbol{A} + \mu\boldsymbol{B}$ と書くと，λ と μ は

$$\lambda + \mu = 1$$

を満たす．$m:n = 1:1$ のときは

$$\boldsymbol{r} = \frac{\boldsymbol{A} + \boldsymbol{B}}{2}$$

となる．$\boldsymbol{r}$ が PQ の直線上で，かつ線分 PQ の外にあるときは，m と n のどちらかが負となる． □

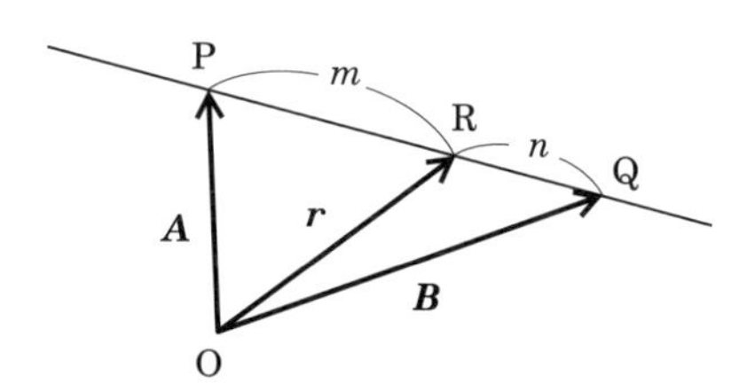

図 1.7 線分 PQ を $m:n$ の比に分ける点 R.

図 1.8 のような点 P を通り平行ではない二つのベクトル $\boldsymbol{A}, \boldsymbol{B}$ に平行な平面のベクトルによるパラメータ表示は，点 P を終点とする位置ベクトルを $\boldsymbol{P}$, スカラー変数を t, s とおいて，

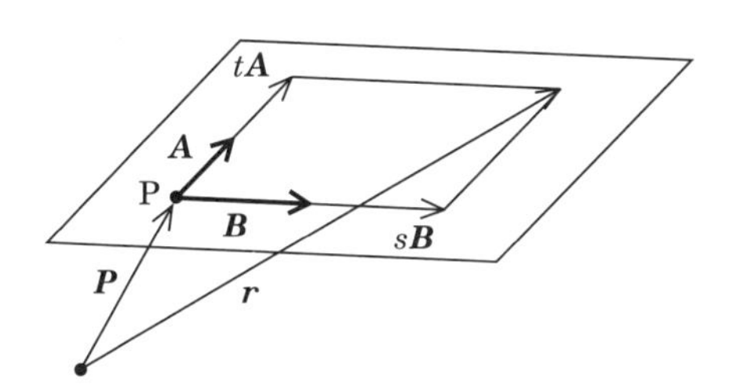

図 1.8 平面を示すベクトル.

$$\boldsymbol{r} = \boldsymbol{P} + t\boldsymbol{A} + s\boldsymbol{B} \tag{1.6}$$

と書ける．このベクトル $\boldsymbol{r}$ の終点は，$t = s = 0$ のときに点 P となり，$t \neq s \neq 0$ では，図 1.8 のようにベクトル $\boldsymbol{A}$ と $\boldsymbol{B}$ によって張られる平面内の点となる．

例題 1.9 点 $(1, 0, 0)$ を通り，ベクトル $\boldsymbol{A} = (1, 0, 1)$ と $\boldsymbol{B} = (0, 1, 1)$ に平行な平面の式を求めよ．

解 点 $(1, 0, 0)$ を終点とする位置ベクトルを $\boldsymbol{P}$ とする．(1.6) 式の三つの成分の式より，

$$x = P_x + tA_x + sB_x = 1 + t + 0,$$
$$y = P_y + tA_y + sB_y = 0 + 0 + s,$$
$$z = P_z + tA_z + sB_z = 0 + t + s$$

この三つの式から t と s を消去すると，

$$x + y - z = 1$$

となり平面の式となる． □

例題 1.10 同一直線上にない 3 点 P, Q, R を通る平面のベクトルによるパラメータ表示を求めよ．

解 それぞれの点を終点とする位置ベクトルを $\boldsymbol{P}, \boldsymbol{Q}, \boldsymbol{R}$ とする．これより点 P から点 Q に向かうベクトルは $\boldsymbol{Q} - \boldsymbol{P}$，また，点 P から点 R に向かうベクトルは $\boldsymbol{R} - \boldsymbol{P}$ となる．求める平面は，この二つのベクトルに平行である．これよ

りスカラー変数を t, s とおいて

$$\boldsymbol{r} = \boldsymbol{P} + t(\boldsymbol{Q} - \boldsymbol{P}) + s(\boldsymbol{R} - \boldsymbol{P}) = (1 - t - s)\boldsymbol{P} + t\boldsymbol{Q} + s\boldsymbol{R}$$

と表せる．この式を $\boldsymbol{r} = \lambda\boldsymbol{P} + \mu\boldsymbol{Q} + \nu\boldsymbol{R}$ と書き表すと，スカラー λ, μ, ν は

$$\lambda + \mu + \nu = 1$$

を満たす．λ, μ, ν のうち，どれか一つが 1 で残りが 0 の場合は，$\boldsymbol{r}$ の終点が点 P, Q, R の 3 点のいずれかとなる．$\boldsymbol{r}$ の終点が三角形 P, Q, R 内の場合，

$$0 \leqq \lambda \leqq 1, \quad 0 \leqq \mu \leqq 1, \quad 0 \leqq \nu \leqq 1$$

を満たす． □

図 1.9 のように，三つのベクトルが同一平面上にある場合，この三つは**共面ベクトル**であるという．

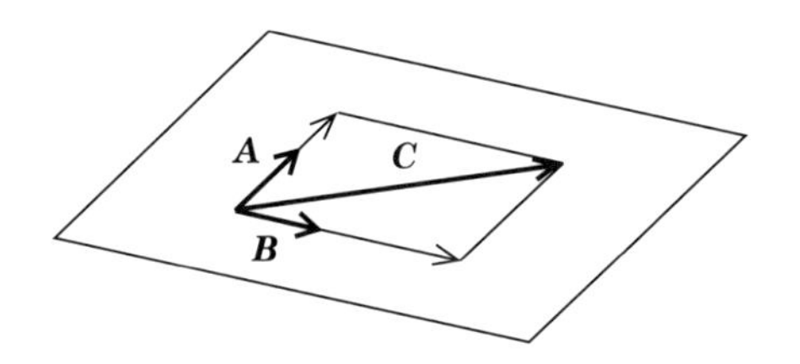

図 1.9 三つの共面ベクトル．

例 1.11 三つのベクトル $\boldsymbol{A}, \boldsymbol{B}, \boldsymbol{C}$ が共面ベクトルであり，$\boldsymbol{A}$ と $\boldsymbol{B}$ が平行ではない場合，s と t をスカラー変数として，ベクトル $\boldsymbol{C}$ は

$$\boldsymbol{C} = s\boldsymbol{A} + t\boldsymbol{B}$$

と表せる．これより $\boldsymbol{A}, \boldsymbol{B}, \boldsymbol{C}$ が共面ベクトルであるための**必要十分条件**は，

$$\lambda\boldsymbol{A} + \mu\boldsymbol{B} + \nu\boldsymbol{C} = 0 \tag{1.7}$$

を満たす同時に 0 ではないスカラー λ, μ, ν が存在することである．このとき，これらのベクトルは**一次従属**であるという．一方，λ, μ, ν が同時に 0 でなければ (1.7) 式が成り立たない場合は**一次独立**であるという．

例題 1.12 $\boldsymbol{A}, \boldsymbol{B}, \boldsymbol{C}$ が共面ベクトル (一次従属) なら,

$$\begin{vmatrix} A_x & A_y & A_z \\ B_x & B_y & B_z \\ C_x & C_y & C_z \end{vmatrix} = 0$$

となることを示せ4].

解 同時には 0 でないスカラー λ, μ, ν により, $\lambda\boldsymbol{A} + \mu\boldsymbol{B} + \nu\boldsymbol{C} = 0$ となる. このとき連立方程式

$$\lambda A_x + \mu B_x + \nu C_x = 0,$$
$$\lambda A_y + \mu B_y + \nu C_y = 0,$$
$$\lambda A_z + \mu B_z + \nu C_z = 0$$

において $\lambda = \mu = \nu = 0$ 以外でも, 少なくとも 1 組の解 (λ, μ, ν) が存在する. この必要十分条件は,

$$\begin{vmatrix} A_x & A_y & A_z \\ B_x & B_y & B_z \\ C_x & C_y & C_z \end{vmatrix} = 0$$

である. □

例 1.13 $\boldsymbol{i}, \boldsymbol{j}, \boldsymbol{k}$ は同一平面上にない三つのベクトルなので, これらは一次独立であり,

$$\begin{vmatrix} 1 & 0 & 0 \\ 0 & 1 & 0 \\ 0 & 0 & 1 \end{vmatrix} = 1 \neq 0$$

である. このとき行列式が 0 にはならない.

4] $\begin{vmatrix} A_x & A_y & A_z \\ B_x & B_y & B_z \\ C_x & C_y & C_z \end{vmatrix}$ は行列式で $\det \begin{pmatrix} A_x & A_y & A_z \\ B_x & B_y & B_z \\ C_x & C_y & C_z \end{pmatrix}$ とも書く. 計算は

$$\begin{vmatrix} A_x & A_y & A_z \\ B_x & B_y & B_z \\ C_x & C_y & C_z \end{vmatrix} = A_x B_y C_z + A_y B_z C_x + A_z B_x C_y - A_z B_y C_x - A_y B_x C_z - A_x B_z C_y.$$

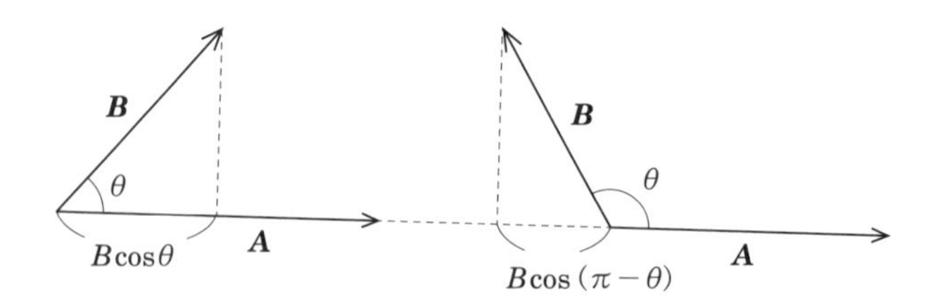

図 1.10 ベクトル $\boldsymbol{B}$ の $\boldsymbol{A}$ 方向への正射影.

1.4 ベクトルの内積と外積

ベクトルには内積と外積という二つの積があり，それらはスカラーとベクトルを示すことから，それぞれスカラー積，ベクトル積とも呼ぶ.

ベクトルの内積

二つのベクトル $\boldsymbol{A}, \boldsymbol{B}$ の**内積**は，それぞれのベクトルの大きさを $|\boldsymbol{A}| = A$, $|\boldsymbol{B}| = B$, なす角を θ とおくと，

$$AB\cos\theta \qquad (0 \leqq \theta \leqq \pi) \tag{1.8}$$

と定義されるスカラーであり，$\boldsymbol{A} \cdot \boldsymbol{B}$ と書く．図 1.10 より角 θ が鋭角のとき，ベクトル $\boldsymbol{B}$ の $\boldsymbol{A}$ 方向への正射影の大きさ $B\cos\theta$ と A との積で，$\boldsymbol{A} \cdot \boldsymbol{B} > 0$ となる．一方，角 θ が鈍角のときは，$\cos\theta < 0$ より，$\boldsymbol{A} \cdot \boldsymbol{B} < 0$ となる．$\boldsymbol{A} \cdot \boldsymbol{B} = 0$ ならば A か B が 0 であるか，あるいは $\cos\theta = 0$ であり，後者の場合，ベクトル $\boldsymbol{A}$ と $\boldsymbol{B}$ は直交する．ベクトル $\boldsymbol{A}$ と $\boldsymbol{B}$ が同じ向きのとき，$\cos\theta$ は 1 となる．これより $\boldsymbol{A} \cdot \boldsymbol{A} = \boldsymbol{A}^2 = A^2$ となり，ベクトル $\boldsymbol{A}$ の大きさは

$$\sqrt{\boldsymbol{A} \cdot \boldsymbol{A}} \tag{1.9}$$

とも書ける．これらよりベクトルの内積では，次の関係が成り立つ.

(1) $\boldsymbol{A} \cdot \boldsymbol{B} = \boldsymbol{B} \cdot \boldsymbol{A}$ (交換法則)

(2) $\boldsymbol{A} \cdot (\boldsymbol{B} + \boldsymbol{C}) = \boldsymbol{A} \cdot \boldsymbol{B} + \boldsymbol{A} \cdot \boldsymbol{C}$ (分配法則)

(3) $m(\boldsymbol{A} \cdot \boldsymbol{B}) = (m\boldsymbol{A}) \cdot \boldsymbol{B} = \boldsymbol{A} \cdot (m\boldsymbol{B}) = (\boldsymbol{A} \cdot \boldsymbol{B})m$

また，内積は成分表示を用いると，

$$\boldsymbol{A} \cdot \boldsymbol{B} = A_x B_x + A_y B_y + A_z B_z \tag{1.10}$$

と書ける.

例題 1.14 $\boldsymbol{A} = 2\boldsymbol{i} - \boldsymbol{j} + 3\boldsymbol{k}, \boldsymbol{B} = \boldsymbol{i} + 3\boldsymbol{j} + \boldsymbol{k}$ とする. これらのベクトルの内積と, なす角の余弦を求めよ.

解 (1.10) 式より,

$$\boldsymbol{A} \cdot \boldsymbol{B} = 2 \times 1 + (-1) \times 3 + 3 \times 1 = 2$$

また, (1.8) 式の内積の定義より

$$\cos\theta = \frac{\boldsymbol{A} \cdot \boldsymbol{B}}{|\boldsymbol{A}| \cdot |\boldsymbol{B}|} = \frac{2}{\sqrt{14}\sqrt{11}} = \frac{2}{\sqrt{154}}$$ □

例 1.15 基本ベクトルによる内積は, それぞれ,

$$\boldsymbol{i} \cdot \boldsymbol{i} = \boldsymbol{j} \cdot \boldsymbol{j} = \boldsymbol{k} \cdot \boldsymbol{k} = 1, \quad \boldsymbol{i} \cdot \boldsymbol{j} = \boldsymbol{j} \cdot \boldsymbol{k} = \boldsymbol{k} \cdot \boldsymbol{i} = 0$$

となる.

例 1.16 単位ベクトルを $\boldsymbol{e}$, その方向余弦を λ, μ, ν とする. 任意のベクトル $\boldsymbol{A}$ と $\boldsymbol{e}$ との内積は,

$$\boldsymbol{A} \cdot \boldsymbol{e} = \lambda A_x + \mu A_y + \nu A_z$$

となり, これはベクトル $\boldsymbol{A}$ を $\boldsymbol{e}$ 方向へ正射影した大きさである.

1.3 節では平面をベクトルを用いて表したが, 内積を用いても平面を表すことができる. たとえば, 点 D を通り, ベクトル $\boldsymbol{A}$ に垂直な平面の式は, 点 D を終点とする位置ベクトルを $\boldsymbol{D}$, 終点が求める平面上の点となる位置ベクトルを $\boldsymbol{r}$ とする. このときベクトル $\boldsymbol{r} - \boldsymbol{D}$ は, 図 1.11 のように描け, 平面内のベクトルとなる. よって, このベクトル $\boldsymbol{r} - \boldsymbol{D}$ が $\boldsymbol{A}$ と垂直になればよい. これより,

$$\boldsymbol{A} \cdot (\boldsymbol{r} - \boldsymbol{D}) = 0 \tag{1.11}$$

成分表示を用いると,

$$A_x(x - D_x) + A_y(y - D_y) + A_z(z - D_z) = 0,$$
$$A_x x + A_y y + A_z z = A_x D_x + A_y D_y + A_z D_z$$

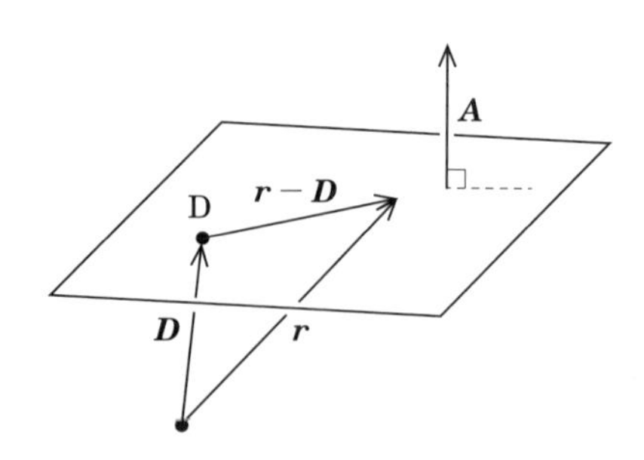

図 1.11 ベクトル $\boldsymbol{A}$ に垂直な平面を示すベクトル.

となる.

例題 1.17 点 D$(1,1,2)$ を通りベクトル $\boldsymbol{A} = \boldsymbol{i} - \boldsymbol{j} - 2\boldsymbol{k}$ に垂直な平面の式を求めよ.

解 (1.11) 式より $(\boldsymbol{i} - \boldsymbol{j} - 2\boldsymbol{k}) \cdot (\boldsymbol{r} - (\boldsymbol{i} + \boldsymbol{j} + 2\boldsymbol{k})) = 0$ となる. 成分表示より, $(x-1) - (y-1) - 2(z-2) = 0$ と書け, よって,

$$x - y - 2z = -4$$

となる. □

例 1.18 図 1.12 のように原点 O からある平面への垂線 OQ の長さを q とする. この平面上の任意の点を P として, 点 P を終点とする位置ベクトルを $\boldsymbol{r}$ とする. ここで $\overrightarrow{\mathrm{OQ}}$ と同じ向きの単位ベクトルを $\boldsymbol{n}$ とおくと

$$\boldsymbol{r} \cdot \boldsymbol{n} = q \tag{1.12}$$

は, $\boldsymbol{n}$ に垂直な平面を表す. この式 (1.12) は, 任意の点から平面までの距離を導く.

例題 1.19 点 P(1,1,1) と点 Q(3,4,5) がある. 点 Q を通り, 直線 PQ と直交する平面の式を求めよ.

解 点 Q の位置ベクトルを $\boldsymbol{A}$ とすると, (1.11) 式より, $(\boldsymbol{r} - \boldsymbol{A}) \cdot \overrightarrow{\mathrm{PQ}} = 0$ がベクトルによる平面の式である. 成分表示では,

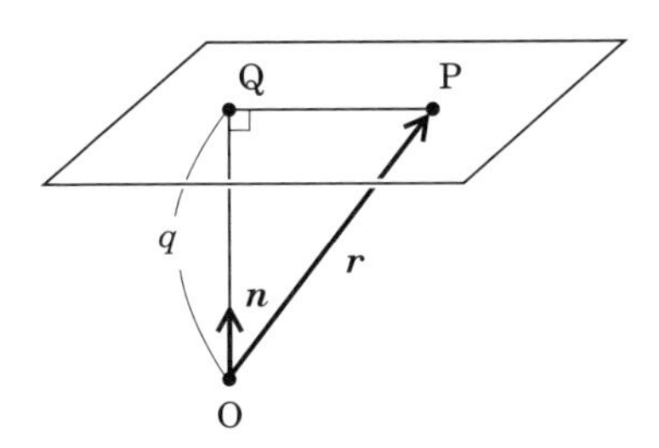

図 1.12 $\boldsymbol{r}\cdot\boldsymbol{n}$ は原点から平面までの距離.

$$
\begin{aligned}
&((x-3)\boldsymbol{i}+(y-4)\boldsymbol{j}+(z-5)\boldsymbol{k})\cdot(2\boldsymbol{i}+3\boldsymbol{j}+4\boldsymbol{k})=0,\\
&2(x-3)+3(y-4)+4(z-5)=0,\\
&2x+3y+4z-38=0
\end{aligned}
$$

となり，求める式となる. □

例題 1.20 点 (0,0,0) から例題 1.19 の平面までの距離を求めよ.

解 点 (0,0,0) から例題 1.19 の平面までの距離を大きさとするベクトルの向きは，この平面の法線 (垂直) 方向である. (1.12) 式より

$$\boldsymbol{A}\cdot\frac{\overrightarrow{\mathrm{PQ}}}{|\overrightarrow{\mathrm{PQ}}|}=(3\boldsymbol{i}+4\boldsymbol{j}+5\boldsymbol{k})\cdot\frac{1}{\sqrt{29}}(2\boldsymbol{i}+3\boldsymbol{j}+4\boldsymbol{k})=\frac{38}{\sqrt{29}}=\frac{38\sqrt{29}}{29}$$ □

例題 1.21 図 1.13 においてベクトル $\boldsymbol{A}$ の直線 l 上への正射影であるベクトルを求めよ.

解 直線 l に平行な単位ベクトル $\boldsymbol{d}$ を図 1.13 のようにとる. そして，$\boldsymbol{A}$ と $\boldsymbol{d}$ のなす角を θ, 求めるベクトルを $\boldsymbol{A}'$ とすると，$|\boldsymbol{A}'|$ は線分 OP の長さと等しく，$|\boldsymbol{A}|\cos\theta$ と書ける. よって，$\boldsymbol{A}'=(|\boldsymbol{A}|\cos\theta)\boldsymbol{d}$ となり，これは

$$\boldsymbol{A}'=(\boldsymbol{A}\cdot\boldsymbol{d})\boldsymbol{d} \tag{1.13}$$

と書ける. □

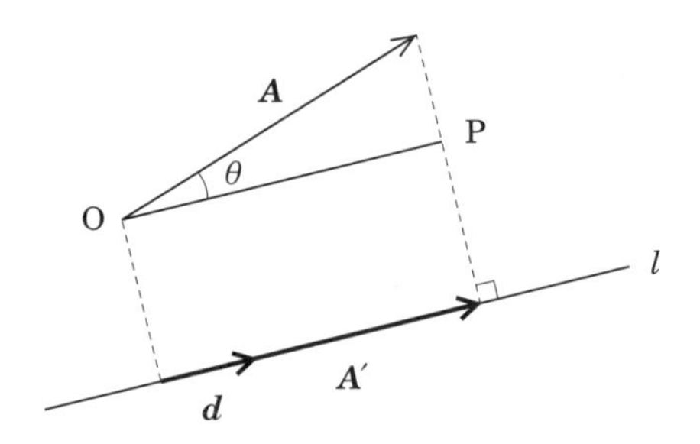

図 1.13　ベクトル $\boldsymbol{A}$ の直線 l 上への正射影.

例題 1.22　中心が点 C で，半径が R となる球面のベクトルの式を求めよ.

解　点 C を終点とする位置ベクトルを $\boldsymbol{C}$, 終点が球面上の点となる位置ベクトルを $\boldsymbol{r}$ とする．このとき，図 1.14 のように $\boldsymbol{r}-\boldsymbol{C}$ の大きさが，この球の半径になる．よって，この大きさが R になればよい．これをベクトルで表すと，(1.9) 式より，

$$|\boldsymbol{r}-\boldsymbol{C}|^2 = (\boldsymbol{r}-\boldsymbol{C})\cdot(\boldsymbol{r}-\boldsymbol{C}) = R^2 \tag{1.14}$$

となる. □

例として，中心が点 C(1, 2, 0) で，半径が 2 となる球面を示すベクトルは，

$$|\boldsymbol{r}-(\boldsymbol{i}+2\boldsymbol{j})|^2 = 2^2$$

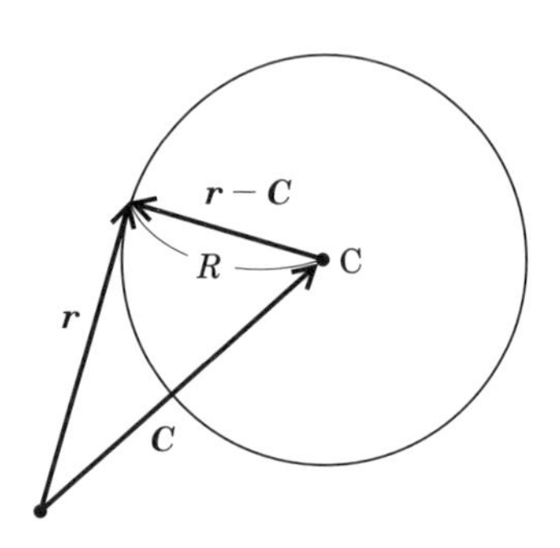

図 1.14　球面を示すベクトル.

となる．成分表示により，

$$(x-1)^2+(y-2)^2+z^2=4$$

となり，幾何学における球の方程式となる．

ベクトルの外積

ベクトルのもう一つの積である**外積**は，二つのベクトルを $\boldsymbol{A}, \boldsymbol{B}$ とすると，$\boldsymbol{A} \times \boldsymbol{B}$ で表される．これはベクトルである．$\boldsymbol{A} \times \boldsymbol{B}$ の大きさは，ベクトル $\boldsymbol{A}, \boldsymbol{B}$ の大きさと，それらのなす角 θ の正弦との積

$$|\boldsymbol{A}||\boldsymbol{B}| \sin \theta \qquad (0 \leqq \theta \leqq \pi) \tag{1.15}$$

と書け，向きはベクトル $\boldsymbol{A}, \boldsymbol{B}$ にともに垂直で，$\boldsymbol{A}$ から $\boldsymbol{B}$ の方に右ねじをまわすときのねじの進む向き．ここで回転角は小さい方 $(\theta \leqq \pi)$ をとる．

よってベクトルの外積は，次の性質を持つ．

(1) $|\boldsymbol{A} \times \boldsymbol{B}|$ は $\boldsymbol{A}, \boldsymbol{B}$ を 2 辺とする平行四辺形の面積である．図 1.15 のように，平行四辺形の底辺が $|\boldsymbol{A}|$ で，高さが $|\boldsymbol{B}| \sin \theta$ である．

(2) $\boldsymbol{A} \times \boldsymbol{B} = -\boldsymbol{B} \times \boldsymbol{A}$ であり，交換法則は成立しない．右ねじをまわす向きが逆になるので，図 1.15 のように向きが逆になる．

(3) $\boldsymbol{A} \times (\boldsymbol{B}+\boldsymbol{C}) = \boldsymbol{A} \times \boldsymbol{B} + \boldsymbol{A} \times \boldsymbol{C}$ の分配法則が成り立つ．

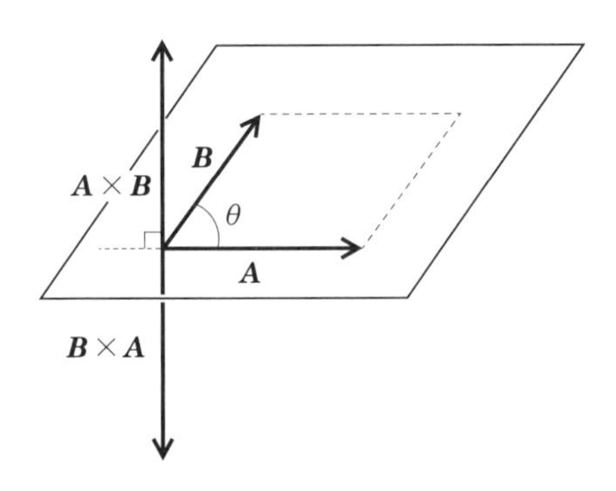

図 1.15　$\boldsymbol{A}$ と $\boldsymbol{B}$ の外積．

(4) $\boldsymbol{A}, \boldsymbol{B}$ が平行なら $\sin\theta = 0$ より $\boldsymbol{A} \times \boldsymbol{B} = \boldsymbol{0}$ である．これより $\boldsymbol{A} \neq \boldsymbol{0}, \boldsymbol{B} \neq \boldsymbol{0}$ ならば，$\boldsymbol{A}, \boldsymbol{B}$ が平行であるための必要十分条件が $\boldsymbol{A} \times \boldsymbol{B} = \boldsymbol{0}$ であるともいえる．

(5) $\boldsymbol{A}, \boldsymbol{B}$ が垂直なら $\sin\theta = 1$ より $|\boldsymbol{A} \times \boldsymbol{B}| = |\boldsymbol{A}||\boldsymbol{B}| = AB$ となる．

(6) 直交座標 (デカルト座標) が右手系なら，$\boldsymbol{i} \times \boldsymbol{i} = \boldsymbol{j} \times \boldsymbol{j} = \boldsymbol{k} \times \boldsymbol{k} = 0, \boldsymbol{i} \times \boldsymbol{j} = \boldsymbol{k}, \boldsymbol{j} \times \boldsymbol{k} = \boldsymbol{i}, \boldsymbol{k} \times \boldsymbol{i} = \boldsymbol{j}$ となる．

これより，成分表示を用いてベクトルの外積を計算すると，

$$
\begin{aligned}
&\boldsymbol{A} = (A_x, A_y, A_z), \quad \boldsymbol{B} = (B_x, B_y, B_z), \\
&\boldsymbol{A} \times \boldsymbol{B} = (A_x\boldsymbol{i} + A_y\boldsymbol{j} + A_z\boldsymbol{k}) \times (B_x\boldsymbol{i} + B_y\boldsymbol{j} + B_z\boldsymbol{k}) \\
&\qquad = A_xB_x\boldsymbol{i} \times \boldsymbol{i} + A_xB_y\boldsymbol{i} \times \boldsymbol{j} + A_xB_z\boldsymbol{i} \times \boldsymbol{k} + A_yB_x\boldsymbol{j} \times \boldsymbol{i} + A_yB_y\boldsymbol{j} \times \boldsymbol{j} \\
&\qquad\quad + A_yB_z\boldsymbol{j} \times \boldsymbol{k} + A_zB_x\boldsymbol{k} \times \boldsymbol{i} + A_zB_y\boldsymbol{k} \times \boldsymbol{j} + A_zB_z\boldsymbol{k} \times \boldsymbol{k} \\
&\qquad = (A_yB_z - A_zB_y)\boldsymbol{i} + (A_zB_x - A_xB_z)\boldsymbol{j} + (A_xB_y - A_yB_x)\boldsymbol{k}
\end{aligned}
$$

となる．これより外積は行列式を用いて

$$
\boldsymbol{A} \times \boldsymbol{B} = \begin{vmatrix} \boldsymbol{i} & \boldsymbol{j} & \boldsymbol{k} \\ A_x & A_y & A_z \\ B_x & B_y & B_z \end{vmatrix} \tag{1.16}
$$

と書ける．よって，二つのベクトルが平行ならば，$\boldsymbol{A} \times \boldsymbol{B} = \boldsymbol{0}$ より，

$$
\frac{A_x}{B_x} = \frac{A_y}{B_y} = \frac{A_z}{B_z}
$$

となる．ここで $B_x, B_y, B_z \neq 0$ とした．

例 1.23 ベクトル $\boldsymbol{A}$ と $\boldsymbol{B}$ を 2 辺とする平行四辺形の面積は，p.19 の (1) より，

$$
\begin{aligned}
|\boldsymbol{A} \times \boldsymbol{B}| &= \sqrt{(A_yB_z - A_zB_y)^2 + (A_zB_x - A_xB_z)^2 + (A_xB_y - A_yB_x)^2} \\
&= \sqrt{(A_x^2 + A_y^2 + A_z^2)(B_x^2 + B_y^2 + B_z^2) - (A_xB_x + A_yB_y + A_zB_z)^2} \\
&= \sqrt{\boldsymbol{A}^2\boldsymbol{B}^2 - (\boldsymbol{A} \cdot \boldsymbol{B})^2}
\end{aligned} \tag{1.17}
$$

となる．

例題 1.24 $\boldsymbol{A} = 2\boldsymbol{i} - \boldsymbol{j} + 2\boldsymbol{k}, \boldsymbol{B} = -2\boldsymbol{i} + 3\boldsymbol{j} - 3\boldsymbol{k}$ とする．この二つのベクトルによる外積と，平行四辺形の面積を求めよ．

解　(1.16) 式より,

$$\boldsymbol{A}\times\boldsymbol{B}=\begin{vmatrix}\boldsymbol{i} & \boldsymbol{j} & \boldsymbol{k}\\ 2 & -1 & 2\\ -2 & 3 & -3\end{vmatrix}=-3\boldsymbol{i}+2\boldsymbol{j}+4\boldsymbol{k}$$

面積は外積の大きさより,

$$|\boldsymbol{A}\times\boldsymbol{B}|=\sqrt{3^2+2^2+4^2}=\sqrt{29}$$

これは, (1.17) 式から直接計算しても求まる. □

1.5 面積ベクトル

図 1.16 のように, ある平面図形があるとき, 向きがその平面の法線と平行で, 大きさがその平面図形の面積 S となるベクトル $\boldsymbol{S}$ を**面積ベクトル**と呼ぶ. 平面の法線方向の向きは二つあるので, 平面図形の周辺をまわる向きを, 時計の反対回りとして, その向きに右ねじをまわすとき, ねじのすすむ向きを, 面積ベクトルの正の向きとする.

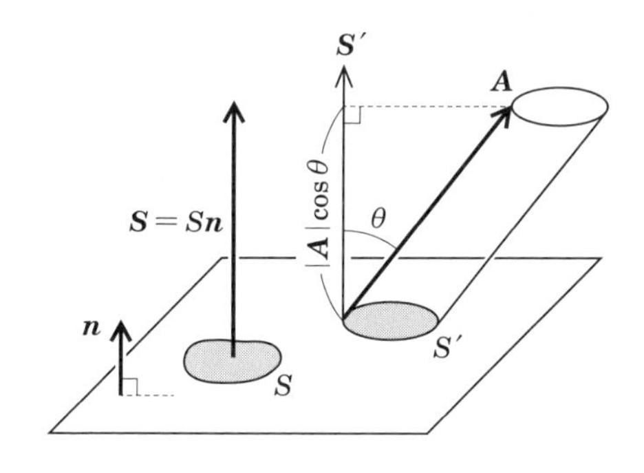

図 1.16　面積ベクトル.

例 1.25　柱体の底面の面積ベクトルを $\boldsymbol{S}'$ とする (図 1.16). ベクトル $\boldsymbol{A}$ を柱体の母線とおけば, この柱体の体積 V は

$$V=\boldsymbol{A}\cdot\boldsymbol{S}' \tag{1.18}$$

になる.

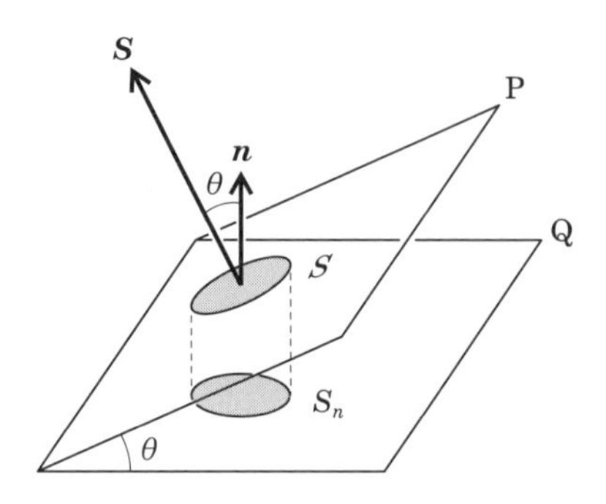

図 1.17　面積ベクトル．

例 1.26 平面 P 上の面積が S である図形の面積ベクトルを $\boldsymbol{S}$ とする．この図形を図 1.17 のように平面 Q に正射影したときの図形の面積 S_n は，平面 Q の単位法線ベクトルを $\boldsymbol{n}$ とすると

$$S_n = \boldsymbol{S} \cdot \boldsymbol{n} \tag{1.19}$$

である．これより面積ベクトルを $\boldsymbol{S} = S_x\boldsymbol{i} + S_y\boldsymbol{j} + S_z\boldsymbol{k}$ と書けば，それぞれ S_x, S_y, S_z は，面積ベクトルの図形を yz 平面，zx 平面，xy 平面に正射影した面積である．

1.6 三重積

三つのベクトルによる積として，**スカラー三重積**と**ベクトル三重積**がある．$\boldsymbol{A} \cdot (\boldsymbol{B} \times \boldsymbol{C})$ をベクトル $\boldsymbol{A}, \boldsymbol{B}, \boldsymbol{C}$ のスカラー三重積とよび，$[\boldsymbol{ABC}]$ とも書く．
成分表示で表すと，

$$\begin{aligned}\boldsymbol{A} \cdot (\boldsymbol{B} \times \boldsymbol{C}) &= A_x(\boldsymbol{B} \times \boldsymbol{C})_x + A_y(\boldsymbol{B} \times \boldsymbol{C})_y + A_z(\boldsymbol{B} \times \boldsymbol{C})_z \\ &= A_x(B_yC_z - B_zC_y) + A_y(B_zC_x - B_xC_z) + A_z(B_xC_y - B_yC_x)\end{aligned}$$

となる．これは行列式を用いて，

$$\boldsymbol{A} \cdot (\boldsymbol{B} \times \boldsymbol{C}) = \begin{vmatrix} A_x & A_y & A_z \\ B_x & B_y & B_z \\ C_x & C_y & C_z \end{vmatrix} \tag{1.20}$$

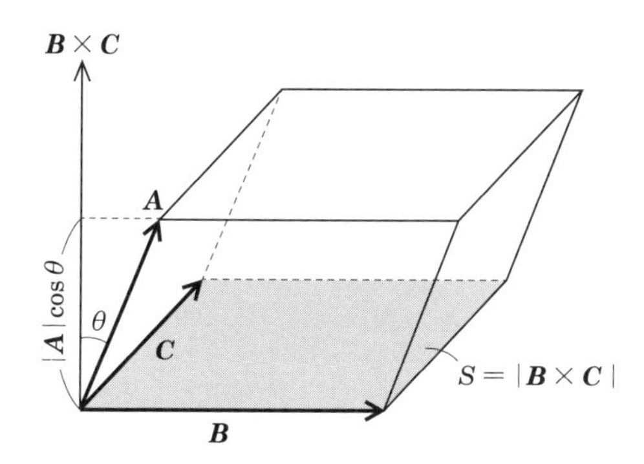

図 1.18　ベクトル $\boldsymbol{A}, \boldsymbol{B}, \boldsymbol{C}$ による平行六面体.

と表せる．ここで，(1.20) 式の各行を循環的に交換しても値は変わらず，また，順序を一度換えると − (マイナス) がつく．よって，

$$\boldsymbol{A}\cdot(\boldsymbol{B}\times\boldsymbol{C}) = \begin{vmatrix} C_x & C_y & C_z \\ A_x & A_y & A_z \\ B_x & B_y & B_z \end{vmatrix} = \begin{vmatrix} B_x & B_y & B_z \\ C_x & C_y & C_z \\ A_x & A_y & A_z \end{vmatrix} = -\begin{vmatrix} A_x & A_y & A_z \\ C_x & C_y & C_z \\ B_x & B_y & B_z \end{vmatrix}$$

と書ける．これより，

$$\begin{aligned}\boldsymbol{A}\cdot(\boldsymbol{B}\times\boldsymbol{C}) &= \boldsymbol{C}\cdot(\boldsymbol{A}\times\boldsymbol{B}) = \boldsymbol{B}\cdot(\boldsymbol{C}\times\boldsymbol{A}) \\ &= -\boldsymbol{A}\cdot(\boldsymbol{C}\times\boldsymbol{B}) = -\boldsymbol{B}\cdot(\boldsymbol{A}\times\boldsymbol{C}) = -\boldsymbol{C}\cdot(\boldsymbol{B}\times\boldsymbol{A})\end{aligned}$$

の関係が成り立つ．

次にスカラー三重積の大きさについて考えよう．図 1.18 のような同一平面上にない三つのベクトル $\boldsymbol{A}, \boldsymbol{B}, \boldsymbol{C}$ による平行六面体を考える．この平行六面体の底面は，ベクトル $\boldsymbol{B}, \boldsymbol{C}$ を 2 辺とする平行四辺形で面積は $|\boldsymbol{B}\times\boldsymbol{C}|$ である．また $\boldsymbol{B}\times\boldsymbol{C}$ の向きは，この平行四辺形の法線方向である．よって $\boldsymbol{B}\times\boldsymbol{C}$ と $\boldsymbol{A}$ のなす角を θ とすると，$|\boldsymbol{A}|\cos\theta$ は平行六面体の高さである．これよりこの三つのベクトルによるスカラー三重積 $\boldsymbol{A}\cdot(\boldsymbol{B}\times\boldsymbol{C})$ は平行六面体の体積となる．一般的には $\boldsymbol{A}\cdot(\boldsymbol{B}\times\boldsymbol{C}) = -\boldsymbol{A}\cdot(\boldsymbol{C}\times\boldsymbol{B})$ と書けるので，スカラー三重積は負の値となる場合がある．もし，三つのベクトルが共面ベクトル (同一平面上にある) ならば，$\boldsymbol{A}\cdot(\boldsymbol{B}\times\boldsymbol{C}) = 0$ となる．

例題 1.27　点 P(1,0,0), 点 Q(0,2,0), 点 R(0,0,4) の 3 点を通る平面の方程式を求

めよ．

解 $\overrightarrow{\mathrm{PQ}} = \boldsymbol{A}, \overrightarrow{\mathrm{PR}} = \boldsymbol{B}$ とする．$\boldsymbol{A} = -\boldsymbol{i} + 2\boldsymbol{j}, \boldsymbol{B} = -\boldsymbol{i} + 4\boldsymbol{k}$ とする．$\boldsymbol{A} \times \boldsymbol{B} = 8\boldsymbol{i} + 4\boldsymbol{j} + 2\boldsymbol{k}$ は求める平面に垂直なベクトルとなる．$\boldsymbol{Q}$ を点 Q の位置ベクトルとすると (1.11) 式より

$$(\boldsymbol{A} \times \boldsymbol{B}) \cdot (\boldsymbol{r} - \boldsymbol{Q}) = 0$$

は点 Q を通り，$\boldsymbol{A}$ と $\boldsymbol{B}$ に平行な平面のベクトルとなる．これは上記の 3 点を通る平面のベクトルである．ここで，成分表示を用いると，

$$(8\boldsymbol{i} + 4\boldsymbol{j} + 2\boldsymbol{k}) \cdot (x\boldsymbol{i} + (y-2)\boldsymbol{j} + z\boldsymbol{k}) = 0$$

よって，$4x + 2y + z = 4$. □

別解 平面上の任意の点を $\mathrm{X}(x, y, z)$ とする．ベクトル $\overrightarrow{\mathrm{PQ}} = \boldsymbol{A}, \overrightarrow{\mathrm{PR}} = \boldsymbol{B}, \overrightarrow{\mathrm{PX}} = \boldsymbol{C}$ とおくと，$\boldsymbol{C} \cdot (\boldsymbol{A} \times \boldsymbol{B})$ の絶対値は，平行六面体の体積となる．これが 0 となれば，$\mathrm{X}(x, y, z)$ はつねに点 P, Q, R を含む同一平面にあることが必要十分条件である．これより，

$$((x-1)\boldsymbol{i} + y\boldsymbol{j} + z\boldsymbol{k}) \cdot (8\boldsymbol{i} + 4\boldsymbol{j} + 2\boldsymbol{k}) = 0, \quad 4x + 2y + z = 4$$

が上記の 3 点を通る平面の方程式となる． □

ベクトル三重積は $\boldsymbol{A} \times (\boldsymbol{B} \times \boldsymbol{C})$ と書き，ベクトルを表す．このベクトルを成分表示で表すと，

$$\begin{aligned}
\boldsymbol{A} \times (\boldsymbol{B} \times \boldsymbol{C}) &= \begin{vmatrix} \boldsymbol{i} & \boldsymbol{j} & \boldsymbol{k} \\ A_x & A_y & A_z \\ B_yC_z - B_zC_y & B_zC_x - B_xC_z & B_xC_y - B_yC_x \end{vmatrix} \\
&= \{(B_xC_y - B_yC_x)A_y - (B_zC_x - B_xC_z)A_z\}\boldsymbol{i} \\
&\quad + \{(B_yC_z - B_zC_y)A_z - (B_xC_y - B_yC_x)A_x\}\boldsymbol{j} \\
&\quad + \{(B_zC_x - B_xC_z)A_x - (B_yC_z - B_zC_y)A_y\}\boldsymbol{k}
\end{aligned}$$

$A_xB_xC_x - A_xB_xC_x$ などを加えて，

$$\begin{aligned}
&\{(A_xC_x + A_yC_y + A_zC_z)B_x - (A_xB_x + A_yB_y + A_zB_z)C_x\}\boldsymbol{i} \\
&\quad + \{(A_xC_x + A_yC_y + A_zC_z)B_y - (A_xB_x + A_yB_y + A_zB_z)C_y\}\boldsymbol{j} \\
&\quad + \{(A_xC_x + A_yC_y + A_zC_z)B_z - (A_xB_x + A_yB_y + A_zB_z)C_z\}\boldsymbol{k}
\end{aligned}$$

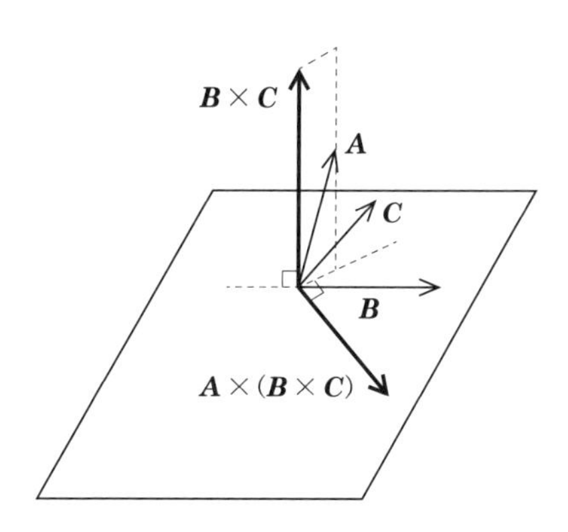

図 1.19 ベクトル三重積 $\boldsymbol{A}\times(\boldsymbol{B}\times\boldsymbol{C})$.

ここで，$A_xC_x+A_yC_y+A_zC_z$ は $\boldsymbol{A}\cdot\boldsymbol{C}$ の成分表示である．これより，

$$\begin{aligned}&\{(\boldsymbol{A}\cdot\boldsymbol{C})B_x-(\boldsymbol{A}\cdot\boldsymbol{B})C_x\}\boldsymbol{i}+\{(\boldsymbol{A}\cdot\boldsymbol{C})B_y-(\boldsymbol{A}\cdot\boldsymbol{B})C_y\}\boldsymbol{j}\\&\quad+\{(\boldsymbol{A}\cdot\boldsymbol{C})B_z-(\boldsymbol{A}\cdot\boldsymbol{B})C_z\}\boldsymbol{k}\\&=(\boldsymbol{A}\cdot\boldsymbol{C})\boldsymbol{B}-(\boldsymbol{A}\cdot\boldsymbol{B})\boldsymbol{C}\end{aligned}\tag{1.21}$$

この解は (1.6) 式のようにベクトル $\boldsymbol{B}$ と $\boldsymbol{C}$ によって張られる平面内のベクトルである．これを確かめるために，図をもちいて $\boldsymbol{A}\times(\boldsymbol{B}\times\boldsymbol{C})$ の向きを順を追って考えてみよう (図 1.19)．$\boldsymbol{B}\times\boldsymbol{C}$ の向きは，$\boldsymbol{B}$ と $\boldsymbol{C}$ により張られる平面の法線方向である．$\boldsymbol{A}\times(\boldsymbol{B}\times\boldsymbol{C})$ は，$\boldsymbol{B}\times\boldsymbol{C}$ と $\boldsymbol{A}$ の外積より，$\boldsymbol{B}\times\boldsymbol{C}$ に垂直である．つまりベクトル三重積である $\boldsymbol{A}\times(\boldsymbol{B}\times\boldsymbol{C})$ とベクトル $\boldsymbol{B}, \boldsymbol{C}$ は同一平面内 (共面ベクトル，あるいは一次従属) にある．

1.7 ベクトルの相反系

定義 1.28 同一平面上にないベクトル $\boldsymbol{A},\boldsymbol{B},\boldsymbol{C}$ によってつくられる三つのベクトル

$$\boldsymbol{A}'=\frac{\boldsymbol{B}\times\boldsymbol{C}}{[\boldsymbol{ABC}]},\quad \boldsymbol{B}'=\frac{\boldsymbol{C}\times\boldsymbol{A}}{[\boldsymbol{ABC}]},\quad \boldsymbol{C}'=\frac{\boldsymbol{A}\times\boldsymbol{B}}{[\boldsymbol{ABC}]}\tag{1.22}$$

をベクトル $\boldsymbol{A},\boldsymbol{B},\boldsymbol{C}$ の相反系という．

定義より

$$\boldsymbol{A}\cdot\boldsymbol{A}'=\boldsymbol{B}\cdot\boldsymbol{B}'=\boldsymbol{C}\cdot\boldsymbol{C}'=1$$

また，$\boldsymbol{A}'$ は $\boldsymbol{B}$ と $\boldsymbol{C}$ にともに垂直であり，$\boldsymbol{B}$ と $\boldsymbol{C}$ についても同様のことがいえる．よって，

$$\boldsymbol{A}'\cdot\boldsymbol{B}=\boldsymbol{A}'\cdot\boldsymbol{C}=\boldsymbol{B}'\cdot\boldsymbol{A}=\boldsymbol{B}'\cdot\boldsymbol{C}=\boldsymbol{C}'\cdot\boldsymbol{B}=\boldsymbol{C}'\cdot\boldsymbol{A}=0$$

となる．

例題 1.29 $\boldsymbol{i},\boldsymbol{j},\boldsymbol{k}$ の相反系はそれぞれ $\boldsymbol{i},\boldsymbol{j},\boldsymbol{k}$ となることを示せ．

解 $\boldsymbol{i}'=\dfrac{\boldsymbol{j}\times\boldsymbol{k}}{\boldsymbol{i}\cdot(\boldsymbol{j}\times\boldsymbol{k})}=\dfrac{\boldsymbol{i}}{\boldsymbol{i}\cdot\boldsymbol{i}}=\boldsymbol{i}$. $\boldsymbol{j}$ と $\boldsymbol{k}$ についても同様に示すことができる． □

このベクトルの相反系にはとても興味深い性質があり，それを例題としよう．

例題 1.30 任意のベクトル $\boldsymbol{r}$ を一次独立である三つのベクトル $\boldsymbol{A},\boldsymbol{B},\boldsymbol{C}$ を用いて，

$$\boldsymbol{r}=\lambda\boldsymbol{A}+\mu\boldsymbol{B}+\nu\boldsymbol{C}$$

と表すとき，この λ,μ,ν (実数) はベクトル $\boldsymbol{A},\boldsymbol{B},\boldsymbol{C}$ の相反系を用いて，$\lambda=\boldsymbol{r}\cdot\boldsymbol{A}',\mu=\boldsymbol{r}\cdot\boldsymbol{B}',\nu=\boldsymbol{r}\cdot\boldsymbol{C}'$ と書けることを示せ．

解 相反系の定義に基づいて $\boldsymbol{r}\cdot\boldsymbol{A}'$ を計算すると，$\boldsymbol{A}'$ は $\boldsymbol{B}$ と $\boldsymbol{C}$ に垂直なので，

$$\boldsymbol{r}\cdot\boldsymbol{A}'=(\lambda\boldsymbol{A}+\mu\boldsymbol{B}+\nu\boldsymbol{C})\cdot\frac{\boldsymbol{B}\times\boldsymbol{C}}{[\boldsymbol{ABC}]}=\lambda\frac{\boldsymbol{A}\cdot(\boldsymbol{B}\times\boldsymbol{C})}{[\boldsymbol{ABC}]}=\lambda$$

よって，$\lambda=\boldsymbol{r}\cdot\boldsymbol{A}'$ が示せた．μ と ν も同様に示すことができる． □

この例題においてベクトル $\boldsymbol{A},\boldsymbol{B},\boldsymbol{C}$ を直交座標系における $\boldsymbol{i},\boldsymbol{j},\boldsymbol{k}$ とすると，

$$\boldsymbol{r}=\lambda\boldsymbol{i}+\mu\boldsymbol{j}+\nu\boldsymbol{k}=(\boldsymbol{r}\cdot\boldsymbol{i})\boldsymbol{i}+(\boldsymbol{r}\cdot\boldsymbol{j})\boldsymbol{j}+(\boldsymbol{r}\cdot\boldsymbol{k})\boldsymbol{k}$$

となる．$\boldsymbol{r}\cdot\boldsymbol{i}$ は $\boldsymbol{r}$ の x 軸への正射影となり，$\boldsymbol{r}$ の x 成分である．これは λ が $\boldsymbol{r}$ の x 成分なので当然のことだが，ベクトルの相反系では，三つのベクトル $\boldsymbol{A},\boldsymbol{B},\boldsymbol{C}$

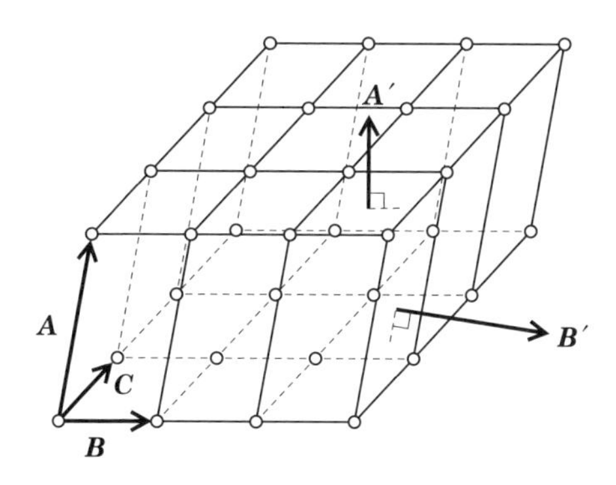

図 1.20 ベクトル $\boldsymbol{A}, \boldsymbol{B}, \boldsymbol{C}$ の相反系.

が互いに直交していない場合でも $\boldsymbol{r} = \lambda \boldsymbol{A} + \mu \boldsymbol{B} + \nu \boldsymbol{C}$ となる λ, μ, ν を，先ほどの例題 1.30 に沿って導くことができる．

例 1.31 結晶構造をもつ物質の周期配列をベクトルを使って記述するために，三つの最隣接原子間 (格子間) をベクトル $\boldsymbol{A}, \boldsymbol{B}, \boldsymbol{C}$ とする．これより原子の周期的な配置は，

$$\boldsymbol{r} = l\boldsymbol{A} + m\boldsymbol{B} + n\boldsymbol{C} \qquad (l, m, n \text{ は整数})$$

と表せる．これを**基本格子**として，この三つのベクトルの相反系を固体物理では**逆格子ベクトル**という[5]．相反系を $\boldsymbol{A}', \boldsymbol{B}', \boldsymbol{C}'$ とすると，逆格子ベクトル $\boldsymbol{G}$ は

$$\boldsymbol{G} = l'\boldsymbol{A}' + m'\boldsymbol{B}' + n'\boldsymbol{C}' \qquad (l', m', n' \text{は整数})$$

と書ける．

たとえば，この逆格子ベクトルは結晶構造をもつ物質の X 線回折パターンを表すのに用いる．この理由を考えてみよう．ある結晶構造の単位胞 (unit cell) を構築する最隣接原子間 (格子間) をベクトル $\boldsymbol{A}, \boldsymbol{B}, \boldsymbol{C}$ とする (図 1.20)．この三つのベクトルは図 1.18 のように平行六面体をつくる．ベクトル $\boldsymbol{A}, \boldsymbol{B}, \boldsymbol{C}$ の相反系 $\boldsymbol{A}'$ の定義より $|\boldsymbol{A}'|$ は平行六面体の高さの逆数 (底面の面積/体積) である．よって，$|\boldsymbol{A}'|$ は，$\boldsymbol{B}$ と $\boldsymbol{C}$ による底面と平行な結晶面の面密度 (単位長さあたりの面の

5] 固体物理の教科書によっては相反系の 2π 倍を基底ベクトルと定義している．

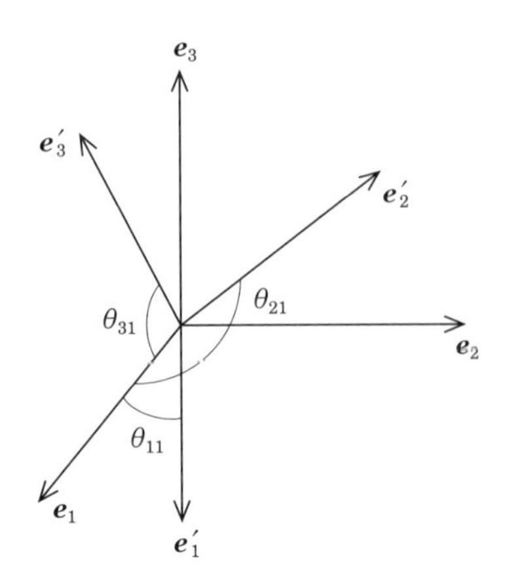

図 1.21 二つの直交座標系. e_1', e_2', e_3' と e_1 とがなす角をそれぞれ $\theta_{11}, \theta_{21}, \theta_{31}$ とおいた.

枚数は面間隔の逆数) を示す. そして, $\boldsymbol{A}'$ の向きは, この結晶面の法線方向である. $\boldsymbol{B}'$ と $\boldsymbol{C}'$ も同様に考えると, $\boldsymbol{A}', \boldsymbol{B}', \boldsymbol{C}'$ が基底ベクトルである逆格子ベクトル $\boldsymbol{G}$ は, 結晶内の周期的な原子配列によって張られるさまざまな 2 次元結晶面の法線方向を向きとして, 大きさは, その結晶面の面密度となる. この結晶に X 線を照射して, その回折が強め合い, 回折パターンのスポットとなる方向と強さは, X 線の入射方向に対する一つの結晶面の向きと, その面密度に依存する (ブラッグの回折条件)[6].

1.8 座標変換とベクトル

同じ原点をもつ二つの直交座標系を x, y, z 軸と $\overline{x}, \overline{y}, \overline{z}$ 軸とする. それぞれの基本ベクトルを $\boldsymbol{e}_1, \boldsymbol{e}_2, \boldsymbol{e}_3, \boldsymbol{e}_1', \boldsymbol{e}_2', \boldsymbol{e}_3'$ として図 1.21 のように描けるものとする. これらの基本ベクトルは

$$\boldsymbol{e}_j = \sum_{i=1}^{3} \alpha_{ij} \boldsymbol{e}_i' \qquad (i, j = 1, 2, 3) \tag{1.23}$$

6] 詳細は C. Kittel や N.W. Ashcroft and N.D. Mermin の『固体物理学』の本を参照.

と書ける．ここで，方向余弦を $\alpha_{ij} = \cos\theta_{ij}$ $(i, j = 1, 2, 3)$ とおいた．任意の点 P を，それぞれの座標系において (x, y, z), あるいは $(\overline{x}, \overline{y}, \overline{z})$ とすると，

$$\overline{x} = \alpha_{11}x + \alpha_{12}y + \alpha_{13}z,$$
$$\overline{y} = \alpha_{21}x + \alpha_{22}y + \alpha_{23}z,$$
$$\overline{z} = \alpha_{31}x + \alpha_{32}y + \alpha_{33}z$$

あるいは

$$x = \alpha_{11}\overline{x} + \alpha_{21}\overline{y} + \alpha_{31}\overline{z},$$
$$y = \alpha_{12}\overline{x} + \alpha_{22}\overline{y} + \alpha_{32}\overline{z},$$
$$z = \alpha_{13}\overline{x} + \alpha_{23}\overline{y} + \alpha_{33}\overline{z}$$

と書ける．同様にベクトル $\boldsymbol{A} = (A_x, A_y, A_z)$ は，

$$\overline{A}_x = \alpha_{11}A_x + \alpha_{12}A_y + \alpha_{13}A_z,$$
$$\overline{A}_y = \alpha_{21}A_x + \alpha_{22}A_y + \alpha_{23}A_z,$$
$$\overline{A}_z = \alpha_{31}A_x + \alpha_{32}A_y + \alpha_{33}A_z$$

あるいは，

$$A_x = \alpha_{11}\overline{A}_x + \alpha_{21}\overline{A}_y + \alpha_{31}\overline{A}_z,$$
$$A_y = \alpha_{12}\overline{A}_x + \alpha_{22}\overline{A}_y + \alpha_{32}\overline{A}_z,$$
$$A_z = \alpha_{13}\overline{A}_x + \alpha_{23}\overline{A}_y + \alpha_{33}\overline{A}_z$$

と書ける．これらの変換式は，

$$\overline{x}_i = \sum_{j=1}^{3} \alpha_{ij}x_j, \quad x_i = \sum_{j=1}^{3} \alpha_{ji}\overline{x}_j, \tag{1.24}$$

$$\overline{A}_i = \sum_{j=1}^{3} \alpha_{ij}A_j, \quad A_i = \sum_{j=1}^{3} \alpha_{ji}\overline{A}_j \tag{1.25}$$

とまとめられる．

ここで，方向余弦の α_{ij} は，

$$\sum_{k=1}^{3} \alpha_{ik}\alpha_{jk} = \delta_{ij} \quad や \quad \sum_{k=1}^{3} \alpha_{ki}\alpha_{kj} = \delta_{ij}$$

を満たす．δ_{ij} は**クロネッカーのデルタ**といい，$i = j$ の場合は 1 となり，$i \neq j$ の

場合は0となる.

ベクトルの大きさは「矢印」の線分の長さなので，座標系のとりかたによらず一定の値となるはずである．ベクトルの内積も，その定義から同じことが言え，座標変換に対して不変である.

例題 1.32 ベクトルの内積が座標系のとり方によらないことを示せ.

解 ベクトル $\boldsymbol{A}, \boldsymbol{B}$ の二つの座標系における内積をそれぞれ，$\boldsymbol{A} \cdot \boldsymbol{B} = \sum_{i=1}^{3} A_i B_i$，$\overline{\boldsymbol{A}} \cdot \overline{\boldsymbol{B}} = \sum_{i=1}^{3} \overline{A}_i \overline{B}_i$ とおく.

$$\begin{aligned}
\overline{\boldsymbol{A}} \cdot \overline{\boldsymbol{B}} &= \sum_{i=1}^{3} \overline{A}_i \overline{B}_i = \sum_{i=1}^{3} \left(\sum_{j=1}^{3} \alpha_{ij} A_j \sum_{k=1}^{3} \alpha_{ik} B_k \right) \\
&= \sum_{j,k=1}^{3} \left(\sum_{i=1}^{3} \alpha_{ij} \alpha_{ik} \right) A_j B_k = \sum_{j,k=1}^{3} \delta_{jk} A_j B_k \\
&= \sum_{k=1}^{3} \left(\sum_{j=1}^{3} \delta_{jk} A_j \right) B_k = \sum_{k=1}^{3} A_k B_k
\end{aligned}$$

よって，$\overline{\boldsymbol{A}} \cdot \overline{\boldsymbol{B}} = \boldsymbol{A} \cdot \boldsymbol{B}$ となり，内積は座標系により値が変わらないスカラーである. □

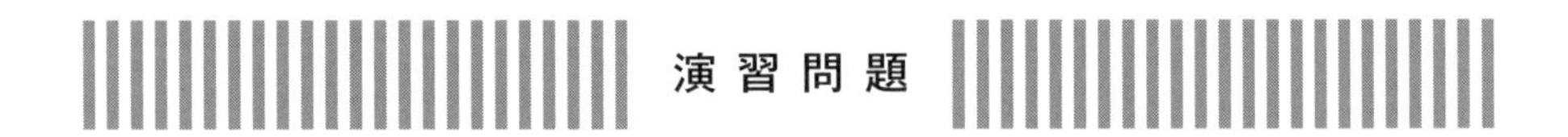

演習問題

問 1.1 三角形の各辺の中点と，それぞれの中点が向かい合う頂点を直線で結ぶ．これらの三つの線を3辺とする三角形ができることを証明せよ.

問 1.2 $\boldsymbol{A} = \boldsymbol{i} + 2\boldsymbol{j} + 3\boldsymbol{k}$ を $\boldsymbol{B} = \boldsymbol{i} + \boldsymbol{j} + \boldsymbol{k}$ に平行なベクトル $\boldsymbol{B}_{||}$ と垂直なベクトル $\boldsymbol{B}_{\perp}$ の和に分解せよ.

問 1.3 中心が点Cで，半径が R となる球面上の点Aにおける接平面のベクトル方程式を求めよ.

問 1.4 4点 $(x, y, z), (a, 0, 0), (0, b, 0), (0, 0, c)$ を頂点とする四面体の体積は $\dfrac{1}{6} \left| abc \left(\dfrac{x}{a} + \dfrac{y}{b} + \dfrac{z}{c} - 1 \right) \right|$ であることを示せ.

第2章
ベクトルの微分と積分

物理学では，時間の経過とともに連続的に変化する物理量を時刻 t の関数として表すことが多い．速度や力などのベクトルも時刻 t の関数として表す．そしてそれらのベクトルを微分，あるいは積分することにより，加速度や仕事量を求めることができる．本章では，スカラーの微分・積分の定義をベクトルに当てはめて，ベクトルの微分や積分を図を用いて説明する．

2.1 一変数のベクトル

ベクトル $\boldsymbol{A}$ がスカラー変数 t の関数であるとき，これを $\boldsymbol{A}(t)$ と書く[1]．この $\boldsymbol{A}(t)$ の大きさや向きが t の値の変化にともなって十分なめらかに変化するとき，$\boldsymbol{A}(t)$ は**連続**であるという．このとき

$$\boldsymbol{A}(t) = A_x(t)\boldsymbol{i} + A_y(t)\boldsymbol{j} + A_z(t)\boldsymbol{k}$$

の各成分である $A_x(t), A_y(t), A_z(t)$ は連続である．以降本書で扱うベクトルはすべて連続であるものとする．

例 2.1 力学において，質量 m の質点を位置ベクトル $\boldsymbol{r}(t)$ として，時刻 t の関数とおけば，速度ベクトルと加速度ベクトルは，それぞれ，

$$\boldsymbol{v}(t) = \frac{d\boldsymbol{r}(t)}{dt},$$
$$\boldsymbol{a}(t) = \frac{d\boldsymbol{v}(t)}{dt} = \frac{d^2\boldsymbol{r}(t)}{dt^2}$$

1] $\boldsymbol{A}(t)$ をベクトル値関数とよぶ．

と表せる．運動方程式は

$$\boldsymbol{F} = m\boldsymbol{a} = m\frac{d\boldsymbol{v}(t)}{dt} = m\frac{d\boldsymbol{r}^2(t)}{dt^2}$$

と書ける．

これらの関係の基本となるベクトルの微分を 2.2 節で説明する．スカラー変数により変化するベクトルがある．一方，大きさも向きも変化しないベクトルを，**定ベクトル**という．

2.2 ベクトルの微分

ベクトル $\boldsymbol{A}(t)$ のスカラー変数 t が $t + \Delta t$ に増加したとき，ベクトル $\boldsymbol{A}$ の変化である $\Delta\boldsymbol{A} = \boldsymbol{A}(t+\Delta t) - \boldsymbol{A}(t)$ は図 2.1 のように三角形を成す三つのベクトルとして表せる．$\boldsymbol{A}(t)$ の始点は原点とした．極限ベクトルである

$$\lim_{\Delta t \to 0} \frac{\Delta\boldsymbol{A}}{\Delta t} = \lim_{\Delta t \to 0} \frac{\boldsymbol{A}(t+\Delta t) - \boldsymbol{A}(t)}{\Delta t} \tag{2.1}$$

を $\boldsymbol{A}(t)$ の**微係数**として $\dfrac{d\boldsymbol{A}}{dt}$ と記す．このベクトルの各成分は，

$$\frac{d\boldsymbol{A}(t)}{dt} = \frac{dA_x(t)}{dt}\boldsymbol{i} + \frac{dA_y(t)}{dt}\boldsymbol{j} + \frac{dA_z(t)}{dt}\boldsymbol{k} \tag{2.2}$$

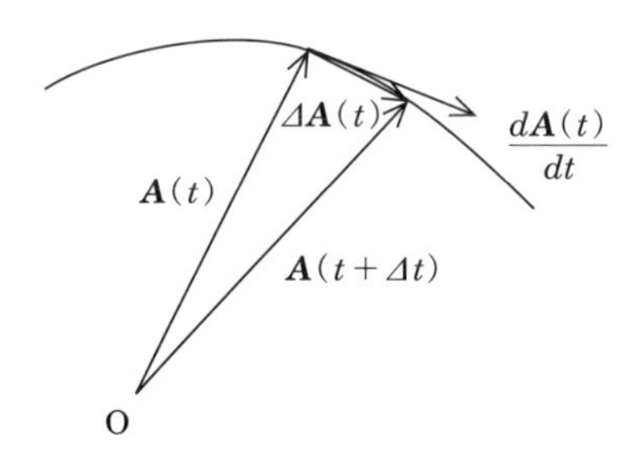

図 2.1　$\Delta\boldsymbol{A} = \boldsymbol{A}(t+\Delta t) - \boldsymbol{A}(t)$ と $\dfrac{d\boldsymbol{A}(t)}{dt}$.

と書ける．この微係数であるベクトル $\dfrac{d\boldsymbol{A}(t)}{dt}$ を図 2.1 に示す．$\boldsymbol{A}(t)$ の終点は t の変化とともに曲線を描く．よって，$\Delta t \to 0$ の極限において $\dfrac{d\boldsymbol{A}(t)}{dt}$ は，この曲線の接線方向をもつベクトル (**接線ベクトル**) として，$\boldsymbol{A}(t)$ の変化率を示す．

ベクトルの微分について，(2.1) 式より，スカラー関数の微分と同様に，以下の式が成り立つ．

$$(1)\ \frac{d}{dt}(\boldsymbol{A}+\boldsymbol{B}) = \frac{d\boldsymbol{A}}{dt} + \frac{d\boldsymbol{B}}{dt}, \tag{2.3}$$

$$(2)\ \frac{d}{dt}(m\boldsymbol{A}) = \frac{dm}{dt}\boldsymbol{A} + m\frac{d\boldsymbol{A}}{dt}, \tag{2.4}$$

$$(3)\ \frac{d}{dt}(\boldsymbol{A}\cdot\boldsymbol{B}) = \frac{d\boldsymbol{A}}{dt}\cdot\boldsymbol{B} + \boldsymbol{A}\cdot\frac{d\boldsymbol{B}}{dt}, \tag{2.5}$$

$$(4)\ \frac{d}{dt}(|\boldsymbol{A}|^2) = \frac{d}{dt}(\boldsymbol{A}\cdot\boldsymbol{A}) = \frac{d\boldsymbol{A}}{dt}\cdot\boldsymbol{A} + \boldsymbol{A}\cdot\frac{d\boldsymbol{A}}{dt} = 2\boldsymbol{A}\cdot\frac{d\boldsymbol{A}}{dt}, \tag{2.6}$$

$$(5)\ \frac{d}{dt}(\boldsymbol{A}\times\boldsymbol{B}) = \frac{d\boldsymbol{A}}{dt}\times\boldsymbol{B} + \boldsymbol{A}\times\frac{d\boldsymbol{B}}{dt}, \tag{2.7}$$

$$(6)\ \frac{d\boldsymbol{C}}{dt} = 0 \tag{2.8}$$

ここで $\boldsymbol{C}$ は定ベクトルとした．これらの式は，定義から，あるいは (2.2) 式のように成分に分けることにより証明される．

例題 2.2 $\boldsymbol{r}$ を t による関数のベクトルとする．$\boldsymbol{r}$ の向きをもつ単位ベクトル $\boldsymbol{n}$ の微分を求めよ．

解 $|\boldsymbol{r}| = r$ とおけば，$\boldsymbol{r}$ の向きをもつ単位ベクトルは，$\boldsymbol{n} = \boldsymbol{r}/r$ と書ける．よって

$$\frac{d\boldsymbol{n}}{dt} = \frac{d}{dt}\left(\frac{\boldsymbol{r}}{r}\right) = \frac{1}{r}\frac{d\boldsymbol{r}}{dt} - \frac{1}{r^2}\frac{dr}{dt}\boldsymbol{r} = \frac{1}{r}\frac{d\boldsymbol{r}}{dt} - \frac{1}{r}\frac{dr}{dt}\boldsymbol{n} \tag{2.9}$$

となる．図 2.2 (左) に $\boldsymbol{r}(t)$ と $\dfrac{d\boldsymbol{n}}{dt}$ の関係を示し，右図は (2.9) 式を示した． □

例 2.3 ベクトル $\boldsymbol{A}(t)$ の大きさが一定であり，$|\boldsymbol{A}(t)| = c$ と書けるとき，$|\boldsymbol{A}|^2 = \boldsymbol{A}\cdot\boldsymbol{A}$ は c^2 となり，$\dfrac{d}{dt}(|\boldsymbol{A}|^2) = 0$ と表せる．一方，左辺は (2.6) 式から

$$\frac{d}{dt}(|\boldsymbol{A}|^2) = 2\boldsymbol{A}\cdot\frac{d\boldsymbol{A}}{dt} \tag{2.10}$$

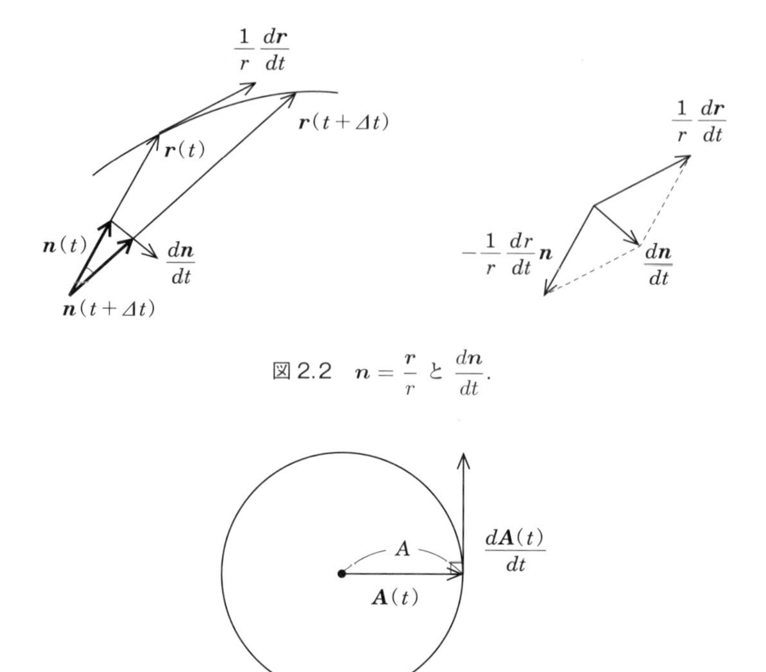

図 2.2　$\boldsymbol{n} = \frac{\boldsymbol{r}}{r}$ と $\frac{d\boldsymbol{n}}{dt}$.

図 2.3　$\boldsymbol{A}(t) \cdot \frac{d\boldsymbol{A}(t)}{dt} = 0.$

と書ける．これが 0 となることから，$\boldsymbol{A}(t)$ と $\frac{d\boldsymbol{A}(t)}{dt}$ はつねに垂直である．ベクトル $\boldsymbol{A}(t)$ の始点を原点とすれば，$\boldsymbol{A}(t)$ の終点は，図 2.3 のように半径 A の球面上になる．

2.3 ベクトルの積分

t や x を変数としたスカラー関数の不定積分と同様に，ベクトルの不定積分は，ベクトル $\boldsymbol{B}(t)$ の微係数を $\boldsymbol{A}(t)$ として，

$$\boldsymbol{B}(t) + \boldsymbol{C} = \int \boldsymbol{A}(t)dt \tag{2.11}$$

と書ける．ここで $\boldsymbol{C}$ は定ベクトルである．

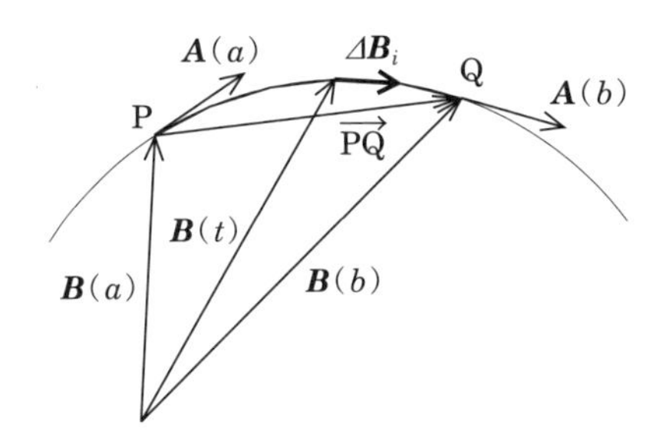

図 2.4 $\overrightarrow{\mathrm{PQ}} = \int_a^b \boldsymbol{A}(t)dt = \boldsymbol{B}(b) - \boldsymbol{B}(a)$.

ベクトル $\boldsymbol{A}(t)$ の区間 $[a,b]$ を n 個の小区間に分けて，$a = t_0 < t_1 < \cdots < t_n = b$ とし，それぞれの小区間の幅を $\Delta t_1 = t_1 - t_0, \Delta t_2 = t_2 - t_1, \cdots, \Delta t_n = t_n - t_{n-1}$ とする．そして，各小区間 $[t_{i-1}, t_i]$ 内の任意の τ_i における $\boldsymbol{A}$ を，それぞれ $\boldsymbol{A}_1, \boldsymbol{A}_2, \cdots, \boldsymbol{A}_i(= \boldsymbol{A}(\tau_i)), \cdots, \boldsymbol{A}_n$ とする．このときベクトルの和である

$$\sum_{i=1}^{n} \boldsymbol{A}_i \Delta t_i$$

は，n を大きくして，各区間の長さを 0 に収束させると，各小区間内の τ_i の選び方にはよらない極限のベクトルをもつ．これを a から b にいたる $\boldsymbol{A}$ の定積分と呼び，

$$\int_a^b \boldsymbol{A}(t)dt$$

と記す．

$\boldsymbol{A}(t)$ の不定積分が $\boldsymbol{B}(t)$ ならば，

$$\int_a^b \boldsymbol{A}(t)dt = \int_a^b d\boldsymbol{B} = [\boldsymbol{B}(t)]_a^b = \boldsymbol{B}(b) - \boldsymbol{B}(a) \tag{2.12}$$

となる．

次にこのベクトルの積分を図を用いて表そう．図 2.4 のように $\boldsymbol{B}(t)$ を位置ベクトルとする．$\boldsymbol{B}(t)$ の終点は t が区間 $[a,b]$ を動くとき曲線を描く．$\dfrac{d\boldsymbol{B}(t)}{dt} = \boldsymbol{A}(t)$ の関係から $\boldsymbol{B}(a)$ と $\boldsymbol{B}(b)$ の二つの終点 P, Q における曲線の接線ベクトルが，それぞれ $\boldsymbol{A}(a)$ と $\boldsymbol{A}(b)$ である．よって，図 2.4 より Δt が微小な値とすれば，

$$\sum_{i=1}^{n} \boldsymbol{A}_i \Delta t_i = \sum_{i=1}^{n} \Delta \boldsymbol{B}_i$$

となり，各 $\Delta\boldsymbol{B}_i$ を $i=1$ から足していくと，図 2.4 のように，近似的に $\Delta\boldsymbol{B}_i$ がこの曲線上を沿う．$n \to \infty$ の極限ベクトルとして，

$$\overrightarrow{\mathrm{PQ}} = \int_a^b \boldsymbol{A}(t)dt = \boldsymbol{B}(b) - \boldsymbol{B}(a)$$

と書け，定積分になる．また b から a の定積分は

$$\int_a^b \boldsymbol{A}(t)dt = -\int_b^a \boldsymbol{A}(t)dt \tag{2.13}$$

となり，c を任意のスカラーとして，

$$\int_a^b \boldsymbol{A}\,(t)\,dt = \int_a^c \boldsymbol{A}\,(t)\,dt + \int_c^b \boldsymbol{A}\,(t)\,dt \tag{2.14}$$

が成り立つ．また，ベクトルの積分は解析的にベクトルの各成分を用いて，

$$\int_a^b \boldsymbol{A}(t)dt = \boldsymbol{i}\int_a^b A_x(t)dt + \boldsymbol{j}\int_a^b A_y(t)dt + \boldsymbol{k}\int_a^b A_z(t)dt$$

と表せる．

例 2.4 質点の速度を $\boldsymbol{v}$，位置ベクトルを $\boldsymbol{r}$, 時間を t とする．$t = t_0$ から t_1 にいたる質点の変位は

$$\int_{t_0}^{t_1} \boldsymbol{v}(t)dt = \int_{t_0}^{t_1} d\boldsymbol{r} = [\boldsymbol{r}]_{t_0}^{t_1} = \boldsymbol{r}(t_1) - \boldsymbol{r}(t_0) \tag{2.15}$$

と表せる．

2.4 曲線と接線と長さ

空間における**曲線**をベクトルを用いて記述する．すでに図 2.1 で説明したように，スカラー変数 t により，ベクトル $\boldsymbol{r}(t)$ が連続微分可能かつ $\left|\dfrac{d\boldsymbol{r}}{dt}\right| \neq 0$ なら，この $\boldsymbol{r}(t)$ を位置ベクトルとしたベクトルの終点は曲線を描く．この曲線上を動く終点を点 $\mathrm{P}(x(t), y(t), z(t))$ として，この曲線の長さを s とする．この s の微分である ds を線素とよぶ．曲線の例を図 2.5 に示す．$\overline{\mathrm{PQ}} = |\Delta\boldsymbol{r}|, \overset{\frown}{\mathrm{PQ}} = \Delta s$ とおくと，

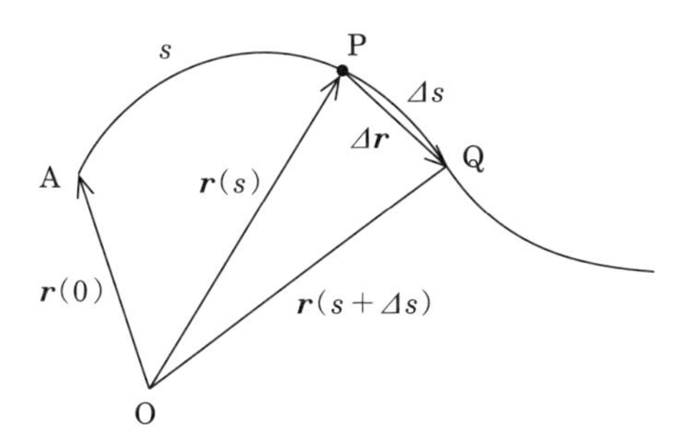

図 2.5 曲線と接線.

線素は $\Delta t \to 0$ の極限として,

$$ds = \left|\frac{d\boldsymbol{r}}{dt}\right| dt = |d\boldsymbol{r}| \tag{2.16}$$

と表せる. 図 2.5 では, 曲線上の点 A から任意の点 P までの曲線の長さを s とした.

よって, ベクトル $\boldsymbol{r}$ を s の関数として, $\boldsymbol{r}(s)$ と表すと接線方向に向きをもつベクトル

$$\boldsymbol{t} = \frac{d\boldsymbol{r}(s)}{ds} \tag{2.17}$$

は, $\left|\frac{d\boldsymbol{r}(s)}{ds}\right| = 1$ より, この $\boldsymbol{t}$ を**単位接線ベクトル**とよぶ. 定義より $\boldsymbol{t}$ の向きは s の増加する向きである.

例 2.5 力学では, 曲線に沿って動く質点 P の位置を終点とする位置ベクトルを $\boldsymbol{r}(t)$ とする. t が時間ならば $\frac{d\boldsymbol{r}(t)}{dt}$ は速度となる. 単位接線ベクトルは

$$\boldsymbol{t} \equiv \frac{\dfrac{d\boldsymbol{r}(t)}{dt}}{\left|\dfrac{d\boldsymbol{r}(t)}{dt}\right|}$$

と書ける. ここで, (2.16) 式から $\frac{ds}{dt} = \left|\frac{d\boldsymbol{r}}{dt}\right|$ と書けて $\frac{ds}{dt}$ は, 時刻 t による曲線の長さ s の変化率を示す. これは質点の速さである.

図 2.5 の**曲線の長さ** s は線素 ds の積分により

$$s = \int_0^s ds = \int_{t_0}^{t_1} \frac{ds}{dt} dt = \int_{t_0}^{t_1} \left| \frac{d\boldsymbol{r}(t)}{dt} \right| dt$$
$$= \int_{t_0}^{t_1} \sqrt{\left(\frac{dx(t)}{dt}\right)^2 + \left(\frac{dy(t)}{dt}\right)^2 + \left(\frac{dz(t)}{dt}\right)^2} dt \tag{2.18}$$

と書ける．ここで $\boldsymbol{r}(t_0), \boldsymbol{r}(t_1)$ の終点を点 A，点 P とした．

たとえば，(2.15) 式では質点の速度であるベクトル $\boldsymbol{v}(t)$ の積分 $\displaystyle\int_{t_0}^{t_1} \boldsymbol{v}(t)dt$ は，$\boldsymbol{r}(t_1) - \boldsymbol{r}(t_0)$ となり，時刻 t_0 から t_1 にいたるまでの質点の変位を表した．一方，$\displaystyle\int_{t_0}^{t_1} |\boldsymbol{v}(t)|dt$ とすれば，$\displaystyle\int_{t_0}^{t_1} |d\boldsymbol{r}| = s$ となり，今度は質点が実際に動いた軌跡の長さとなる．図 2.5 では曲線の長さに相当する．

2.5　曲線の特徴

次に，曲線の特徴を表す**曲率** κ について説明する．図 2.6 (左) のように曲線の接線の向きは，曲線上を動くと変わる．この動いた長さに対する向きの変化率が曲率である．$\boldsymbol{r}(s)$ と $\boldsymbol{r}(s + \Delta s)$ の終点をそれぞれ点 P, Q とし，それぞれの点における二つの接線がなす角を $\Delta\theta$ とする．

$$\kappa = \lim_{\Delta s \to 0} \left| \frac{\Delta\theta}{\Delta s} \right| = \left| \frac{d\theta}{ds} \right|$$

この κ を曲率という．この曲率は $\boldsymbol{t}$ の微分としても表せる．図 2.6 (右) のように，$\Delta\boldsymbol{t} = \boldsymbol{t}(s + \Delta s) - \boldsymbol{t}(s)$ とする．ここで $\Delta s \to 0$ の極限では

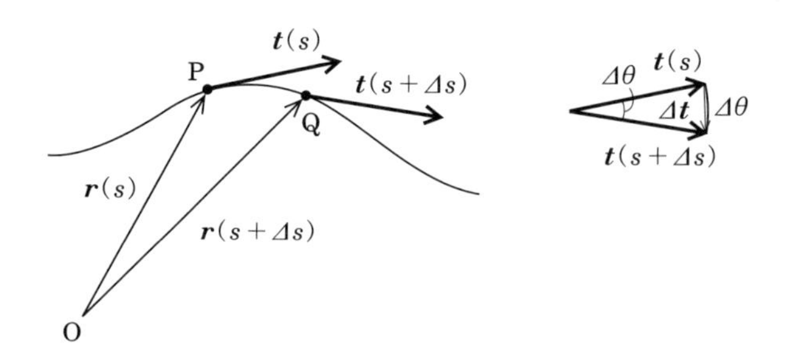

図 2.6　単位接線ベクトルとその向きの変化.

$$\lim_{\Delta s \to 0} \frac{\Delta \boldsymbol{t}}{\Delta s} = \frac{d\boldsymbol{t}}{ds}$$

と書ける．(2.17) 式より，$\boldsymbol{t}$ の大きさは 1 である．よって図 2.6 (右) のように，半径 1 の円弧を描くと，この円弧の長さが $\Delta\theta$ である．これより $\displaystyle\lim_{\Delta s \to 0} \left| \frac{\Delta \boldsymbol{t}}{\Delta s} \right|$ は曲率の定義と等しく，

$$\left| \frac{d\boldsymbol{t}}{ds} \right| = \kappa \tag{2.19}$$

と書ける．曲線 s は曲率が 0 なら直線となる．曲率の逆数 ρ は，

$$\rho = \frac{1}{\kappa} = \lim_{\Delta s \to 0} \left| \frac{\Delta s}{\Delta \theta} \right|$$

と書け，これを曲率半径とよび，曲線に内接する円の半径になる．

2.6 曲線の主法線ベクトルと従法線ベクトル

単位接線ベクトル $\boldsymbol{t}$ の微分である $\dfrac{d\boldsymbol{t}}{ds}$ は，大きさが κ で，向きは例 2.3 より，$\boldsymbol{t}$ と垂直である．そこで，

$$\frac{d\boldsymbol{t}}{ds} = \kappa \boldsymbol{n} \tag{2.20}$$

と表し，$\boldsymbol{n} \perp \boldsymbol{t}$ となる大きさが 1 のベクトル $\boldsymbol{n}$ を**単位主法線ベクトル**とよぶ．

$$\boldsymbol{n} = \frac{1}{\kappa} \frac{d\boldsymbol{t}}{ds} = \frac{1}{\kappa} \frac{d^2 \boldsymbol{r}}{ds^2}$$

これより，曲率 κ は，

$$\kappa = \left| \frac{d\boldsymbol{t}}{ds} \right| = \left| \frac{d^2 \boldsymbol{r}}{ds^2} \right| = \sqrt{\left(\frac{d^2 x}{ds^2} \right)^2 + \left(\frac{d^2 y}{ds^2} \right)^2 + \left(\frac{d^2 z}{ds^2} \right)^2} \tag{2.21}$$

とも書ける．

ここで単位接線ベクトル $\boldsymbol{t}$ と単位主法線ベクトル $\boldsymbol{n}$ によって張られる平面を曲線の**接触平面**とよぶ．$\boldsymbol{t}$ と $\boldsymbol{n}$ は，大きさが 1 で，かつ互いに直交するので，同時にこの二つのベクトルと直交する大きさが 1 のベクトルを

$$\boldsymbol{b} = \boldsymbol{t} \times \boldsymbol{n} \tag{2.22}$$

として表すことができる．このベクトルを**単位従法線ベクトル**とよぶ．このベクトルは接触平面の単位法線ベクトルである．典型的な曲線と，その曲線の $\boldsymbol{t}, \boldsymbol{n}, \boldsymbol{b}$

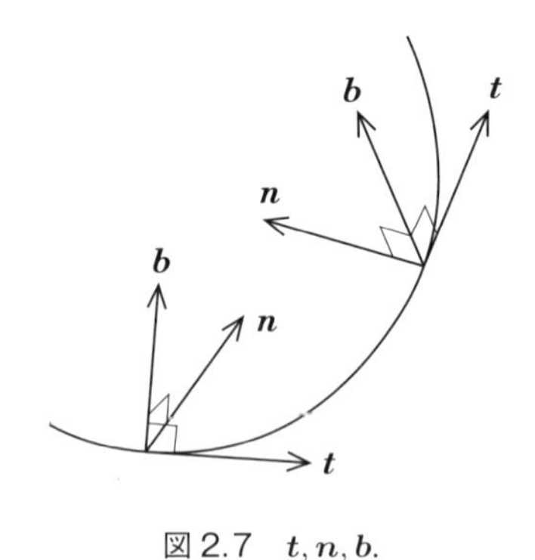

図 2.7　$\boldsymbol{t}, \boldsymbol{n}, \boldsymbol{b}$.

を図 2.7 に描く.

2.7 曲線のれい率 (ねじれ率)

曲率 κ の他に，もう一つ曲線の特徴を表すスカラー量がある．これを**れい率** (ねじれ率) τ とよび，曲線 s に沿って動いたときの単位従法線ベクトル $\boldsymbol{b}$ の向きの変化率を表す.

定義 2.6 (れい率)

$$\frac{d\boldsymbol{b}}{ds} = -\tau \boldsymbol{n} \tag{2.23}$$

ここで $\dfrac{d\boldsymbol{b}}{ds}$ の向きについて考える．単位従法線ベクトル $\boldsymbol{b}$ は大きさが一定のベクトルより $\dfrac{d\boldsymbol{b}}{ds} \perp \boldsymbol{b}$ である．次に $\dfrac{d}{ds}(\boldsymbol{t} \cdot \boldsymbol{b})$ は，$\boldsymbol{t}$ と $\boldsymbol{b}$ が直交するので 0 であるが，微分すると

$$\frac{d\boldsymbol{t}}{ds} \cdot \boldsymbol{b} + \boldsymbol{t} \cdot \frac{d\boldsymbol{b}}{ds} = 0$$

と書ける．第 1 項は単位主法線ベクトルを用いると

$$\kappa \boldsymbol{n} \cdot \boldsymbol{b} + \boldsymbol{t} \cdot \frac{d\boldsymbol{b}}{ds} = 0$$

と書ける．この式の第 1 項は $\boldsymbol{n}\perp\boldsymbol{b}$ より 0 である．よって，$\boldsymbol{t}\cdot\dfrac{d\boldsymbol{b}}{ds}=0$, つまり，$\dfrac{d\boldsymbol{b}}{ds}\perp\boldsymbol{t}$ となる．これより $\dfrac{d\boldsymbol{b}}{ds}$ の向きは $\boldsymbol{t}$ と $\boldsymbol{b}$ の両方の向きに垂直なので，$\dfrac{d\boldsymbol{b}}{ds}$ と $\boldsymbol{n}$ は平行である．れい率 τ が 0 のときは，$\boldsymbol{b}$ の向きが一定になるので，s は同一平面内の曲線になる．

2.8 フレネ–セレの公式

曲線を示す三つの単位ベクトルである $\boldsymbol{t},\boldsymbol{n},\boldsymbol{b}$ の関係式として，

$$\frac{d\boldsymbol{t}}{ds}=\kappa\boldsymbol{n}, \tag{2.24}$$

$$\frac{d\boldsymbol{b}}{ds}=-\tau\boldsymbol{n}, \tag{2.25}$$

$$\frac{d\boldsymbol{n}}{ds}=-\kappa\boldsymbol{t}+\tau\boldsymbol{b} \tag{2.26}$$

の三式を**フレネ–セレ (Frenet-Serret) の公式**と呼ぶ．(2.24), (2.25) は，それぞれ曲率 κ とれい率 τ の定義である．(2.26) は，$\boldsymbol{n}=\boldsymbol{b}\times\boldsymbol{t}$ を s で微分すると導ける．

$$\frac{d\boldsymbol{n}}{ds}=\frac{d\boldsymbol{b}}{ds}\times\boldsymbol{t}+\boldsymbol{b}\times\frac{d\boldsymbol{t}}{ds}=-\tau\boldsymbol{n}\times\boldsymbol{t}+\boldsymbol{b}\times\kappa\boldsymbol{n}=\tau\boldsymbol{b}-\kappa\boldsymbol{t}$$

例題 2.7 らせんを表す曲線は位置ベクトル $\boldsymbol{r}(t)$ の終点として，$\boldsymbol{r}(t)=(A\cos t)\boldsymbol{i}+(A\sin t)\boldsymbol{j}+Bt\boldsymbol{k}$ と書ける．この曲線の曲率 κ とれい率 τ を求めよ．ここで $A,B>0$ の定数とする．

解 $\boldsymbol{r}(t)$ の単位接線ベクトルは，

$$\boldsymbol{t}\equiv\frac{d\boldsymbol{r}(t)}{ds}=\frac{d\boldsymbol{r}(t)}{dt}\frac{dt}{ds}=\frac{\dfrac{d\boldsymbol{r}(t)}{dt}}{\dfrac{ds}{dt}}=\frac{\dfrac{d\boldsymbol{r}(t)}{dt}}{\left|\dfrac{d\boldsymbol{r}(t)}{dt}\right|}$$

より，

$$\boldsymbol{t}=\frac{(-A\sin t)\boldsymbol{i}+(A\cos t)\boldsymbol{j}+B\boldsymbol{k}}{\sqrt{A^2\sin^2 t+A^2\cos^2 t+B^2}}=\frac{(-A\sin t)\boldsymbol{i}+(A\cos t)\boldsymbol{j}+B\boldsymbol{k}}{\sqrt{A^2+B^2}}$$

曲率は $\dfrac{d\boldsymbol{t}}{ds}=\kappa\boldsymbol{n}$ より，

$$\frac{d\boldsymbol{t}}{ds} = \frac{\dfrac{d\boldsymbol{t}(t)}{dt}}{\dfrac{ds}{dt}} = \frac{\dfrac{(-A\cos t)\boldsymbol{i} + (-A\sin t)\boldsymbol{j}}{\sqrt{A^2+B^2}}}{\sqrt{A^2+B^2}}$$

$$= \frac{(-A\cos t)\boldsymbol{i} + (-A\sin t)\boldsymbol{j}}{A^2+B^2} = \frac{A}{A^2+B^2}(-\cos t\boldsymbol{i} - \sin t\boldsymbol{j})$$

これより，単位主法線ベクトルは $\boldsymbol{n} = -\cos t\boldsymbol{i} - \sin t\boldsymbol{j}$, $\kappa = \dfrac{A}{A^2+B^2}$.

単位従主法線ベクトルは，$\boldsymbol{b} = \boldsymbol{t} \times \boldsymbol{n}$ より

$$\boldsymbol{b} = \boldsymbol{t} \times \boldsymbol{n} = \frac{(-A\sin t)\boldsymbol{i} + (A\cos t)\boldsymbol{j} + B\boldsymbol{k}}{\sqrt{A^2+B^2}} \times (-\cos t\boldsymbol{i} - \sin t\boldsymbol{j})$$

$$= \frac{1}{\sqrt{A^2+B^2}}((B\sin t)\boldsymbol{i} + (-B\cos t)\boldsymbol{j} + A\boldsymbol{k})$$

れい率は，$\dfrac{d\boldsymbol{b}}{ds} = -\tau\boldsymbol{n}$ より，

$$\frac{d\boldsymbol{b}}{ds} = \frac{\dfrac{d\boldsymbol{b}(t)}{dt}}{\dfrac{ds}{dt}} = \frac{\dfrac{B\cos t\boldsymbol{i} + B\sin t\boldsymbol{j}}{\sqrt{A^2+B^2}}}{\sqrt{A^2+B^2}} = \frac{B\cos t\boldsymbol{i} + B\sin t\boldsymbol{j}}{A^2+B^2}$$

よって，$\tau = \dfrac{-B}{A^2+B^2}$

これより，らせん曲線の曲率は $\kappa = \dfrac{A}{A^2+B^2}$, れい率は $\tau = \dfrac{-B}{A^2+B^2}$ となり，ともに定数である．$0 \leqq t \leqq 3\pi$ としたときの曲線を図 2.8 に示す． □

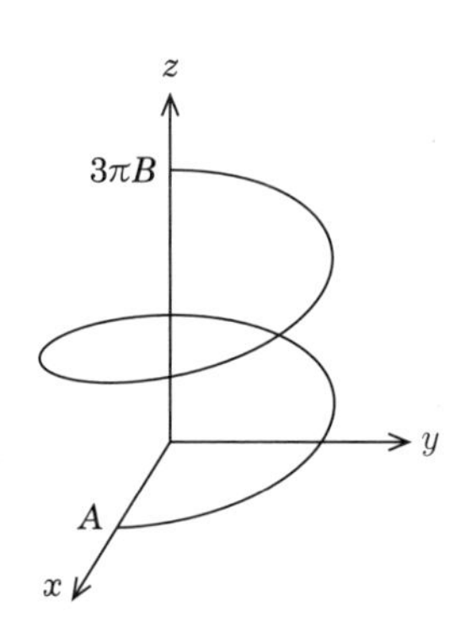

図 2.8

ここで z 成分が Bt ではなく B $(B>0)$ なら，$\boldsymbol{r}(t)=(A\cos t)\boldsymbol{i}+(A\sin t)\boldsymbol{j}+B\boldsymbol{k}$ より，$\boldsymbol{t}=-\sin t\boldsymbol{i}+\cos t\boldsymbol{j}$ となる．

$$\frac{d\boldsymbol{t}}{ds}=\frac{\dfrac{d\boldsymbol{t}(t)}{dt}}{\dfrac{ds}{dt}}=\frac{-\cos t\boldsymbol{i}-\sin t\boldsymbol{j}}{A}$$

よって，曲率は $\kappa=\dfrac{1}{A}$，単位法線ベクトルは $\boldsymbol{n}=-\cos t\boldsymbol{i}-\sin t\boldsymbol{j}$ となる．

$\boldsymbol{b}=\boldsymbol{t}\times\boldsymbol{n}=\boldsymbol{k}$ より $\dfrac{d\boldsymbol{b}}{ds}=0$ となって，れい率 τ は 0 となる．

よって，この曲線は接触平面 $(z=B)$ を動き，半径 A の円軌道を描く．

演習問題

問 2.1 ある曲線上を加速する質点の運動はベクトルを用いて

$$\boldsymbol{a}=\frac{dv}{dt}\boldsymbol{t}+v^2\kappa\boldsymbol{n}$$

と書けることを示せ．ここで時間を t，質点の加速度を $\boldsymbol{a}$，速さを v $(|\boldsymbol{v}|=v$，$\boldsymbol{v}$ は速度) とした．

問 2.2 ある平面上で等速円運動をする質点の加速度ベクトル $\boldsymbol{a}$ を求めよ．

問 2.3 らせんを描く $\boldsymbol{r}(t)=3\cos t\boldsymbol{i}+3\sin t\boldsymbol{j}+4t\boldsymbol{k}$ について，以下の問いに答えよ．

(1) $\boldsymbol{r}(t)$ の単位接線ベクトル，単位主法線ベクトル，単位従法線ベクトルと，スカラー量である曲率とれい率を求めよ．

(2) $z=8\pi$ のときの，単位接線ベクトル，単位主法線ベクトル，単位従法線ベクトルを求めよ．

第3章
スカラー場とベクトル場

温度や電荷が 3 次元空間内に分布する場合，それらは熱の移動や電場を生じる．これらは，スカラー場やベクトル場として取りあつかう．たとえば点電荷の周りの電位はスカラー場，電場はベクトル場として，それぞれ場所の関数として表せる．本章では，場の演算として電位から電場を導く．

空間のある領域にスカラーが分布しており，その空間内の各点 $\mathrm{P}(x, y, z)$ における φ の値が，その点 P の位置から決まるとき，この $\varphi(x, y, z)$ を**スカラー場**という．物理では電位や温度，質量の密度分布などがスカラー場の例である．同様に，各点におけるベクトル $\boldsymbol{A}$ の大きさと向きが，点 P の位置で決まるとき，この $\boldsymbol{A}(x, y, z)$ を**ベクトル場**という．電場や物質内の熱の移動，流体内の速度分布はベクトル場 $\boldsymbol{A}(x, y, z)$ の例である．簡単なベクトル場の例を図 3.1 に示す．

3.1 ベクトル場の偏微分と全微分

ベクトル場 $\boldsymbol{A}(x, y, z)$ が存在する空間において，点 P から，y と z を固定して，x を Δx だけ変化させたときの $\boldsymbol{A}$ の変化は

$$\Delta \boldsymbol{A} = \boldsymbol{A}(x + \Delta x, y, z) - \boldsymbol{A}(x, y, z) \tag{3.1}$$

と書ける．図 3.2 は，2 次元平面内での，点 $\mathrm{P}(x, y)$, 点 $\mathrm{Q}(x + \Delta x, y)$, 点 $\mathrm{S}(x, y + \Delta y)$, 点 $\mathrm{R}(x + \Delta x, y + \Delta y)$ におけるベクトル $\boldsymbol{A}$ である．下図に (3.1) 式に対応するベクトル $\Delta \boldsymbol{A}_{\mathrm{P}\,から\,\mathrm{Q}}$ などを描いた．

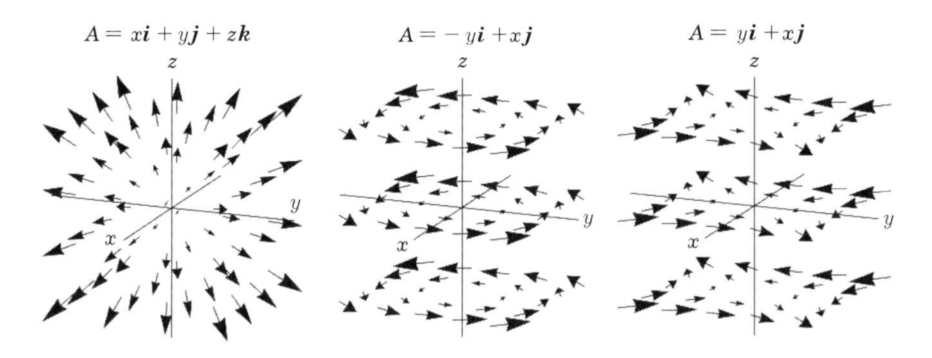

図 3.1　ベクトル場の例.

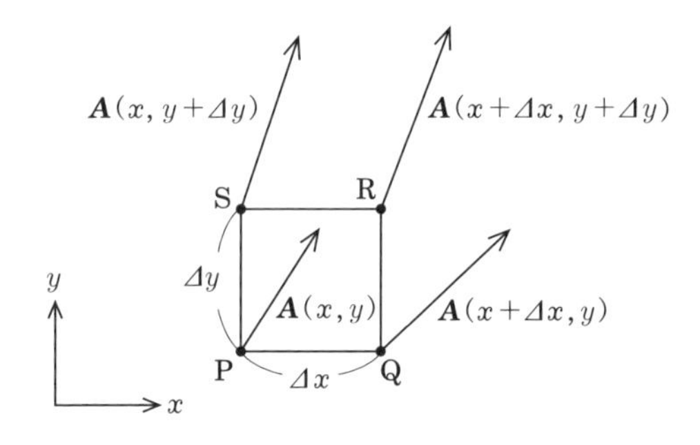

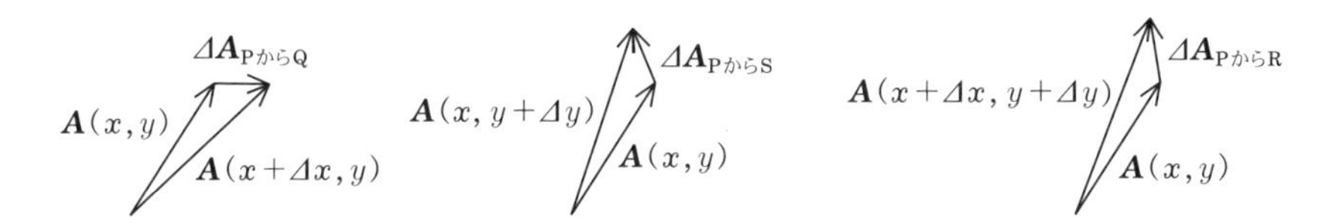

図 3.2　ベクトル $\boldsymbol{A}$ の変化.

Δx が限りなく 0 に近づくときに，$\dfrac{\Delta \boldsymbol{A}}{\Delta x}$ に極限が存在するなら，これは $\boldsymbol{A}$ の x 方向への変化率である．これを x に関する $\boldsymbol{A}$ の**偏微分**係数といい，$\dfrac{\partial \boldsymbol{A}}{\partial x}$ と書く．この $\dfrac{\partial \boldsymbol{A}}{\partial x}$ はベクトルで，その成分は

$$\frac{\partial \boldsymbol{A}}{\partial x} = \frac{\partial A_x}{\partial x}\boldsymbol{i} + \frac{\partial A_y}{\partial x}\boldsymbol{j} + \frac{\partial A_z}{\partial x}\boldsymbol{k} \tag{3.2}$$

と書ける．

ベクトルの**全微分**は，点 $\mathrm{P}(x, y, z)$ から点 $\mathrm{P}'(x+\Delta x, y+\Delta y, z+\Delta z)$ へ，微小に動かしたときの $\boldsymbol{A}$ の変化である．この全微分 $\Delta \boldsymbol{A}$ は近似的に，各軸における移動量の Δx, Δy, Δz を独立したベクトルの変化として

$$\Delta \boldsymbol{A} = \frac{\partial \boldsymbol{A}}{\partial x}\Delta x + \frac{\partial \boldsymbol{A}}{\partial y}\Delta y + \frac{\partial \boldsymbol{A}}{\partial z}\Delta z \tag{3.3}$$

と書ける．図 3.2 では，2 次元平面において，左辺が $\Delta \boldsymbol{A}_{\mathrm{P}からR}$，右辺の第 1 項が $\Delta \boldsymbol{A}_{\mathrm{P}からQ}$，第 2 項が $\Delta \boldsymbol{A}_{\mathrm{P}からS}$ に対応する．つまり，$\Delta \boldsymbol{A}_{\mathrm{P}からQ}$ と $\Delta \boldsymbol{A}_{\mathrm{P}からS}$ の合成が $\Delta \boldsymbol{A}_{\mathrm{P}からR}$ となる．(3.3) 式のそれぞれの移動量を 0 に近づける極限として全微分を

$$d\boldsymbol{A} = \frac{\partial \boldsymbol{A}}{\partial x}dx + \frac{\partial \boldsymbol{A}}{\partial y}dy + \frac{\partial \boldsymbol{A}}{\partial z}dz \tag{3.4}$$

と表す．

ここで，点 P における位置ベクトルを $\boldsymbol{r}$ とする．点 P に近い点 P$'$ の位置ベクトルを $\boldsymbol{r} + \Delta \boldsymbol{r}$, その座標を $(x+\Delta x, y+\Delta y, z+\Delta z)$ とすると，$\Delta \boldsymbol{r}$ は

$$\Delta \boldsymbol{r} = \Delta x\boldsymbol{i} + \Delta y\boldsymbol{j} + \Delta z\boldsymbol{k}$$

となる．よって全微分は

$$d\boldsymbol{r} = dx\boldsymbol{i} + dy\boldsymbol{j} + dz\boldsymbol{k}$$

となる．また全微分の (3.4) 式より，

$$d\boldsymbol{r} = \frac{\partial \boldsymbol{r}}{\partial x}dx + \frac{\partial \boldsymbol{r}}{\partial y}dy + \frac{\partial \boldsymbol{r}}{\partial z}dz$$

である．よって，

$$\frac{\partial \boldsymbol{r}}{\partial x} = \boldsymbol{i}, \quad \frac{\partial \boldsymbol{r}}{\partial y} = \boldsymbol{j}, \quad \frac{\partial \boldsymbol{r}}{\partial z} = \boldsymbol{k}$$

を得る．

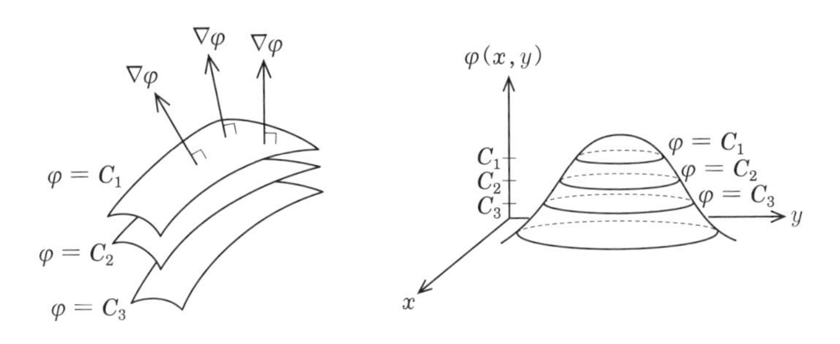

図 3.3　等位面と $\Delta\varphi$ (左) と $z=\varphi(x,y)$(右).

3.2　スカラー場の等位面

スカラー場の $\varphi(x,y,z)$ が $\varphi(x,y,z)=C$ (C は定数) を満たす点の集合は一般に空間内の曲面となる．この曲面を**等位面**という．いくつかの曲面を並べた曲面群の例を図 3.3 (左) に描いた．スカラー場を 2 次元平面として，スカラー場の $\varphi(x,y)$ を $z=\varphi(x,y)$ として描くと，図 3.3 (右) のように「等高線」が $\varphi(x,y)=C$ (C は定数) を表す．

例題 3.1　$\varphi(\boldsymbol{r})=x^2+y^2+z^2$ の等位面はどのような曲面になるか．

解　$x^2+y^2+z^2=C$ $(C>0)$ とおくと，$\varphi(\boldsymbol{r})$ は半径 $C^{1/2}$ の球面を示すので，この関数の等位面は球面である．$C=0$ のときは原点となる．　□

3.3　ベクトル場の流線

川などの水の流れでは，それぞれの場所における速度をベクトルとして表すことができる．もし，この流れ (速度) がどこでも時間によらない (定常流) なら，ベクトル場として表せる[1]．しかし，水の流れはベクトルの矢印だけで表現するよりも，矢印に沿った曲線として表したほうがイメージしやすい．この曲線を**流線**とよぶ．流線の各点における接線はその点におけるベクトルと平行である．ベクトル場と流線の例を図 3.4 に描く．流線の t をパラメータとする式を $x=$

1]　水の密度は一定とする．水の流れが時間に依存する場合は，$\boldsymbol{A}(x,y,z,t)$ として時刻 t を含める．

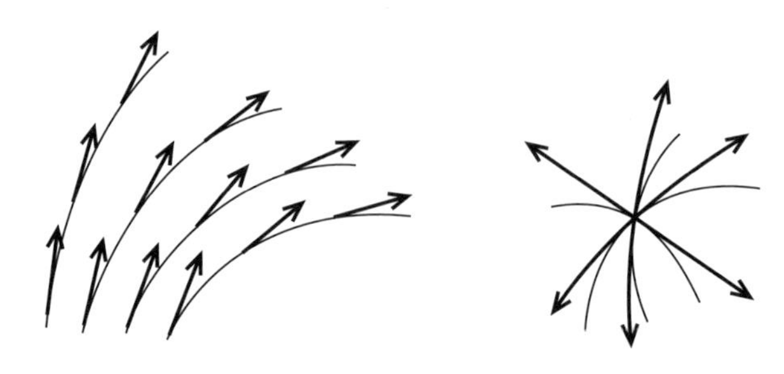

図3.4 ベクトル場と流線.

$x(t)$, $y = y(t)$, $z = z(t)$, またベクトルを $\boldsymbol{A}(x, y, z) = A_x(x, y, z)\boldsymbol{i} + A_y(x, y, z)\boldsymbol{j} + A_z(x, y, z)\boldsymbol{k}$ とする．各点におけるベクトルと流線の接線方向とでは，各成分の比が等しいので，

$$\frac{dx}{dt} : \frac{dy}{dt} : \frac{dz}{dt} = A_x : A_y : A_z$$

より，

$$\frac{dx}{A_x} = \frac{dy}{A_y} = \frac{dz}{A_z} \tag{3.5}$$

となる．この微分方程式を解けば流線の式が得られる．

ベクトル場の各点に対応する流線の接線が，その点におけるベクトルに平行なので，流線は一本の曲線となり，二つの流線は交わらない．しかし，例外として，$\boldsymbol{A}(x, y, z) = \boldsymbol{0}$ となる点では流線が交わる場合がある．たとえば，図 3.4 (右) の場合，流線の交点では零ベクトルである．また，流線を描くときに，流線の密度 (単位面積あたりの流線の数) をベクトルの大きさとすれば，流線のみの図でベクトルの大きさも表現できる．物理では，流線は水の流れや電場の電気力線，磁場の磁力線，そして熱の移動を表すために用いられる．

例題 3.2 xy 平面内 (2 次元) のベクトル場が $\boldsymbol{A} = -y\boldsymbol{i} + x\boldsymbol{j}$ の流線を求めよ．

解 (3.5) 式より，$\dfrac{dx}{-y} = \dfrac{dy}{x}$ となり，C $(C > 0)$ を定数として，

$$x^2 + y^2 = C$$

と書ける．これは円を示す式である．図 3.5 に流線とベクトル場を描いた． □

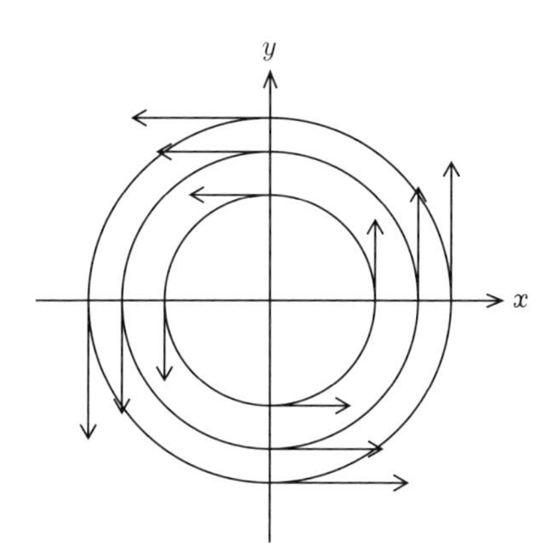

図 3.5　$\boldsymbol{A} = -y\boldsymbol{i} + x\boldsymbol{j}$ のベクトルと流線.

3.4　スカラー場の勾配

電磁気学にあらわれる静電場は，電位 (ポテンシャル) がスカラー場として表せるなら，ここで説明する勾配により求められる．例題 3.5 では点電荷による電場を電位の勾配として求める．

定義3.3　**勾配**とは，スカラー場 $\varphi(x, y, z)$ の各点において $\dfrac{\partial\varphi}{\partial x}, \dfrac{\partial\varphi}{\partial y}, \dfrac{\partial\varphi}{\partial z}$ を x, y, z 成分とするベクトル場のことで，

$$\mathrm{grad}\varphi = \nabla\varphi = \frac{\partial\varphi}{\partial x}\boldsymbol{i} + \frac{\partial\varphi}{\partial y}\boldsymbol{j} + \frac{\partial\varphi}{\partial z}\boldsymbol{k} \tag{3.6}$$

と書ける．

$$\nabla = \frac{\partial}{\partial x}\boldsymbol{i} + \frac{\partial}{\partial y}\boldsymbol{j} + \frac{\partial}{\partial z}\boldsymbol{k} \tag{3.7}$$

を**ハミルトン演算子**という．

全微分は $d\varphi = \dfrac{\partial\varphi}{\partial x}dx + \dfrac{\partial\varphi}{\partial y}dy + \dfrac{\partial\varphi}{\partial z}dz$ より，

$$d\varphi = \frac{\partial\varphi}{\partial x}\boldsymbol{i}\cdot dx\boldsymbol{i} + \frac{\partial\varphi}{\partial y}\boldsymbol{j}\cdot dy\boldsymbol{j} + \frac{\partial\varphi}{\partial z}\boldsymbol{k}\cdot dz\boldsymbol{k} = \nabla\varphi\cdot d\boldsymbol{r}$$

と書ける．また，$\boldsymbol{A} = -\nabla\varphi$ で定義されるスカラー場が存在するならば，これをスカラーポテンシャルとよぶ．

例題 3.4　$\varphi = x^2 + y^2 + z^2$ の勾配を求めよ．

解

$$\nabla\varphi = \frac{\partial(x^2+y^2+z^2)}{\partial x}\boldsymbol{i} + \frac{\partial(x^2+y^2+z^2)}{\partial y}\boldsymbol{j} + \frac{\partial(x^2+y^2+z^2)}{\partial z}\boldsymbol{k}$$
$$= 2x\boldsymbol{i} + 2y\boldsymbol{j} + 2z\boldsymbol{k}$$

このスカラー場の等位面は原点を中心とする球であり，勾配は原点を通る直線に平行 (放射方向) で，大きさは原点からの距離に比例して大きくなる．原点では零ベクトルである．このベクトル場を流線で表すと，原点を通る直線が含まれる．

□

例題 3.5　$\nabla r, \nabla\dfrac{1}{r}$ $(r \neq 0)$ を求めよ．r はベクトル場 $\boldsymbol{r} = x\boldsymbol{i} + y\boldsymbol{j} + z\boldsymbol{k}$ の大きさ $(r = |\boldsymbol{r}|)$ とする．

解　第 5 章で，直交曲線座標系の一つである極座標における勾配を説明するが，ここでは，直交座標系で計算しよう．

$$\nabla r = \frac{\partial\sqrt{x^2+y^2+z^2}}{\partial x}\boldsymbol{i} + \frac{\partial\sqrt{x^2+y^2+z^2}}{\partial y}\boldsymbol{j} + \frac{\partial\sqrt{x^2+y^2+z^2}}{\partial z}\boldsymbol{k}$$
$$= \frac{x}{\sqrt{x^2+y^2+z^2}}\boldsymbol{i} + \frac{y}{\sqrt{x^2+y^2+z^2}}\boldsymbol{j} + \frac{z}{\sqrt{x^2+y^2+z^2}}\boldsymbol{k}$$
$$= \frac{x\boldsymbol{i}+y\boldsymbol{j}+z\boldsymbol{k}}{\sqrt{x^2+y^2+z^2}} = \frac{\boldsymbol{r}}{r}, \tag{3.8}$$

$$\nabla\frac{1}{r} = \frac{\partial}{\partial x}\frac{1}{\sqrt{x^2+y^2+z^2}}\boldsymbol{i} + \frac{\partial}{\partial y}\frac{1}{\sqrt{x^2+y^2+z^2}}\boldsymbol{j} + \frac{\partial}{\partial z}\frac{1}{\sqrt{x^2+y^2+z^2}}\boldsymbol{k}$$
$$= -x\left(\frac{1}{x^2+y^2+z^2}\right)^{\frac{3}{2}}\boldsymbol{i} - y\left(\frac{1}{x^2+y^2+z^2}\right)^{\frac{3}{2}}\boldsymbol{j} - z\left(\frac{1}{x^2+y^2+z^2}\right)^{\frac{3}{2}}\boldsymbol{k}$$
$$= -(x\boldsymbol{i}+y\boldsymbol{j}+z\boldsymbol{k})\left(\frac{1}{x^2+y^2+z^2}\right)^{\frac{3}{2}} = -\frac{\boldsymbol{r}}{r^3} = -\frac{1}{r^2}\frac{\boldsymbol{r}}{r} \tag{3.9}$$

□

電磁気学において，点電荷の電場は $\boldsymbol{E} = \dfrac{Q}{4\pi\varepsilon}\dfrac{1}{r^2}\dfrac{\boldsymbol{r}}{|r|} = \dfrac{Q}{4\pi\varepsilon}\dfrac{1}{r^2}\hat{\boldsymbol{r}}$，電位は $\boldsymbol{\Phi} = \dfrac{Q}{4\pi\varepsilon}\dfrac{1}{r}$ であり，$\boldsymbol{E} = -\nabla\boldsymbol{\Phi}$ の関係を満たしている．よって電位は電場のポテンシャルである．

3.5 スカラー場の方向微係数

3 次元空間内に存在するスカラー場 φ において，動いた向きにより，そのスカラー量がどのくらい変化するかを調べるのに，勾配が役に立つ．図 3.6 のように，スカラー場 φ の存在する領域内の点 $\mathrm{P}(x, y, z)$ から $\boldsymbol{u}$ $(|\boldsymbol{u}| = 1)$ の向きに Δs だけ動かすとき，スカラーが変化する量を $\Delta\varphi$ とする．このときの極限値 $\displaystyle\lim_{\Delta s\to 0}\frac{\Delta\varphi}{\Delta s}$，あるいは $\dfrac{d\varphi}{ds}$ をスカラー場 φ の点 P から $\boldsymbol{u}$ の向きへの**方向微係数**とよび，この向きの φ の変化率を表す．ここで，全微分は

$$d\varphi = \frac{\partial\varphi}{\partial x}dx + \frac{\partial\varphi}{\partial y}dy + \frac{\partial\varphi}{\partial z}dz$$

より，Δs の x, y, z 成分をそれぞれ Δx, Δy, Δz とすると，方向微係数は

$$\frac{d\varphi}{ds} = \frac{\partial\varphi}{\partial x}\frac{\partial x}{\partial s} + \frac{\partial\varphi}{\partial y}\frac{\partial y}{\partial s} + \frac{\partial\varphi}{\partial z}\frac{\partial z}{\partial s}$$

また $\boldsymbol{u} = l\boldsymbol{i} + m\boldsymbol{j} + n\boldsymbol{k}$ とおけば，

$$\frac{d\varphi}{ds} = l\frac{\partial\varphi}{\partial x} + m\frac{\partial\varphi}{\partial y} + n\frac{\partial\varphi}{\partial z} = \boldsymbol{u}\cdot\nabla\varphi \tag{3.10}$$

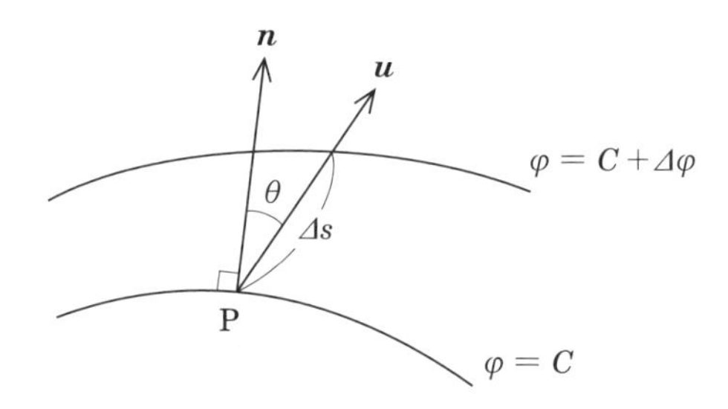

図 3.6 勾配の向きと方向微係数.

と書ける．ここで $\boldsymbol{u}$ と $\nabla\varphi$ のなす角を θ とおくと，$\dfrac{d\varphi}{ds} = |\boldsymbol{u}|\,|\nabla\varphi|\cos\theta$ より，次のようになる．

(1) $\boldsymbol{u}$ の向きが $\nabla\varphi$ の向きと同じとき，$\boldsymbol{u}\cdot\nabla\varphi$ は最大となり，よって $\dfrac{d\varphi}{ds}$ が最大となる．

(2) $\boldsymbol{u}$ の向きと $\nabla\varphi$ の向きが直交するなら，$\dfrac{d\varphi}{ds}$ は 0 となる．

等位面上では φ は一定なので，ある等位面上の点 P から等位面に接する向きに $d\boldsymbol{r}$ をとると $\dfrac{d\varphi}{ds} = 0$ になる．ここで (2) から $d\boldsymbol{r}\cdot\nabla\varphi = 0$ となるので，線素 $d\boldsymbol{r}$ は $\nabla\varphi$ と直交する．よって，$\nabla\varphi$ は等位面の法線を向きとするベクトル (**法線ベクトル**) である[2]．図 3.6 に点 P における $\nabla\varphi$ と平行な単位法線ベクトル $\boldsymbol{n}$ を描いた．また，図 3.3 (左) に $\nabla\varphi$ を 3 点で示した．

例題 3.6　$F(x, y, z) = 0$ の単位法線ベクトルを求めよ．

解　$F(x, y, z) = 0$ は $F(x, y, z)$ の一つの等位面であるから，図 3.7 に描いたように，この面の法線の向きは ∇F に平行である．よって，$F(x, y, z)$ の増加する向きをもつ単位法線ベクトルは，

$$\boldsymbol{n} = \frac{\nabla F}{|\nabla F|} \tag{3.11}$$

と書ける．□

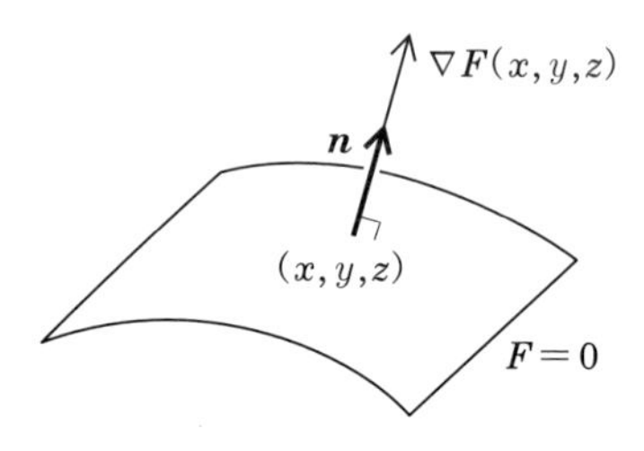

図 3.7　等位面とその法線ベクトル．

2]　φ が増加する向きの法線ベクトル．

例題 3.7 曲面 $F(x,y,z)=C$ (C は定数) 上に点 A (A_x, A_y, A_z) がある．この点を通る接平面を求めよ．

解 点 A の位置ベクトルを $\boldsymbol{A}$ とする．曲面の法線ベクトルは ∇F なので，点 A における法線ベクトルは ∇F に (A_x, A_y, A_z) を代入したベクトル $(\nabla F)_A$ である．よって $(\nabla F)_A$ に垂直な平面は (1.11) 式より，

$$(\nabla F)_A \cdot (\boldsymbol{r} - \boldsymbol{A}) = 0$$

と表せる． □

スカラー場の方向微係数と同様に，$\dfrac{d\boldsymbol{A}}{ds} = (\boldsymbol{u}\cdot\nabla)\,\boldsymbol{A}$ が $\boldsymbol{u}$ の向きのベクトル場の方向微係数となり，$\boldsymbol{u}$ の向きへの変化率を表す．

3.6 ベクトル場の発散

まずはベクトル場の**発散**の定義を述べる．その後に発散の意味を説明する．

定義 3.8 ベクトル $\boldsymbol{A}$ の発散は

$$\mathrm{div}\boldsymbol{A} = \frac{\partial A_x}{\partial x} + \frac{\partial A_y}{\partial y} + \frac{\partial A_z}{\partial z} \tag{3.12}$$

ハミルトン演算子を用いると

$$\nabla\cdot\boldsymbol{A} = \left(\frac{\partial}{\partial x}\boldsymbol{i} + \frac{\partial}{\partial y}\boldsymbol{j} + \frac{\partial}{\partial z}\boldsymbol{k}\right)\cdot(A_x\boldsymbol{i} + A_y\boldsymbol{j} + A_z\boldsymbol{k}) = \frac{\partial A_x}{\partial x} + \frac{\partial A_y}{\partial y} + \frac{\partial A_z}{\partial z}$$

と書ける．

例 3.9 2 階の偏微分である $\left(\dfrac{\partial^2\varphi}{\partial x^2} + \dfrac{\partial^2\varphi}{\partial y^2} + \dfrac{\partial^2\varphi}{\partial z^2}\right)$ はハミルトン演算子を用いると $\nabla^2\varphi$ と書ける．

$\boldsymbol{A} = \mathrm{grad}\varphi = \nabla\varphi$ とおいて，その各成分を $A_x = \dfrac{\partial\varphi}{\partial x}$, $A_y = \dfrac{\partial\varphi}{\partial y}$, $A_z = \dfrac{\partial\varphi}{\partial z}$ とする．ベクトル $\boldsymbol{A}$ の発散は

$$\mathrm{div}\boldsymbol{A} = \frac{\partial}{\partial x}\left(\frac{\partial\varphi}{\partial x}\right) + \frac{\partial}{\partial y}\left(\frac{\partial\varphi}{\partial y}\right) + \frac{\partial}{\partial z}\left(\frac{\partial\varphi}{\partial z}\right) = \frac{\partial^2\varphi}{\partial x^2} + \frac{\partial^2\varphi}{\partial y^2} + \frac{\partial^2\varphi}{\partial z^2}$$

となり，与式の偏微分になる．一方，ハミルトン演算子を用いると

$$\mathrm{div}\boldsymbol{A} = \mathrm{div}\,\mathrm{grad}\varphi = \nabla\cdot(\nabla\varphi) = (\nabla\cdot\nabla)\,\varphi = \nabla^2\varphi \tag{3.13}$$

この ∇^2 を，**ラプラシアン** (ラプラス演算子) と呼ぶ．$\nabla^2\varphi = 0$ は，ラプラス方程式と呼び，物理では電位 (ポテンシャル) を求める計算や，時間に依存しない熱伝導方程式として登場する．

例題 3.10 以下のベクトル場の発散を求めよ．

(1) $\boldsymbol{r} = x\boldsymbol{i} + y\boldsymbol{j} + z\boldsymbol{k}$,　(2) $\boldsymbol{A} = x^2\boldsymbol{i} + y^2\boldsymbol{j} + z^2\boldsymbol{k}$

解 (1) $\nabla\cdot\boldsymbol{r} = \dfrac{\partial x}{\partial x} + \dfrac{\partial y}{\partial y} + \dfrac{\partial z}{\partial z} = 3$

(2) $\nabla\cdot\boldsymbol{A} = \dfrac{\partial}{\partial x}(x^2) + \dfrac{\partial}{\partial y}(y^2) + \dfrac{\partial}{\partial z}(z^2) = 2(x+y+z)$ □

次にベクトルの発散の意味を直感的に考えよう．ベクトル場 $\boldsymbol{A}$ が流体の速度を表すとき，このベクトル場の存在する空間内のある面 ΔS から，この流体が流れ出る量は，面 ΔS の一つの単位法線ベクトル (たとえば面積ベクトルと同じ向き) を $\boldsymbol{n}$ として $\boldsymbol{A}\cdot\boldsymbol{n}\Delta S$ と表せる．この値が正となれば，流体は $\boldsymbol{n}$ の向きに流れ出る．流線は，その接線の向きがベクトル場の向きであり，流線の密度 (単位面積あたりの流線の数) がベクトルの大きさを与える．よって，$\boldsymbol{A}\cdot\boldsymbol{n}\,\Delta S$ は，面 ΔS から $\boldsymbol{n}$ の向きへの流線の数といえる．

ここで，図 3.8 のような点 $\mathrm{P}(x,y,z)$ を出発点とし，微小な線分 Δx, Δy, Δz によってつくられる平行六面体から出る流線の数を考える．点 P を通り，x 軸に垂

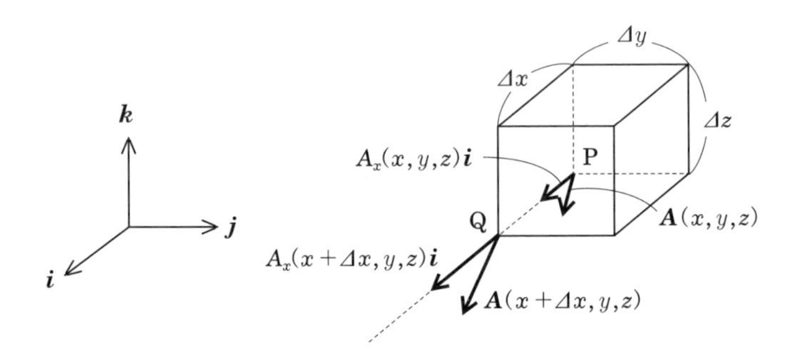

図 3.8　平行六面体から出る流線の数とベクトルの発散．

直な面 (奥側の面) から平行六面体を出る流線の数は,

$$\boldsymbol{A}\cdot\boldsymbol{n}\Delta S = \boldsymbol{A}(x,y,z)\cdot(-\boldsymbol{i})\Delta y\Delta z = -A_x(x,y,z)\Delta y\Delta z$$

と書ける. ここで, $-\boldsymbol{i}$ は流れ出る向きで, $\Delta y\Delta z$ は x 軸に垂直な面の面積である. 同様に手前の点 Q を通り, 同じく x 軸に垂直な面から出る流線の数は,

$$\begin{aligned}\boldsymbol{A}(x+\Delta x,y,z)\cdot(+\boldsymbol{i})\Delta y\Delta z &= A_x(x+\Delta x,y,z)\Delta y\Delta z\\ &= \left(A_x(x,y,z)+\frac{\partial A_x(x,y,z)}{\partial x}\Delta x\right)\Delta y\Delta z\end{aligned}$$

となる. これより x 軸に垂直な二面から平行六面体を出る流線の数は,

$$\frac{\partial A_x}{\partial x}\Delta x\Delta y\Delta z$$

となる. 同様に, 残りの 4 面について計算すると, 向かい合う面ごとに,

$$\frac{\partial A_y}{\partial y}\Delta x\Delta y\Delta z, \quad \frac{\partial A_z}{\partial z}\Delta x\Delta y\Delta z$$

となる. よって, 全体として平行六面体を出る流線の数は,

$$\left(\frac{\partial A_x}{\partial x}+\frac{\partial A_y}{\partial y}+\frac{\partial A_z}{\partial z}\right)\Delta x\Delta y\Delta z \tag{3.14}$$

となる. この微分演算は, ベクトル場の発散である. これより, ベクトルの発散は, ある点 $\mathrm{P}(x,y,z)$ を含む, 単位体積あたりの領域から出る流線の数 (スカラー量) といえる. 例題 3.10 の (1) では $\nabla\cdot\boldsymbol{r}=3$ と定数になった. このベクトルは図 3.1 (左) に描かれている通り, 放射方向の向きをもち, 原点からの距離に比例して大きくなる. ここで考えた単位体積を原点から遠くに置くほど, 流入出の流線の数 (ベクトルの大きさ) が増える. しかし, 正味の単位体積から出る流線の数は (流出 − 流入) の差分であり一定の値となる.

3.7 ベクトル場の回転

電磁気学において, 磁場 (磁束密度) の時間変化によって, その磁場の周りに電場が生じ, そこにコイルがあると電流が流れる. これはファラデーの電磁誘導として知られ,

$$\nabla\times\boldsymbol{E}(t,x,y,z) = -\frac{\partial\boldsymbol{B}(t,x,y,z)}{\partial t}$$

と書ける．これはマクスウェル方程式の一つでもある．この「$\nabla\times$」がベクトルの回転である．

定義3.11 直交座標系では，この**回転**は

$$\mathrm{rot}\boldsymbol{A}=\nabla\times\boldsymbol{A}=\left(\frac{\partial A_z}{\partial y}-\frac{\partial A_y}{\partial z}\right)\boldsymbol{i}+\left(\frac{\partial A_x}{\partial z}-\frac{\partial A_z}{\partial x}\right)\boldsymbol{j}+\left(\frac{\partial A_y}{\partial x}-\frac{\partial A_x}{\partial y}\right)\boldsymbol{k} \quad (3.15)$$

この $\mathrm{rot}\boldsymbol{A}$ は行列式を用いて

$$\mathrm{rot}\boldsymbol{A}=\begin{vmatrix}\boldsymbol{i} & \boldsymbol{j} & \boldsymbol{k}\\ \dfrac{\partial}{\partial x} & \dfrac{\partial}{\partial y} & \dfrac{\partial}{\partial z}\\ A_x & A_y & A_z\end{vmatrix}$$

と書ける．

例題 3.12 以下の回転を求めよ．

(1) $\boldsymbol{r}=x\boldsymbol{i}+y\boldsymbol{j}+z\boldsymbol{k}$, (2) $\boldsymbol{A}=-z\boldsymbol{j}+y\boldsymbol{k}$

解

$$(1)\ \nabla\times\boldsymbol{r}=\left(\frac{\partial z}{\partial y}-\frac{\partial y}{\partial z}\right)\boldsymbol{i}+\left(\frac{\partial x}{\partial z}-\frac{\partial z}{\partial x}\right)\boldsymbol{j}+\left(\frac{\partial y}{\partial x}-\frac{\partial x}{\partial y}\right)\boldsymbol{k}=\boldsymbol{0} \quad (3.16)$$

$$(2)\ \nabla\times\boldsymbol{A}=\left(\frac{\partial y}{\partial y}-\frac{\partial(-z)}{\partial z}\right)\boldsymbol{i}+\left(-\frac{\partial y}{\partial x}\right)\boldsymbol{j}+\left(\frac{\partial(-z)}{\partial x}\right)\boldsymbol{k}=2\boldsymbol{i} \quad (3.17)$$

□

次にベクトルの回転の意味を直感的に考えてみよう．点 $\mathrm{P}(x,y,z)$ が中心となる x 軸に垂直な長方形を考える (図 3.9)．各辺は，y 軸，z 軸に平行で，長さを Δy, Δz とおく．この長方形の各辺の中点は $\mathrm{Q}\left(x,y,z-\dfrac{z}{2}\right)$, $\mathrm{R}\left(x,y+\dfrac{y}{2},z\right)$, $\mathrm{S}\left(x,y,z+\dfrac{z}{2}\right)$, $\mathrm{T}\left(x,y-\dfrac{y}{2},z\right)$ となる．次に長方形の各辺を大きさとする反時計回りにまわる四つのベクトルを，それぞれ $\Delta y\boldsymbol{j},\Delta z\boldsymbol{k},-\Delta y\boldsymbol{j},-\Delta z\boldsymbol{k}$ とする．それぞれのベクトルと，各ベクトル (各辺) の中点である点 Q, R, S, T におけるベクトル $\boldsymbol{A}(x,y,z)$ との内積を計算して，その総和を求める．

$$\text{点 Q}:\boldsymbol{A}\left(x,y,z-\frac{\Delta z}{2}\right)\cdot\Delta y\boldsymbol{j}=A_y\left(x,y,z-\frac{\Delta z}{2}\right)\Delta y$$
$$=\left(A_y(x,y,z)-\frac{\Delta z}{2}\frac{\partial A_y(x,y,z)}{\partial z}\right)\Delta y,$$

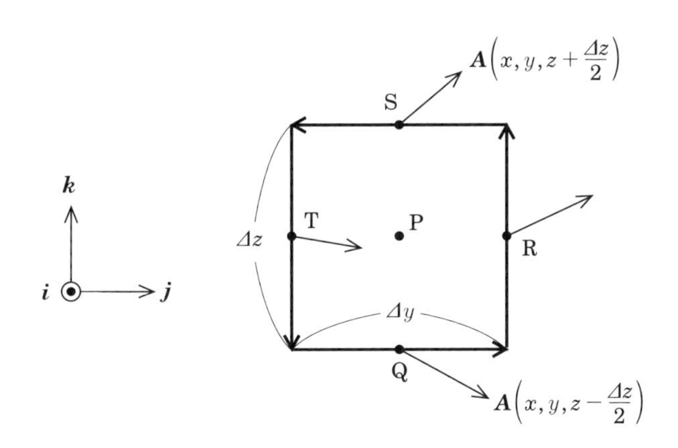

図 3.9　ベクトルの回転の意味.

点 R : $\boldsymbol{A}\left(x, y+\dfrac{\Delta y}{2}, z\right)\cdot\Delta z\boldsymbol{k}=\left(A_z(x,y,z)+\dfrac{\Delta y}{2}\dfrac{\partial A_z(x,y,z)}{\partial y}\right)\Delta z,$

点 S : $\boldsymbol{A}\left(x, y, z+\dfrac{\Delta z}{2}\right)\cdot(-\Delta y\boldsymbol{j})=-\left(A_y(x,y,z)+\dfrac{\Delta z}{2}\dfrac{\partial A_y(x,y,z)}{\partial z}\right)\Delta y,$

点 T : $\boldsymbol{A}\left(x, y-\dfrac{\Delta y}{2}, z\right)\cdot(-\Delta z\boldsymbol{k})=-\left(A_z(x,y,z)-\dfrac{\Delta y}{2}\dfrac{\partial A_z(x,y,z)}{\partial y}\right)\Delta z$

ここで，Δy と Δz は微小な長さとして近似を用いた．これらの総和は

$$\left(\frac{\partial A_z(x,y,z)}{\partial y}-\frac{\partial A_y(x,y,z)}{\partial z}\right)\Delta y\Delta z \tag{3.18}$$

となる．これはベクトルの回転の x 成分に長方形の面積を掛けたものであり，

$$\boldsymbol{i}\cdot\mathrm{rot}\boldsymbol{A}\boldsymbol{\Delta y}\boldsymbol{\Delta z}$$

と書ける．これより rot$\boldsymbol{A}$ の x 成分はベクトル場 $\boldsymbol{A}$ の yz 平面内における成分だけで決まるスカラー量である．そしてその量は，点 P(x,y,z) を含む yz 平面内において，単位面積“まわりの”ベクトルの周回 (渦度) を表す.

例 3.13　$x=x_0$ における yz 平面を水面とした水の流れ (流線) をベクトル場 $\boldsymbol{A}$ として考える.

点 P(x_0,y,z) に“浮かぶ船”は，$\dfrac{\partial A_z}{\partial y}-\dfrac{\partial A_y}{\partial z}>0$ ならば反時計回りに回転する．一方，$\dfrac{\partial A_z}{\partial y}-\dfrac{\partial A_y}{\partial z}=0$ ならば，この船は回転しない．例題 3.12 の (1) $\nabla\times\boldsymbol{r}=0$ の $\boldsymbol{r}$ は，図 3.1 (左) で示したようにベクトルの向きは放射方向であり，船

は回転しない．一方，(2) $\nabla \times \boldsymbol{A} = 2\boldsymbol{i}$ の $\boldsymbol{A} = -z\boldsymbol{j} + y\boldsymbol{k}$ は，軸は異なるが図 3.1 (中央) の xy 平面上のベクトルと類似しており，yz 平面内で回転するようにみえるベクトル場を示す．よって，船はこの平面内で回転することが予想できる．

定義3.14　ベクトル場 $\boldsymbol{B}$ が $\boldsymbol{B} = \nabla \times \boldsymbol{A}$ を満たすとき，$\boldsymbol{A}$ を $\boldsymbol{B}$ のベクトルポテンシャルという．たとえば電磁気学において，磁場 $\boldsymbol{B}$ は $\boldsymbol{B} = \nabla \times \boldsymbol{A}$ と書けるベクトルポテンシャルが存在する．

3.8　勾配，発散，回転を含む公式

代表的な勾配，発散，回転を含む公式を以下に記す．演習問題でいくつかの証明をする．

$$(1)\ \mathrm{grad}(\varphi\phi) = \nabla(\varphi\phi) = \varphi\nabla\phi + \phi\nabla\varphi \tag{3.19}$$

$$(2)\ \mathrm{div}(\phi\boldsymbol{A}) = \nabla\cdot(\phi\boldsymbol{A}) = \nabla\phi\cdot\boldsymbol{A} + \phi\nabla\cdot\boldsymbol{A} \tag{3.20}$$

$$(3)\ \mathrm{rot}(\phi\boldsymbol{A}) = \nabla\times(\phi\boldsymbol{A}) = \nabla\phi\times\boldsymbol{A} + \phi\nabla\times\boldsymbol{A} \tag{3.21}$$

$$(4)\ \mathrm{div}(\boldsymbol{A}\times\boldsymbol{B}) = \nabla\cdot(\boldsymbol{A}\times\boldsymbol{B}) = \boldsymbol{B}\cdot(\nabla\times\boldsymbol{A}) - \boldsymbol{A}\cdot(\nabla\times\boldsymbol{B}) \tag{3.22}$$

$$(5)\ \nabla\times(\boldsymbol{A}\times\boldsymbol{B}) = (\nabla\cdot\boldsymbol{B})\boldsymbol{A} + (\boldsymbol{A}\cdot\nabla)\boldsymbol{B} + \boldsymbol{A}\cdot(\nabla\cdot\boldsymbol{B}) - \boldsymbol{B}(\nabla\cdot\boldsymbol{A}) \tag{3.23}$$

$$(6)\ \nabla(\boldsymbol{A}\cdot\boldsymbol{B}) = (\nabla\cdot\boldsymbol{B})\boldsymbol{A} + (\boldsymbol{A}\cdot\nabla)\boldsymbol{B} + \boldsymbol{B}\times(\nabla\times\boldsymbol{A}) + \boldsymbol{A}\times(\nabla\times\boldsymbol{B}) \tag{3.24}$$

$$(7)\ \mathrm{rot}\,\mathrm{grad}\phi = \nabla\times(\nabla\phi) = \boldsymbol{0} \tag{3.25}$$

$$(8)\ \mathrm{rot}\,\mathrm{rot}\boldsymbol{A} = \nabla\times(\nabla\times\boldsymbol{A}) = \nabla(\nabla\cdot\boldsymbol{A}) - \nabla^2\boldsymbol{A} \tag{3.26}$$

$$(9)\ \mathrm{div}\,\mathrm{rot}\boldsymbol{A} = \nabla\cdot(\nabla\times\boldsymbol{A}) = 0 \tag{3.27}$$

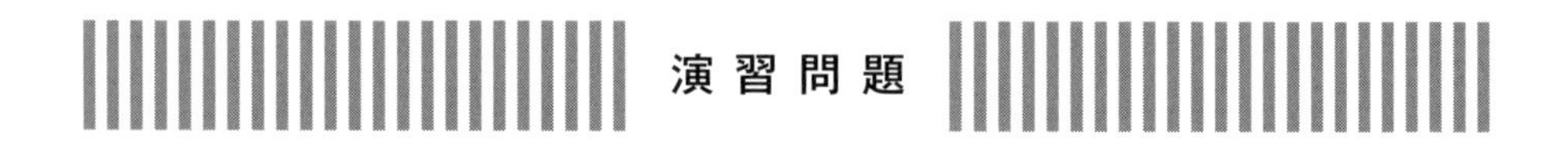

演習問題

問 3.1　次の式を計算せよ．$|\boldsymbol{r}| = r, r \neq 0$ とする．

(1) $\nabla\left(\dfrac{\boldsymbol{r}}{r^3}\right)$　(2) $\nabla^2\left(\dfrac{1}{r}\right)$　(3) $\nabla\times\boldsymbol{r}$　(4) $\nabla\times(r^n\boldsymbol{r})$

問 3.2　次の公式を証明せよ．

(1) $\mathrm{rot}\,\mathrm{grad}\varphi = \boldsymbol{0}$　(2) $\mathrm{rot}\,\mathrm{rot}\boldsymbol{A} = \nabla(\nabla\cdot\boldsymbol{A}) - \nabla^2\boldsymbol{A}$　(3) $\mathrm{div}\,\mathrm{rot}\boldsymbol{A} = 0$

問 3.3　$\mathrm{div}(\boldsymbol{A}\times\boldsymbol{B}) = \nabla\cdot(\boldsymbol{A}\times\boldsymbol{B}) = \boldsymbol{B}\cdot(\nabla\times\boldsymbol{A}) - \boldsymbol{A}\cdot(\nabla\times\boldsymbol{B})$ を証明せよ．

第4章
線積分と面積分

前章では，ベクトル場やスカラー場について取り扱い，それらの場におけるスカラーの勾配や，ベクトルの発散と回転を学んだ．これらはある位置におけるスカラーやベクトルを示す．しかし物理では，スカラー場やベクトル場が存在する空間内のある特定の領域において，それらの総和を物理量として見積もることが多い．このときにその領域のスカラーやベクトルを積分する．たとえば質量密度の分布がわかっている物質の質量や，流れの速度に分布のある流体の総流量などである．

4.1 線積分

ある領域で与えられた連続な関数 f を，曲線に沿って積分することを**線積分**という．この積分を図 4.1 に表す．まず，A を始点，B を終点とする曲線 AB の長さを s とする．この曲線を微小な $\Delta s_1 \sim \Delta s_n$ に分ける[1]．次に各曲線 Δs_i 上に，それぞれ点 P_i をとる．このとき，

$$\sum_{i=1}^{n} f(\mathrm{P}_i)\Delta s_i = f(\mathrm{P}_1)\Delta s_1 + f(\mathrm{P}_2)\Delta s_2 + \cdots + f(\mathrm{P}_n)\Delta s_n$$

の総和は，n を無限大，各曲線 $\Delta s_i \to 0$ とした極限において，点 P_i のとり方によらない．この総和が線積分であり

$$\int_{\mathrm{AB}} f(x,y,z)ds \tag{4.1}$$

1] $\sum_{i=1}^{n} \Delta s_i = s.$

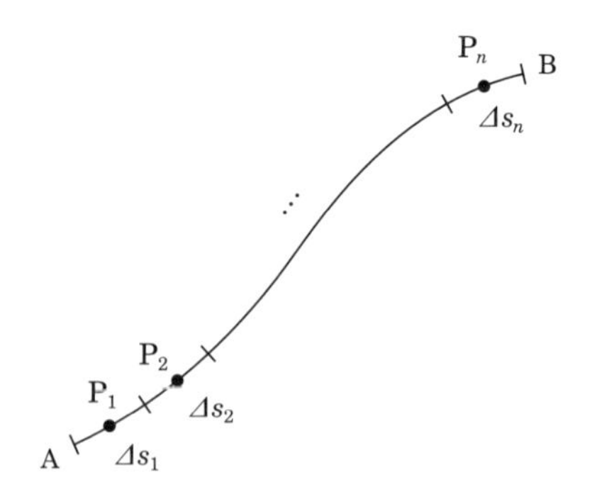

図 4.1　線積分.

と書く.

ここで，積分する曲線の向きを点 B から A にして逆にすると

$$\int_{\mathrm{AB}} f(x,y,z)ds = -\int_{\mathrm{BA}} f(x,y,z)ds \tag{4.2}$$

また，点 C を点 A から B への曲線 AB の間の 1 点とすると

$$\int_{\mathrm{AB}} f(x,y,z)ds = \int_{\mathrm{AC}} f(x,y,z)ds + \int_{\mathrm{CB}} f(x,y,z)ds \tag{4.3}$$

曲線 AB がパラメータ t を用いて $\boldsymbol{r}(t) = x(t)\boldsymbol{i} + y(t)\boldsymbol{j} + z(t)\boldsymbol{k}$ $(a \leqq t \leqq b)$ と書けるとき，線積分は

$$\int_a^b f(x(t),y(t),z(t))\frac{ds}{dt}dt \tag{4.4}$$

と表せる．ここで，$\dfrac{ds}{dt}$ は (2.16) 式から $\dfrac{ds}{dt} = \left|\dfrac{d\boldsymbol{r}}{dt}\right|$ として求められる.

例 4.1 金属線の線密度を $\rho(s)$ とすると，金属線上の A から B までの質量は $\displaystyle\int_{\mathrm{AB}} \rho(s)ds$ になる.

例題 4.2 (0,0,0) から (1,1,1) に向かう線分 C において，

$$\int_C (x^2 + 2yz + y)ds$$

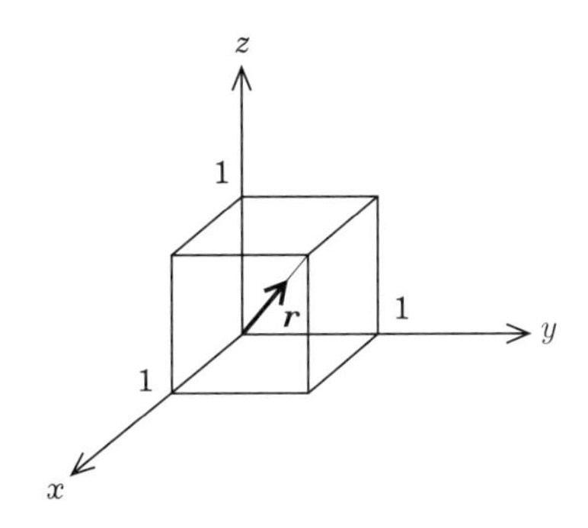

図 4.2　$\boldsymbol{r}(t) = t\boldsymbol{i} + t\boldsymbol{j} + t\boldsymbol{k},\ 0 \leqq t \leqq 1.$

を求めよ．

解　線分 C を $\boldsymbol{r}(t) = t\boldsymbol{i} + t\boldsymbol{j} + t\boldsymbol{k}$ $(0 \leqq t \leqq 1)$ とする．図 4.2 と (4.4) 式より，

$$\begin{aligned}
\int_C (x^2 + 2yz + y)ds &= \int_0^1 (t^2 + 2t^2 + t)\left|\frac{d\boldsymbol{r}}{dt}\right| dt \\
&= \int_0^1 (3t^2 + t)\sqrt{\left(\frac{dx}{dt}\right)^2 + \left(\frac{dy}{dt}\right)^2 + \left(\frac{dz}{dt}\right)^2} dt \\
&= \int_0^1 (3t^2 + t)\sqrt{3}dt = \frac{3\sqrt{3}}{2}
\end{aligned}$$

□

4.2　ベクトルの線積分 (接線線積分)

ベクトル場 $\boldsymbol{A}$ の存在する空間に曲線 PQ があるとする (図 4.3)．その曲線上の単位接線ベクトルを $\boldsymbol{t}$ とするとき，$\boldsymbol{A} \cdot \boldsymbol{t}$ の線積分である，

$$\int_{\mathrm{PQ}} \boldsymbol{A} \cdot \boldsymbol{t}\, ds \tag{4.5}$$

を $\boldsymbol{A}$ の接線線積分 (**ベクトルの線積分**) という．ここで，曲線上の点の位置ベクトルを $\boldsymbol{r}$ とすると，無限小ベクトル $d\boldsymbol{r}$ の大きさは ds, 向きは接線方向なので，$d\boldsymbol{r} = \boldsymbol{t}\, ds$ と書ける．これより

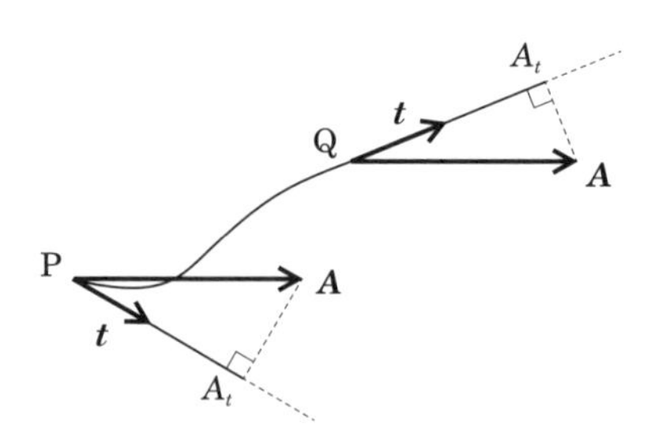

図 4.3 接線線積分.

$$\int_{PQ} \boldsymbol{A} \cdot \boldsymbol{t}\, ds = \int_{PQ} \boldsymbol{A} \cdot d\boldsymbol{r} \tag{4.6}$$

となる．接線ベクトルを $\boldsymbol{t} = \cos\alpha \boldsymbol{i} + \cos\beta \boldsymbol{j} + \cos\gamma \boldsymbol{k}$ とおくと，$\boldsymbol{A} \cdot \boldsymbol{t} = A_x \cos\alpha + A_y \cos\beta + A_z \cos\gamma$ より，

$$\begin{aligned}\int_{PQ} \boldsymbol{A} \cdot \boldsymbol{t}\, ds &= \int_{PQ} (A_x \cos\alpha + A_y \cos\beta + A_z \cos\gamma) ds \\ &= \int_{PQ} (A_x dx + A_y dy + A_z dz) \end{aligned} \tag{4.7}$$

と書ける．

(4.4) 式と同様に，曲線 PQ がパラメータ t を用いて表せるなら，

$$\int_{PQ} \boldsymbol{A} \cdot \boldsymbol{t}\, ds = \int_a^b \boldsymbol{A} \cdot \frac{d\boldsymbol{r}}{dt} dt \tag{4.8}$$

と書ける．ここで，曲線 PQ における t の範囲は $a \leqq t \leqq b$ である．

例題 4.3 ベクトル場 $\boldsymbol{A} = (1 + 2xy)\boldsymbol{i} + 4xyz\boldsymbol{j} + xz\boldsymbol{k}$ において，(0,0,0) から (1,1,1) に向かう線分や曲線の線積分を求めよ．

(1) 原点 (0,0,0) から点 P(1,1,1) にいたる線分

(2) $y = x^2$, $z = x^4$ に沿った曲線

解 (1) $\boldsymbol{r}(t) = t\boldsymbol{i} + t\boldsymbol{j} + t\boldsymbol{k}$, t の範囲を $0 \leqq t \leqq 1$ とおけば，原点から点 P への線分を変数 t により表せる．よって，

$$\int_{PQ} \boldsymbol{A} \cdot \boldsymbol{t}\, ds = \int_0^1 \boldsymbol{A} \cdot \frac{d\boldsymbol{r}}{dt} dt$$

$$= \int_0^1 \left((1+2t^2)\boldsymbol{i} + 4t^3\boldsymbol{j} + t^2\boldsymbol{k}\right) \cdot \left(\frac{dt}{dt}\boldsymbol{i} + \frac{dt}{dt}\boldsymbol{j} + \frac{dt}{dt}\boldsymbol{k}\right) dt$$

$$= \int_0^1 \left(4t^3 + 3t^2 + 1\right) dt = 3$$

(2) $\boldsymbol{r}(t) = t\boldsymbol{i} + t^2\boldsymbol{j} + t^4\boldsymbol{k}$, t の範囲を $0 \leqq t \leqq 1$ とおけばよい.

$$\int_{\mathrm{PQ}} \boldsymbol{A} \cdot \boldsymbol{t}\, ds = \int_0^1 \boldsymbol{A} \cdot \frac{d\boldsymbol{r}}{dt} dt$$

$$= \int_0^1 \left(\left(1+2t^3\right)\boldsymbol{i} + 4t^7\boldsymbol{j} + t^5\boldsymbol{k}\right) \cdot \left(\frac{d}{dt}(t)\boldsymbol{i} + \frac{d}{dt}(t^2)\boldsymbol{j} + \frac{d}{dt}(t^4)\boldsymbol{k}\right) dt$$

$$= \int_0^1 \left(1 + 2t^3 + 12t^8\right) dt = \left[t + \frac{t^4}{2} + \frac{4t^9}{3}\right]_0^1 = \frac{17}{6}$$

□

例 4.4 質点が力 $\boldsymbol{F}$ を受けて運動をしている. 微小な時間 Δt における質点の変位は $\boldsymbol{v}\Delta t$ であり, Δt 間に力 $\boldsymbol{F}$ のした仕事は $\boldsymbol{F} \cdot \boldsymbol{v}\Delta t$ より,

$$\int_{t_0}^{t_1} \boldsymbol{F} \cdot \boldsymbol{v}(t)dt, \quad \text{あるいは} \quad \int_{t_0}^{t_1} \boldsymbol{F} \cdot d\boldsymbol{r}$$

と書ける.

4.3 面積分

連続な関数 f が存在する空間内の領域にあるなめらかな曲面 S を, 図 4.4 のように微小な面 $\Delta S_1 \sim \Delta S_n$ に分ける. 各面 ΔS_i 上の点を Q_i とする. このとき, 次の総和である

$$\sum_{i=1}^{n} f(\mathrm{Q}_i)\Delta S_i = f(\mathrm{Q}_1)\Delta S_1 + f(\mathrm{Q}_2)\Delta S_2 + \cdots + f(\mathrm{Q}_n)\Delta S_n$$

は, n を無限大とし, 各面積 $\Delta S_i \to 0$ の極限において, 点 Q_i のとり方によらない. この総和を**面積分**とよび,

$$\int_S f(x,y,z)dS \tag{4.9}$$

と書く. 曲面 S が, $z = g(x,y)$ と表せるなら, まず, ΔS_1 の xy 平面への正射影を $\Delta x_1 \Delta y_1$ とする. そして, ΔS_1 の単位法線ベクトル $\boldsymbol{n}$ と $\boldsymbol{k}$ とのなす角を γ と

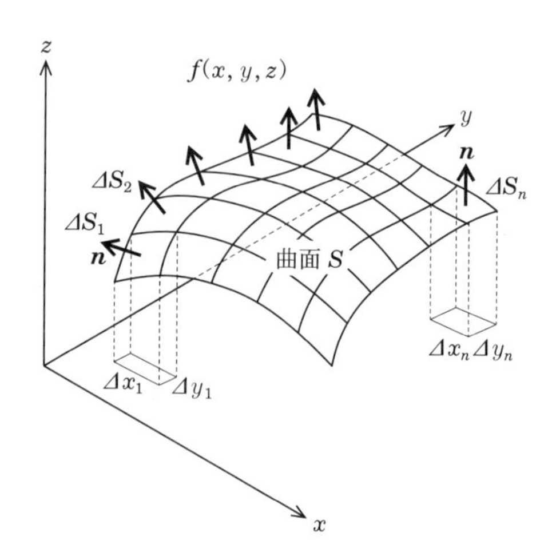

図 4.4　曲面 S と単位法線ベクトル $\boldsymbol{n}$.

おけば，$\Delta x_1 \Delta y_1 = \cos\gamma \Delta S_1$ と書ける．この余弦は $\boldsymbol{n}\cdot\boldsymbol{k} = \cos\gamma$ であり，γ が鈍角のときは負の符号がつく．これより面積分は，

$$\int_S f(x,y,z)dS = \iint_D f(x,y,g(x,y))\frac{1}{\cos\gamma}dxdy \tag{4.10}$$

の二重積分として書ける[2]．ここで，曲面 S の単位法線ベクトル $\boldsymbol{n}$ は，$F = z - g(x,y)$ とおけば，$\nabla F /\!/ \boldsymbol{n}$ より求められる．

例題 4.5　A(2,0,0), B(0,2,0), C(0,0,1) を頂点とする第一象限にある三角形を S とする．$f(x,y,z) = 2x^2 + 2xy + 4xz$ の S に関する面積分の値を求めよ．

解　S は点 A, B, C の 3 点を通ることから，図 4.5 のように $z = g(x,y) = 1 - \dfrac{x}{2} - \dfrac{y}{2}$ と表せる．よって $\boldsymbol{n}$ は $F = -1 + \dfrac{x}{2} + \dfrac{y}{2} + z$ とおき，$\nabla F /\!/ \boldsymbol{n}$ より，

$$\boldsymbol{n} = \frac{\nabla F}{|\nabla F|} = \frac{\frac{1}{2}\boldsymbol{i} + \frac{1}{2}\boldsymbol{j} + \boldsymbol{k}}{\frac{\sqrt{6}}{2}} = \frac{\boldsymbol{i} + \boldsymbol{j} + 2\boldsymbol{k}}{\sqrt{6}}$$

2]　(4.1) 式の左辺は座標 3 変数による $f(x,y,z)$ の S 上の値を積分するので，積分領域を S と記す．一方，右辺は $z = g(x,y)$ により $f(x,y,g(x,y))$ の 2 変数となるので，積分領域を D と記し，2 重積分として表せる．

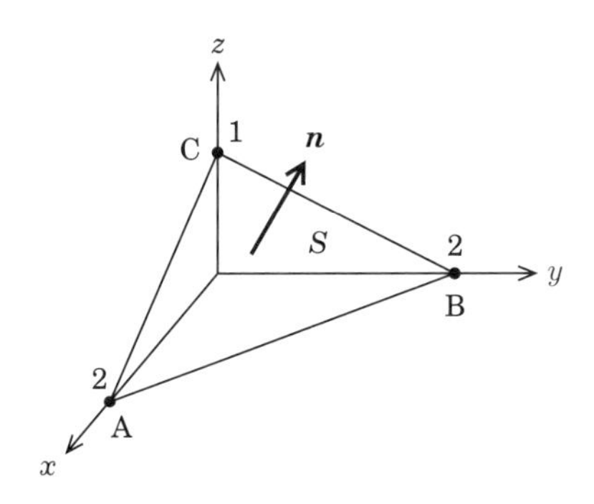

図 4.5　面 ABC の面積分.

とする. ここで $\boldsymbol{n}$ は三角形 S に対して, 原点からはなれる向きを正とおいた. これより $\dfrac{1}{\cos\gamma} = \dfrac{1}{\boldsymbol{n}\cdot\boldsymbol{k}} = \dfrac{\sqrt{6}}{2}$ となり, $dS = \dfrac{\sqrt{6}}{2}dxdy$ となる. また,

$$f(x, y, g(x, y)) = 2x^2 + 2xy + 4x\left(1 - \frac{x}{2} - \frac{y}{2}\right) = 4x$$

より二重積分は,

$$\int_S f(x, y, z)dS = \int_0^2 \int_0^{2-x} 4x \cdot \frac{\sqrt{6}}{2}dydx = 2\sqrt{6}\int_0^2 [xy]_0^{2-x}\, dx$$
$$= 2\sqrt{6}\int_0^2 (2x - x^2)dx = 2\sqrt{6}\left[x^2 - \frac{x^3}{3}\right]_0^2 = \frac{8\sqrt{6}}{3}$$

となる. □

4.4　ベクトル場の面積分 (法線面積分)

ベクトル場 $\boldsymbol{A}$ においては, 次の積分をベクトルの面積分 (**法線面積分**) とよぶ.

$$\int_S \boldsymbol{A}\cdot\boldsymbol{n}dS = \int_S A_n dS = \int_S (A_x\cos\alpha + A_y\cos\beta + A_z\cos\gamma)\, dS$$
$$= \int_S (A_x dydz + A_y dzdx + A_z dxdy) = \int_S \boldsymbol{A}\cdot d\boldsymbol{S} \tag{4.11}$$

ここで $\boldsymbol{n}$ は, 曲面 S の単位法線ベクトルで, その成分を方向余弦 $(\cos\alpha, \cos\beta, \cos\gamma)$ で表した. また, $d\boldsymbol{S}$ は面積ベクトルである.

例題 4.6 A(2,0,0), B(0,2,0), C(0,0,1) を頂点とする第一象限にある三角形を S とする．$\boldsymbol{A} = x\boldsymbol{i} + y\boldsymbol{j} + z\boldsymbol{k}$ の法線面積分を求めよ．S の単位法線ベクトル $\boldsymbol{n}$ は，原点からはなれる向きを正とする．

解 図 4.5 より，面 S は $z = g(x, y) = 1 - \frac{x}{2} - \frac{y}{2}$, 面 S の単位法線ベクトルは $\boldsymbol{n} = \frac{1}{\sqrt{6}}(\boldsymbol{i} + \boldsymbol{j} + 2\boldsymbol{k})$, また，$dS = \frac{\sqrt{6}}{2}dxdy$ となる．よって，(4.11) 式より，

$$\begin{aligned}\int_S \boldsymbol{A} \cdot \boldsymbol{n} dS &= \int_S (x\boldsymbol{i} + y\boldsymbol{j} + z\boldsymbol{k}) \cdot \frac{1}{\sqrt{6}}(\boldsymbol{i} + \boldsymbol{j} + 2\boldsymbol{k})\, dS \\ &= \frac{1}{2}\int_0^2 \int_0^{2-x} (x + y + 2 - x - y)\, dydx = \int_0^2 \int_0^{2-x} dydx \\ &= \int_0^2 [y]_0^{2-x}\, dx = \int_0^2 (2 - x)dx = \left[2x - \frac{x^2}{2}\right]_0^2 = 2\end{aligned}$$

□

4.5 ガウスの発散定理

定理4.7（ガウスの発散定理） 閉曲面上のベクトル場 $\boldsymbol{A}$ の法線面積分と，閉曲面 S で囲まれた体積 V にわたるベクトルの発散の体積分が等しい．

$$\int_V \mathrm{div}\boldsymbol{A} dv = \int_S \boldsymbol{A} \cdot \boldsymbol{n} dS \tag{4.12}$$

右辺は S に関する法線面積分で，$\boldsymbol{n}$ の向きは S の内部から外部に向かうものとする．

証明 閉曲面 S が z 軸に平行な直線と 2 点 (P_1, P_2) でしか交わらない場合で証明する．まずはベクトル場を

$$\boldsymbol{A}(x, y, z) = A_x(x, y, z)\boldsymbol{i} + A_y(x, y, z)\boldsymbol{j} + A_z(x, y, z)\boldsymbol{k}$$

とおくと，ガウスの発散定理は

$$\iiint_V \left(\frac{\partial A_x}{\partial x} + \frac{\partial A_y}{\partial y} + \frac{\partial A_z}{\partial z}\right) dxdydz = \iint_S (A_x dydz + A_y dzdx + A_z dxdy)$$

となる．それぞれ A_x, A_y, A_z は任意の関数であることから，成分ごとに両辺が等しいことが予想できる．たとえば，

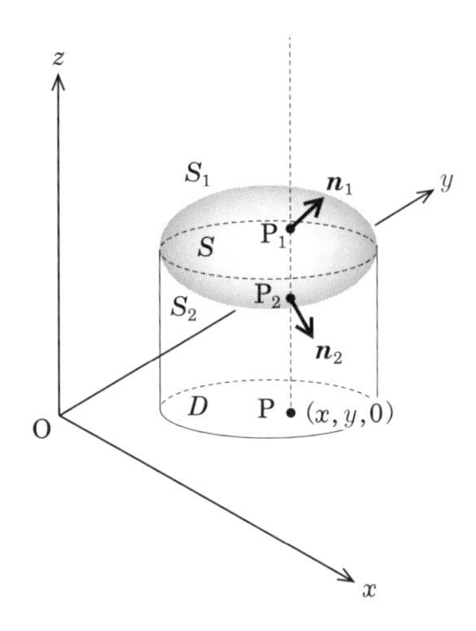

図 4.6　閉曲面 S と z 軸に平行な直線との二つの交点.

$$\iiint_V \left(\frac{\partial A_z}{\partial z}\right) dxdydz = \iint_S A_z dxdy \tag{4.13}$$

が成り立つはずである．よって，この等式を証明する．

図 4.6 のような閉曲面 S を閉曲線で二つに分け，上半分を S_1, 下半分を S_2 とおく．これらの面の単位法線ベクトルをそれぞれ $\boldsymbol{n}_1, \boldsymbol{n}_2$ とおく．$\boldsymbol{n}_1$ と $\boldsymbol{n}_2$ は，内部から外部へ向かう向きを正とするので，それぞれ z 軸の正の向きに対して鋭角と鈍角をなす．次に閉曲面 S 内の体積 V を xy 平面に正射影した面を D とする．この面 D 内の任意の点 $\mathrm{P}(x, y, 0)$ に垂線を描き，面 S_1 を貫く点を $\mathrm{P}_1(x, y, z_1)$, 面 S_2 を貫く点を $\mathrm{P}_2(x, y, z_2)$ とおくと，体積 V の z 軸方向の範囲は z_2 から z_1 までとなる．よって (4.13) の左辺は，

$$\begin{aligned}\iint_D \int_{z_2}^{z_1} \left(\frac{\partial A_z}{\partial z}\right) dzdxdy &= \iint_D [A_z]_{z_2}^{z_1} dxdy \\ &= \iint_D A_z(x, y, z_1(x, y)) - A_z(x, y, z_2(x, y)) dxdy \end{aligned} \tag{4.14}$$

と書ける．ところで，$\cos\gamma\, dS = dxdy$ から，面 S_1 上では $\cos\gamma > 0$ ，一方，面 S_2 上では $\cos\gamma < 0$ となる．よって，(4.14) 式の二重積分の第 1 項を面 S_1 上での積分，第 2 項を面 S_2 上での積分として別々に書き表すと，

$$\iint_D A_z(x,y,z_1(x,y))dxdy = \iint_{S_1} A_z(x,y,z)dxdy,$$
$$\iint_D A_z(x,y,z_2(x,y))dxdy = -\iint_{S_2} A_z(x,y,z)dxdy$$

となる．これより，(4.14) 式は，

$$\begin{aligned}\iiint_V \left(\frac{\partial A_z}{\partial z}\right)dxdydz &= \iint_{S_1} A_z(x,y,z)dxdy + \iint_{S_2} A_z(x,y,z)dxdy \\ &= \iint_S A_z dxdy\end{aligned}$$

となり，左辺の一つの閉曲面 S による面積分は，(4.13) の右辺と一致する．

これより，同様に

$$\iiint_V \left(\frac{\partial A_x}{\partial x}\right)dxdydz = \iint A_x dydz,$$
$$\iiint_V \left(\frac{\partial A_y}{\partial y}\right)dxdydz = \iint A_y dzdx$$

も示せるので，(4.12) 式を示せたことになる． ■

もし閉曲面 S が z 軸に平行な直線と 3 点以上で交わる場合は，図 4.7 のように，xy 平面に平行な平面で閉曲面 S を二つ以上の体積に分けて，それぞれ交わる点も 2 点にする．分けたときにできた面 S_3 は異なる体積の面として計算されるが，それぞれの面の $\boldsymbol{n}$ が平行で向きが逆であるため，総和としてこれらの面に

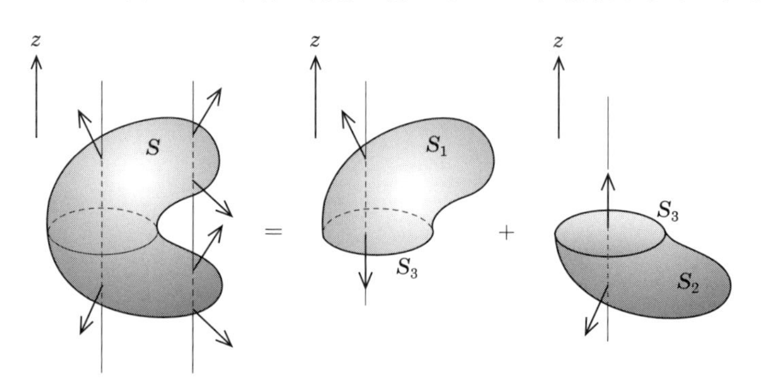

図 4.7 閉曲面が z 軸に平行な直線と二つの交点をもつように分ける．

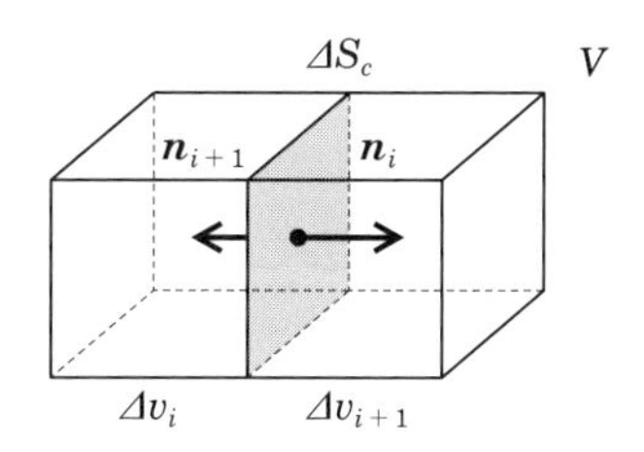

図 4.8　隣接した面における法線面積分.

よる面積分は 0 となる．よって任意の閉曲面でガウスの発散定理が成り立つ．

発散の直感的な意味は，単位体積の表面より出る流線の数である (3.6 節参照)．これは微小な体積 Δv におけるガウスの発散定理にすぎない．

$$\mathrm{div}\boldsymbol{A}\Delta v = \int_S \boldsymbol{A}\cdot\boldsymbol{n}dS \tag{4.15}$$

よって，閉曲面内の体積を，微小な体積 Δv_i に分けて

$$\int_V \mathrm{div}\boldsymbol{A}dv \longrightarrow \lim_{n\to\infty}\sum_{i=1}^{n}\mathrm{div}A\Delta v_i \tag{4.16}$$

とする．ここで，図 4.8 に示す隣接した二つの Δv_i と Δv_{i+1} について，ガウスの発散定理の右辺である面積分を評価する．互いが共有する面 ΔS_c の法線ベクトルを，それぞれ $\boldsymbol{n}_i$, $\boldsymbol{n}_{i+1}$ とする．図 4.8 に示したように，この二つのベクトルは平行だが，向きが逆なので $\boldsymbol{n}_i = -\boldsymbol{n}_{i+1}$ である．面 ΔS_c における流線の数は，Δv_i 側では，$\boldsymbol{A}\cdot\boldsymbol{n}_i\Delta S_c$, Δv_{i+1} 側では $\boldsymbol{A}\cdot\boldsymbol{n}_{i+1}\Delta S_c$ となる．(4.16) 式で示されるように，体積 V 内の各 Δv_i における閉曲面の面積分を足しあわせる際に，この二つの項は打ち消しあう．そしてこれは隣接するすべての面において同じ結果を与える．よって，打ち消しあわない面積分は，隣接しない面，つまり体積 V の外側として閉曲面 S を構成している面だけである．よって，各 Δv_i の面積分の総和は，閉曲面 S における面積分のみが残り，

$$\int_S \boldsymbol{A}\cdot\boldsymbol{n}dS$$

と書け，これは，(4.12) 式のガウスの発散定理の右辺である．

例題 4.8 $\boldsymbol{A} = 2xz\boldsymbol{i} - x\boldsymbol{j} + 2\boldsymbol{k}$ とする．$\boldsymbol{A}$ の O(0,0,0), A(1,0,0), B(1,1,0), C(0,1,0), D(0,0,1), E(1,0,1), F(1,1,1), G(0,1,1) を頂点とする立方体の表面に関する法線面

積分を求めて，その総和が，ガウスの発散定理による体積分に一致することを確かめよ．単位法線ベクトルは立体の内部から外部に向かうものとする．

解 面 OABC では $\boldsymbol{n} = -\boldsymbol{k}, z = 0$ より，

$$\int_S \boldsymbol{A}\cdot\boldsymbol{n}dS = \int_S (2xz\boldsymbol{i} - x\boldsymbol{j} + 2\boldsymbol{k})\cdot(-\boldsymbol{k})dS = \int_0^1\int_0^1 -2dxdy = -2$$

面 ODEA では $\boldsymbol{n} = -\boldsymbol{j}, y = 0$ より，

$$\int_S \boldsymbol{A}\cdot\boldsymbol{n}dS = \int_S (2xz\boldsymbol{i} - x\boldsymbol{j} + 2\boldsymbol{k})\cdot(-\boldsymbol{j})dS = \int_0^1\int_0^1 xdxdz = \frac{1}{2}$$

面 OCGD では $\boldsymbol{n} = -\boldsymbol{i}, x = 0$ より，

$$\int_S \boldsymbol{A}\cdot\boldsymbol{n}dS = \int_S (2xz\boldsymbol{i} - x\boldsymbol{j} + 2\boldsymbol{k})\cdot(-\boldsymbol{i})dS = \int_0^1\int_0^1 0dzdy = 0$$

面 DEFG では $\boldsymbol{n} = \boldsymbol{k}, z = 1$ より，

$$\int_S \boldsymbol{A}\cdot\boldsymbol{n}dS = \int_S (2xz\boldsymbol{i} - x\boldsymbol{j} + 2\boldsymbol{k})\cdot(\boldsymbol{k})dS = \int_0^1\int_0^1 2dxdy = 2$$

面 CGFB では $\boldsymbol{n} = \boldsymbol{j}, y = 1$ より，

$$\int_S \boldsymbol{A}\cdot\boldsymbol{n}dS = \int_S (2xz\boldsymbol{i} - x\boldsymbol{j} + 2\boldsymbol{k})\cdot(\boldsymbol{j})dS = \int_0^1\int_0^1 -xdxdz = -\frac{1}{2}$$

面 OCGD では $\boldsymbol{n} = \boldsymbol{i}, x = 1$ より，

$$\int_S \boldsymbol{A}\cdot\boldsymbol{n}dS = \int_S (2xz\boldsymbol{i} - x\boldsymbol{j} + 2\boldsymbol{k})\cdot(\boldsymbol{i})dS = \int_0^1\int_0^1 2zdzdy = 1$$

よって総和は 1 である．ガウスの発散定理を用いると $\mathrm{div}\boldsymbol{A} = 2z$ の体積分として

$$\int_S \boldsymbol{A}\cdot\boldsymbol{n}dS = \int_V \mathrm{div}\boldsymbol{A}dv = \int_0^1\int_0^1\int_0^1 2zdxdydz = 2\int_0^1 zdz = 1$$

よって，一致した． □

4.6 ガウスの積分

ガウスの発散定理より，**ガウスの積分**とよばれる興味深い積分が得られる．まず，閉曲面 S 上の点 P の位置ベクトルを $\boldsymbol{r}$ とする．点 P における外向きの単位

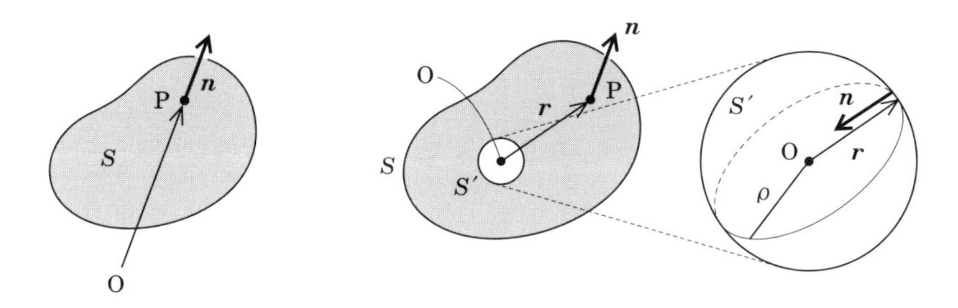

図 4.9 原点 O が閉曲面 S の外部 (左) と内部 (右).

法線ベクトルを $\boldsymbol{n}$ とする.

$\boldsymbol{A} = \dfrac{\boldsymbol{r}}{r^3}$ として, ガウスの発散定理の左辺である積分により,

$$\int_S \frac{\boldsymbol{r}\cdot\boldsymbol{n}}{r^3}dS = \begin{cases} \text{(1) 原点 O が閉曲面 } S \text{ の外部にあるときは } 0 \text{ (図 4.9 (左))} \\ \text{(2) 原点 O が閉曲面 } S \text{ の内部にあるときは } 4\pi \text{ (図 4.9 (右))} \\ \text{(3) 原点 O が閉曲面 } S \text{ 上にあるときは } 2\pi \end{cases} \tag{4.17}$$

となる. つまり原点の場所により値が不連続に変わる.

(1) 点 O が閉曲面 S の外部にあるので, そのままガウスの発散定理を用いて

$$\int_S \frac{\boldsymbol{r}\cdot\boldsymbol{n}}{r^3}dS = -\int_S \boldsymbol{n}\cdot\nabla\frac{1}{r}dS = -\int_V \mathrm{div}\nabla\frac{1}{r}dv = -\int_V \nabla^2\frac{1}{r}dv = 0$$

となる. $\nabla^2\dfrac{1}{r} = 0$ は 3 章の演習問題の問 3.1 (2) を参照.

(2) 原点 O が積分範囲内にあるので, 図 4.9 (右) のような閉曲面の内部に原点を中心とする球面を新たに与える. この球面を閉曲面 S' とおけば, この球面内も“閉曲面の外部” とみなせる. よって, 二つの閉曲面 S と S' により囲まれた体積は原点を含まない. この体積では (1) よりガウスの積分は 0 となる. つまり, 閉曲面 S' と閉曲面 S の法線面積分を足し合わせれば 0 になるはずである. つまり

$$\int_S \frac{\boldsymbol{r}\cdot\boldsymbol{n}}{r^3}dS + \int_{S'} \frac{\boldsymbol{r}\cdot\boldsymbol{n}}{r^3}dS = 0 \tag{4.18}$$

この第 2 項の閉曲面 S' を半径 ρ の球面とおくと, 図 4.9 (右) より

$$\int_{S'} \frac{\boldsymbol{r}\cdot\boldsymbol{n}}{r^3}dS = \int_{S'} \frac{\rho\boldsymbol{u}\cdot\boldsymbol{n}}{\rho^3}dS = -\frac{1}{\rho^2}\int_{S'} dS = -\frac{4\pi\rho^2}{\rho^2} = -4\pi$$

である．ここで $\boldsymbol{r}$ の単位ベクトルを $\boldsymbol{u}$ とおいた．$\boldsymbol{u}$ と $\boldsymbol{n}$ は互いに平行で向きが逆のベクトルである．よって，(4.18) 式より閉曲面 S 上の積分は，

$$\int_S \frac{\boldsymbol{r}\cdot\boldsymbol{n}}{r^3}dS = 4\pi$$

となる．

(3) 原点 O が閉曲面 S 上にあるとき，原点を中心とする半球を曲面 S' として，原点が体積の外となる閉曲面をつくれば，この法線面積分は 0 になる．これにより (2) と同様に，曲面 S' の法線面積分が

$$\int_{S'} \frac{\boldsymbol{r}\cdot\boldsymbol{n}}{r^3}dS = -\frac{1}{\rho^2}\int_{S'} dS = -\frac{2\pi\rho^2}{\rho^2} = -2\pi$$

であり，よって閉曲面 S 上の積分は

$$\int_S \frac{\boldsymbol{r}\cdot\boldsymbol{n}}{r^3}dS = 2\pi$$

となる．

4.7　ストークスの定理

ストークスの定理は，ある面を周回する閉曲線の接線線積分が，面内のベクトルの回転を面積分した量と等しくなるという興味深い定理である．

定理4.9（ストークスの定理）　ベクトル場 $\boldsymbol{A}$ の存在する空間内において，閉曲線 C で囲まれた曲面を S とおき，この閉曲線 C と曲面 S において，

$$\int_S \boldsymbol{n}\cdot \mathrm{rot}\boldsymbol{A}\, dS = \int_C \boldsymbol{A}\cdot\boldsymbol{t}\, ds \tag{4.19}$$

が成り立つ．右辺は $\boldsymbol{A}$ の接線線積分で，曲面がつねに左側にある向きで，閉曲線 C を一周まわる積分である．また，この周回によって，右ねじがすすむ向きを，曲面 S の単位法線ベクトル $\boldsymbol{n}$ の向きとする．

証明　まずはガウスの発散定理を証明したときと同様に，$\boldsymbol{A}(x,y,z) = A_x(x,y,z)\boldsymbol{i} + A_y(x,y,z)\boldsymbol{j} + A_z(x,y,z)\boldsymbol{k}$ として，定理の左辺と右辺を比べると，

$$\iint_S \left(\left(\frac{\partial A_z}{\partial y} - \frac{\partial A_y}{\partial z}\right)dydz + \left(\frac{\partial A_x}{\partial z} - \frac{\partial A_z}{\partial x}\right)dzdx + \left(\frac{\partial A_y}{\partial x} - \frac{\partial A_x}{\partial y}\right)dxdy\right)$$

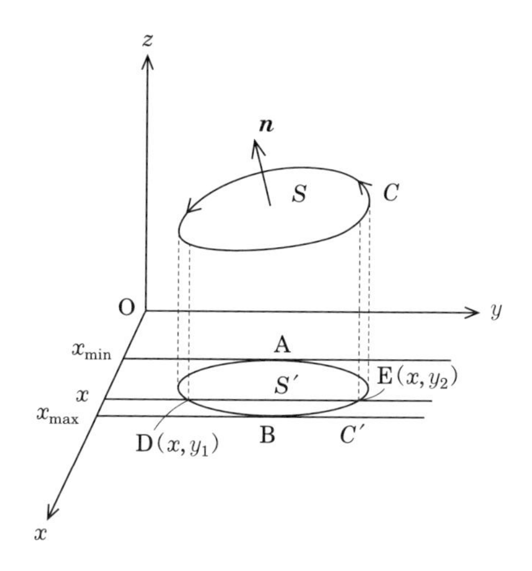

図 4.10　曲面 S と閉曲線 C，その xy 平面への正射影 S', C'.

$$= \int_C (A_x dx + A_y dy + A_z dz)$$

より，

$$\iint_S \left(\frac{\partial A_x}{\partial z} dz dx - \frac{\partial A_x}{\partial y} dx dy \right) = \int_C (A_x dx) \tag{4.20}$$

を示すことができればよい．そこで曲面 S が図 4.10 のように z 軸に平行な直線と 1 点だけで交わるとする．

この閉曲線 C と曲面 S の xy 平面への正射影をそれぞれ C' と S' とする．この S' の x における範囲を図のように $x_{\rm min} \leqq x \leqq x_{\rm max}$ として，それぞれ $x_{\rm min}$ と $x_{\rm max}$ の S' 上 (閉曲線 C' 上) での点を A, B とする．この x の範囲内において，閉曲線 C' は y 軸に平行な直線と 2 点で交わるとする．この 2 点を D(x, y_1), E(x, y_2) とする．この y_1 と y_2 は x の関数であり $y_1(x) < y_2(x)$ とした.

(4.20) 式を示すために，まずは S' において，$\displaystyle\iint_{S'} \frac{\partial A_x}{\partial y} dx dy$ の二重積分を計算する．$A_z(x, y, z)$ は，一般には z も含む関数であるが，ここでの A_x は，曲面 S を表す関数 ($z = g(x, y)$) より，$A_x(x, y, g(x, y))$ と書ける状況を考えている．この曲面 S の z 成分は "重み" として x, y の関数にして，$\boldsymbol{A}_x$ に含める．よって，二重

積分は

$$\int_{x_{\min}}^{x_{\max}} \left(\int_{y_1}^{y_2} \frac{\partial A_x(x,y,g(x,y))}{\partial y} dy \right) dx = \int_{x_{\min}}^{x_{\max}} \left[A_x(x,y,g(x,y)) \right]_{y_1}^{y_2} dx$$
$$= \int_{x_{\min}}^{x_{\max}} \left(A_x(x,y_2,g(x,y_2)) - A_x(x,y_1,g(x,y_1)) \right) dx$$

y_1, y_2 は x の関数で閉曲線 C' を示すことから，この第 1 項は，閉曲線 C' 上を点 A から点 B まで時計回り (点 E 側) の線積分で，一方，第 2 項は反時計回り (点 D 側) の線積分である．時計回りに点 A から B へ，そしてまた A に戻る一周の線積分とすると，それぞれの曲線を $C'_{\mathrm{AEB}}, C'_{\mathrm{ADB}}$ とおけば，(4.2) 式，(4.3) 式より

$$\int_{C'_{\mathrm{AEB}}} A_x dx - \int_{C'_{\mathrm{ADB}}} A_x dx = -\int_{C'} A_x dx$$

と書ける[3]．この右辺の $A_x(x,y,g(x,y))$ は，閉曲線 C' 上で積分する．そこで $g(x,y)$ を z に戻して，曲面 S の閉曲線 C 上を線積分とするなら

$$-\int_{C'} \boldsymbol{A}_x(x,y,g(x,y)) dx = -\int_C A_x(x,y,z) dx$$

と書け，これは示すべき定理の (4.20) 式の右辺である (符号はマイナス)．つまり，面 S' における $\iint_{S'} \frac{\partial A_x}{\partial y} dxdy$ の二重積分が，(4.20) 式の左辺と一致すれば証明できたことになる．そこで，$A_x(x,y,g(x,y))$ を $A_x(x,y,z)$ として，曲面 S 上での面積分にする必要がある．まずは，二重積分を

$$\iint_{S'} \left(\frac{\partial A_x(x,y,g(x,y))}{\partial y} dxdy \right) = \iint_{S'} \left(\frac{\partial A_x(x,y,z)}{\partial y} + \frac{\partial A_x(x,y,z)}{\partial z} \frac{\partial z}{\partial y} \right) dxdy$$

と表す．$z = g(x,y)$ の y 依存は第 2 項で評価する．次にこの二重積分を曲面 S 上での積分にするため，曲面 S の単位法線ベクトル $\boldsymbol{n}$ の方向余弦をそれぞれ，λ, μ, ν ($\boldsymbol{n} = \lambda \boldsymbol{i} + \mu \boldsymbol{j} + \nu \boldsymbol{k}$) とする．$\boldsymbol{n}$ は $\nu > 0$ より $dxdy = \nu dS$ と表せ，よって，二重積分は曲面 S 上での積分として，

$$\int_S \left(\left(\frac{\partial A_x}{\partial y} + \frac{\partial A_x}{\partial z} \frac{\partial z}{\partial y} \right) \nu dS \right)$$

3] 閉曲線 C' 上の点 B から点 E を通り点 A への曲線を C'_{BEA} とすると，(4.2) 式より，$\int_{C'_{\mathrm{BEA}}} A_x dx = -\int_{C'_{\mathrm{AEB}}} A_x dx.$

と書ける．また，曲面 S の単位法線ベクトルは，$\boldsymbol{n}//\nabla(z-g(x,y))$ より[4]，

$$\lambda:\mu:\nu=-\frac{\partial z}{\partial x}:-\frac{\partial z}{\partial y}:1$$

となる．これより $\dfrac{\partial z}{\partial y}\nu=-\mu$ の関係が導け，よって，

$$\begin{aligned}\int_S\left(\frac{\partial A_x}{\partial y}+\frac{\partial A_x}{\partial z}\frac{-\mu}{\nu}\right)\nu dS&=\int_S\frac{\partial A_x}{\partial y}\nu dS-\frac{\partial A_x}{\partial z}\mu dS\\&=-\int_S\left(\frac{\partial A_x}{\partial z}dzdx-\frac{\partial A_x}{\partial y}dxdy\right)\end{aligned}$$

となり，(4.20) 式の右辺 (符号はマイナス) になる．これより

$$\iint_S\left(\frac{\partial A_x}{\partial z}dzdx-\frac{\partial A_x}{\partial y}dxdy\right)=\int_C(A_xdx)$$

が示せた．もし曲面 S が z 軸に平行な直線と 2 点以上で交わるときは，1 点だけで交わる曲面に分割する．また閉曲線 C' が y 軸に平行な直線か 3 点以上で交わるときも，閉曲線が 2 点だけで交わるように曲面を分割する．これらの分割により，曲面が隣接するところに新たな曲線ができる．(4.20) 式の右辺を分割した複数の曲面のそれぞれの閉曲線を総和とすると，境界にできた曲面上の線積分は二つの閉曲線の一部としてそれぞれ線積分の向きが逆になっている．よって二つの積分の和は 0 となる．(4.20) 式はこれよりさまざまな曲面において成り立つ．A_y, A_z に関する成分も同様に等式を示せばストークスの定理が証明できたことになる． ■

直感的にストークスの定理を考えてみよう．曲面 S を微小の面 ΔS_i に分けて考えると，ストークスの定理の左辺は，次のように書ける．

$$\int_S\boldsymbol{n}\cdot\mathrm{rot}\boldsymbol{A}dS\to\lim_{m\to\infty}\sum_{i=1}^{m}\boldsymbol{n}\cdot\mathrm{rot}\boldsymbol{A}\Delta S_i,$$

ここで，$S=\lim\limits_{m\to\infty}\sum\limits_{i=1}^{m}\Delta S_i$.

$\boldsymbol{n}\cdot\mathrm{rot}\boldsymbol{A}\Delta S_i$ は，p.56 から図 3.9 を用いて ΔS_i を反時計まわりにまわる四つのベクトルと $\boldsymbol{A}$ との内積により評価した．ここでは図 4.11 のように，隣接する二つの ΔS_i と ΔS_{i+1} におけるベクトルの回転を考える．ΔS_i と ΔS_{i+1} の共通な辺

4] 曲面 S は $z-g(x,y)=0$ と書ける．

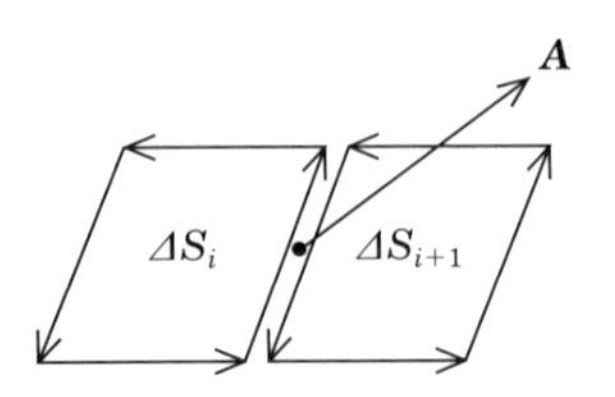

図 4.11　隣接する微小の面 ΔS_i と ΔS_{i+1}.

において，ΔS_i では $\boldsymbol{A}\cdot\Delta r\boldsymbol{t}, \Delta S_{i+1}$ では $\boldsymbol{A}\cdot(-\Delta r\boldsymbol{t})$ がそれぞれ回転の $\boldsymbol{n}$ の向きの成分となるが，これらの和は 0 になる．これは，すべての二つの面 ΔS の隣接する辺上でおこる．よって，内積が 0 にならない辺は，隣接しない辺となり，それは "最外の周囲"，つまり曲面 S の閉曲線上のみである．よってその総和は，閉曲線を一周回る接線線積分であり，ストークスの定理である (4.20) 式の右辺と一致する．

例題 4.10　$\boldsymbol{A} = (x+y^2)\boldsymbol{i} - x\boldsymbol{j}$ とする．O(0,0,0) から順に点 A(2,0,0), 点 B(2,1,0) と結び，また原点に戻る線分による接線線積分の値をそれぞれ求めよ．また，総和がストークスの定理による値と一致することを確かめよ．

解　(1) O(0,0,0) から A(2,0,0) にいたる線分

線分 OA を $\boldsymbol{r}(t) = t\boldsymbol{i}$, そして t の範囲を $0 \leqq t \leqq 2$ とおく．また，この線分では

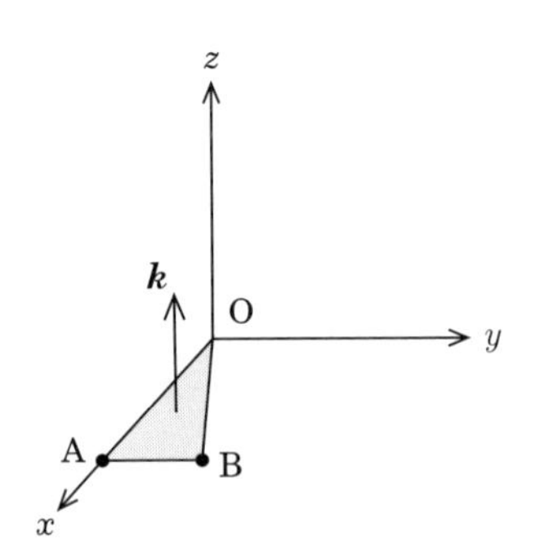

図 4.12　三角形の面 OAB.

$y=0$ より

$$\int_{\mathrm{OA}} \boldsymbol{A}\cdot\boldsymbol{t}\,ds=\int_{\mathrm{OA}} \boldsymbol{A}\cdot\frac{d\boldsymbol{r}}{dt}dt=\int_0^2 (t\boldsymbol{i}-t\boldsymbol{j})\cdot\boldsymbol{i}dt=2$$

(2) A(2,0,0) から B(2,1,0) にいたる線分

線分 AB を $\boldsymbol{r}(t)=t\boldsymbol{j}$, そして t の範囲を $0\leqq t\leqq 1$ とおく．また，この線分では $x=2$ より

$$\int_{\mathrm{AB}} \boldsymbol{A}\cdot\boldsymbol{t}\,ds=\int_{\mathrm{AB}} \boldsymbol{A}\cdot\frac{d\boldsymbol{r}}{dt}dt=\int_0^1 ((2+t^2)\boldsymbol{i}-2\boldsymbol{j})\cdot\boldsymbol{j}dt=-\int_0^1 2dt=-2$$

(3) B(2,1,0) から O(0,0,0) にいたる線分

C を $\boldsymbol{r}(t)=2t\boldsymbol{i}+t\boldsymbol{j}$ そして t の範囲を $0\leqq t\leqq 1$ とおく．また，向きは点 B から O へ，

$$\int_{\mathrm{BO}} \boldsymbol{A}\cdot\boldsymbol{t}\,ds=\int_{\mathrm{BO}} \boldsymbol{A}\cdot\frac{d\boldsymbol{r}}{dt}dt=\int_1^0 ((2t+t^2)\boldsymbol{i}-2t\boldsymbol{j})\cdot\left(\frac{d(2t)}{dt}\boldsymbol{i}+\frac{d(t)}{dt}\boldsymbol{j}\right)dt$$
$$=-\int_0^1 (2t^2+2t)dt=-\frac{5}{3}$$

ストークスの定理を用いる場合，三角形の面 OAB を閉曲線で囲まれた曲面 (面) とする．この面の単位法線ベクトルは，接線線積分の向きから右ねじの進む向きを正として $\boldsymbol{k}$ とする．$\boldsymbol{k}\cdot\mathrm{rot}\boldsymbol{A}=-1-2y$ となるので，上記のストークスの定理の左辺は，

$$\int_S \boldsymbol{k}\cdot\mathrm{rot}\boldsymbol{A}dS=\int_S(-1-2y)dydx=-\int_0^1\int_{2y}^2(1+2y)dydx$$
$$=-\int_0^1 (2+4y-2y-4y^2)dy=-\frac{5}{3}$$

よって，ストークスの定理の右辺となる (1), (2), (3) の総和と一致した． □

4.8 グリーンの定理

定理4.11 (グリーンの定理) 一つの閉曲面 S で囲まれた部分 V において，連続なスカラー φ および ψ により

$$\iiint_V (\varphi\nabla^2\psi + \nabla\varphi\cdot\nabla\psi)dV = \iint_S (\varphi\nabla\psi)\cdot\boldsymbol{n}dS, \tag{4.21}$$

$$\iiint_V (\varphi\nabla^2\psi - \psi\nabla^2\varphi)dV = \iint_S (\varphi\nabla\psi - \psi\nabla\varphi)\cdot\boldsymbol{n}dS \tag{4.22}$$

と書ける[5]．3.8 節で説明したスカラー場の方向微係数より，$\boldsymbol{n}$ の向きへの微係数は

$$\frac{d\psi}{dn} = \boldsymbol{n}\cdot\nabla\psi$$

となる．ここで n は $\boldsymbol{n}$ の向きへの移動量とした．これより，(4.21) 式は，

$$\iiint_V (\varphi\nabla^2\psi + \nabla\varphi\cdot\nabla\psi)dV = \iint_S \varphi\frac{d\psi}{dn}dS$$

とも書ける．

(4.22) も同様に

$$\iiint_V (\varphi\nabla^2\psi - \psi\nabla^2\varphi)dV = \iint_S \left(\varphi\frac{d\psi}{dn} - \psi\frac{d\varphi}{dn}\right)dS$$

と書ける．

証明 (4.21) 式は，ガウスの発散定理により示せる．まず，

$$\mathrm{div}(\varphi\nabla\psi) = \varphi\nabla^2\psi + \nabla\varphi\cdot\nabla\psi$$

より，(4.21) 式の左辺は

$$\iiint_V (\varphi\nabla^2\psi + \nabla\varphi\cdot\nabla\psi)dV = \iiint_V \mathrm{div}(\varphi\nabla\psi)dV$$

と書ける．ここでガウスの発散定理より，この右辺は

$$\iiint_V \mathrm{div}(\varphi\nabla\psi)dV = \iint_S (\varphi\nabla\psi)\cdot\boldsymbol{n}dS = \iint_S \varphi\frac{d\psi}{dn}dS$$

5] (4.21) 式と (4.22) 式をそれぞれグリーンの第一，第二定理ともよぶ．

と書け，(4.21) 式の右辺に一致する．

(4.22) 式は，第一定理の φ と ψ を入れかえて，

$$\iiint_V (\psi\nabla^2\varphi + \nabla\psi \cdot \nabla\varphi)dV = \iint_S (\psi\nabla\varphi) \cdot \boldsymbol{n}dS$$

として，この式と (4.21) 式との差をとることにより示せる．ここで，(4.21) 式の ψ が $\nabla^2\psi = 0$ (ψ は調和関数) なら，

$$\iiint_V (\nabla\varphi \cdot \nabla\psi)dV = \iint_S \varphi\frac{d\psi}{dn}dS$$

となる．

また，φ も ψ と同様に調和関数なら，(4.22) 式の左辺は

$$\iiint_V (\varphi\nabla^2\psi - \psi\nabla^2\varphi)dV = 0,$$

よって

$$\iint_S \left(\varphi\frac{d\psi}{dn} - \psi\frac{d\varphi}{dn}\right) dS = 0$$

となる．

もし，$\psi = \varphi$ なら，(4.21) 式は，

$$\iiint_V (\varphi\nabla^2\varphi + (\nabla\varphi)^2)dV = \iint_S (\varphi\nabla\varphi) \cdot \boldsymbol{n}dS$$

この φ が調和関数なら，$\nabla^2\varphi = 0$ より，

$$\iiint_V (\nabla\varphi)^2 dV = \iint_S (\varphi\nabla\varphi) \cdot \boldsymbol{n}dS$$

となる． ■

演習問題

問 4.1 円柱 $x^2+y^2=9$ の第一象限に含まれる側面 $(0 \leqq x, 0 \leqq y, 0 \leqq z \leqq 1)$ を曲面 S とおく．このとき $\boldsymbol{A}=3y^2\boldsymbol{i}+3xy\boldsymbol{j}+z\boldsymbol{k}$ の法線面積分を求めよ．単位法線ベクトルは円柱の内側から外側に向かうものとする．

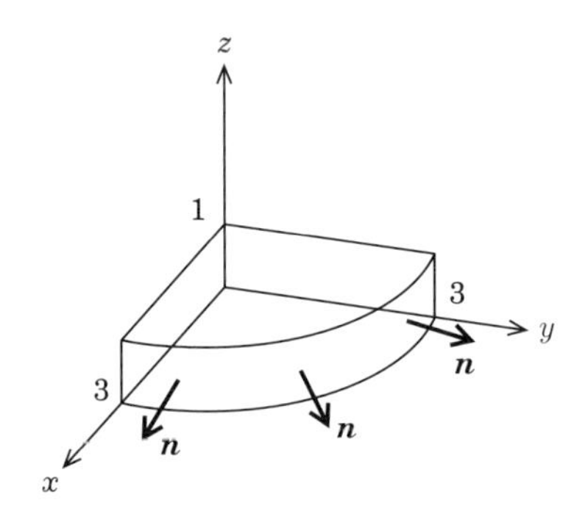

図 4.13 $x^2+y^2=9$ $(0 \leqq x, 0 \leqq y, 0 \leqq z \leqq 1)$.

問 4.2 $\boldsymbol{A}=2y\boldsymbol{i}-2x^2y\boldsymbol{j}+4z^2\boldsymbol{k}$ とする．$z=0$ の xy 平面上に円を描く $x^2+y^2=9$ の円周を閉曲線として，接線線積分の値を求めよ．そして，ストークスの定理を用いた面積分による値に一致することを確かめよ．

(ヒント：円柱座標 $x=r\cos\theta, y=r\sin\theta, z=z$ を用いると，$x^2+y^2=9$ の円周を示すベクトルは，$\boldsymbol{r}=3\cos\theta\boldsymbol{i}+3\sin\theta\boldsymbol{j}$ $(0 \leqq \theta < 2\pi)$ と書ける．

第5章
曲線座標

電磁気学では，点電荷や，直線状に一様に分布する電荷 (線電荷) による電場を表すのには，それらの対称性により，極座標や円柱座標を用いる．他の物理学の分野においても，特に自然界に起こる現象の記述にこれらの座標を用いることが多い．そこで，本章では，極座標や円柱座標を含む直交曲線座標を用いた変位，面積，そして体積について説明する．その後に，直交曲線座標における，勾配，発散，回転を紹介する．

5.1　曲線座標

x, y, z による直交座標以外の座標系でも，3 次元空間内は，三つのパラメータにより，1 点を定めることができる．まずは，三つのパラメータが座標系を成す条件を述べよう．直交座標系における x, y, z の関数として $u = u(x, y, z)$, $v = v(x, y, z)$, $w = w(x, y, z)$ があり，これらに一対一で対応する $x = x(u, v, w)$, $y = y(u, v, w)$, $z = z(u, v, w)$ が存在するとき，つまり，x, y, z について一通りに解けるとき，u, v, w は**曲線座標**となる．よって，点 P を $\mathrm{P}(x_1, y_1, z_1)$ と示せるのと同様に，この曲線座標を用いても $\mathrm{P}(u_1, v_1, w_1)$ として示すことができる．この u, v, w のように三つのパラメータが座標となるための条件は，**ヤコビ行列式**による，

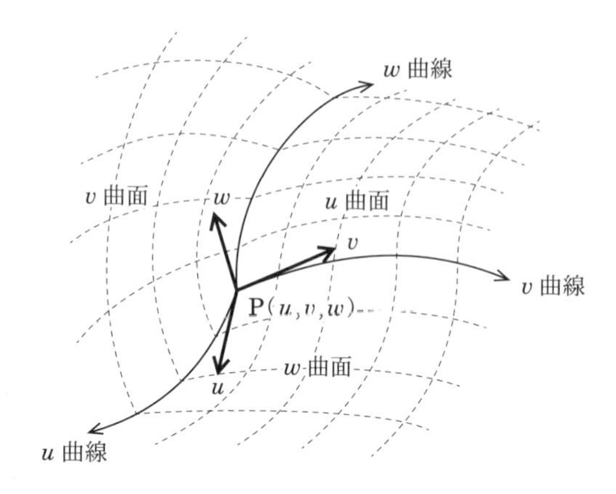

図 5.1 三つの曲面.

$$\frac{\partial(u,v,w)}{\partial(x,y,z)} = \begin{vmatrix} \dfrac{\partial u}{\partial x} & \dfrac{\partial u}{\partial y} & \dfrac{\partial u}{\partial z} \\ \dfrac{\partial v}{\partial x} & \dfrac{\partial v}{\partial y} & \dfrac{\partial v}{\partial z} \\ \dfrac{\partial w}{\partial x} & \dfrac{\partial w}{\partial y} & \dfrac{\partial w}{\partial z} \end{vmatrix} \neq 0$$

の関係を満たす.

それでは u, v, w を図を用いて説明しよう. $u(x,y,z) = C_1$ として C_1 が定数ならば, この式はスカラーの等位面として, 一般的には曲面となる. これを u 曲面とよび, 他も同様に, $v(x,y,z) = C_2$ を v 曲面, $w(x,y,z) = C_3$ を w 曲面とする. C_2, C_3 は定数とする. よって, 三つの曲面 (**座標曲面**) が得られ, この三つの曲面は 1 点で交わる. これを図 5.1 に示す. また, v 曲面と w 曲面は曲線で交わり, この曲線上では, v, w が一定で, u だけが変わる (u 曲線). 同様に v 曲線, w 曲線が得られ, この三つの曲線を座標曲線と呼ぶ. ここで, 1 点で交わる点を $\mathrm{P}(x,y,z)$ として, 点 P の位置ベクトルを $\boldsymbol{r} = x\boldsymbol{i} + y\boldsymbol{j} + z\boldsymbol{k}$ とおく. 点 P は曲線座標でも表せ, これを $\mathrm{P}(u, v, w)$ と書く. この点における, それぞれ u, v, w 曲線に接する単位ベクトルをそれぞれ $\boldsymbol{u}, \boldsymbol{v}, \boldsymbol{w}$ とする. これらのベクトルは, 2.4 節より,

$$\boldsymbol{u} = \frac{\dfrac{\partial \boldsymbol{r}}{\partial u}}{\left|\dfrac{\partial \boldsymbol{r}}{\partial u}\right|} = \frac{1}{h_1}\frac{\partial \boldsymbol{r}}{\partial u} = \frac{1}{h_1}\frac{\partial x}{\partial u}\boldsymbol{i} + \frac{1}{h_1}\frac{\partial y}{\partial u}\boldsymbol{j} + \frac{1}{h_1}\frac{\partial z}{\partial u}\boldsymbol{k},$$

$$\boldsymbol{v} = \frac{1}{h_2}\frac{\partial \boldsymbol{r}}{\partial v} = \frac{1}{h_2}\frac{\partial x}{\partial v}\boldsymbol{i} + \frac{1}{h_2}\frac{\partial y}{\partial v}\boldsymbol{j} + \frac{1}{h_2}\frac{\partial z}{\partial v}\boldsymbol{k}, \tag{5.1}$$

$$\boldsymbol{w} = \frac{1}{h_3}\frac{\partial \boldsymbol{r}}{\partial w} = \frac{1}{h_3}\frac{\partial x}{\partial w}\boldsymbol{i} + \frac{1}{h_3}\frac{\partial y}{\partial w}\boldsymbol{j} + \frac{1}{h_3}\frac{\partial z}{\partial w}\boldsymbol{k}$$

ここで，

$$h_1 = \sqrt{\left(\frac{\partial x}{\partial u}\right)^2 + \left(\frac{\partial y}{\partial u}\right)^2 + \left(\frac{\partial z}{\partial u}\right)^2},$$

$$h_2 = \sqrt{\left(\frac{\partial x}{\partial v}\right)^2 + \left(\frac{\partial y}{\partial v}\right)^2 + \left(\frac{\partial z}{\partial v}\right)^2}, \tag{5.2}$$

$$h_3 = \sqrt{\left(\frac{\partial x}{\partial w}\right)^2 + \left(\frac{\partial y}{\partial w}\right)^2 + \left(\frac{\partial z}{\partial w}\right)^2}$$

とした．この三つの単位ベクトル $\boldsymbol{u}, \boldsymbol{v}, \boldsymbol{w}$ が，互いに直交しているとき，座標 (u, v, w) を**直交曲線座標**という．本書では $\boldsymbol{u}, \boldsymbol{v}, \boldsymbol{w}$ は右手系を成すものとする．$\boldsymbol{u}, \boldsymbol{v}, \boldsymbol{w}$ は次の性質を満たす．

$$\boldsymbol{u}\cdot\boldsymbol{u} = \boldsymbol{v}\cdot\boldsymbol{v} = \boldsymbol{w}\cdot\boldsymbol{w} = 1, \quad \boldsymbol{u}\cdot\boldsymbol{v} = \boldsymbol{v}\cdot\boldsymbol{w} = \boldsymbol{w}\cdot\boldsymbol{u} = 0,$$

$$\boldsymbol{u}\times\boldsymbol{u} = \boldsymbol{v}\times\boldsymbol{v} = \boldsymbol{w}\times\boldsymbol{w} = 0,$$

$$\boldsymbol{u}\times\boldsymbol{v} = \boldsymbol{w}, \quad \boldsymbol{v}\times\boldsymbol{w} = \boldsymbol{u}, \quad \boldsymbol{w}\times\boldsymbol{u} = \boldsymbol{v}$$

直交曲線座標において，u 曲面 $(u(x, y, z) = C_1)$ の法線ベクトル ∇u は，u 曲線の接線ベクトルである．つまり，点 P において，u 曲面と $\boldsymbol{u}$ は直交する．次に u の変化による u 曲線上の移動距離 (変位) について考える．まず，u とともに増加する u 曲線の長さを s_1 とおくと，

$$\frac{\partial \boldsymbol{r}}{\partial u} = \frac{\partial \boldsymbol{r}}{\partial s_1}\frac{ds_1}{du} \tag{5.3}$$

と表せる．ここで，$\dfrac{ds_1}{du}$ はパラメータ u の増加に対する u 曲線上の長さの変化率を表す．たとえば，直交座標系では $\dfrac{ds_1}{dx} = 1$ であるが，この後で説明する極座標では，図 5.2 のように $\varDelta s_1 = r\varDelta\theta$ より $\dfrac{ds_1}{d\theta} = r$ と表せ，θ の増加による変位の大きさ (曲線の長さ) は r の関数となる．また，(2.17) 式の空間の曲線における線素と，その曲線の単位接線ベクトルとの関係から $\dfrac{\partial \boldsymbol{r}}{\partial s_1} = \boldsymbol{u}$ と表せる．よって，

$$\frac{\partial \boldsymbol{r}}{\partial u} = \boldsymbol{u}\frac{ds_1}{du} \tag{5.4}$$

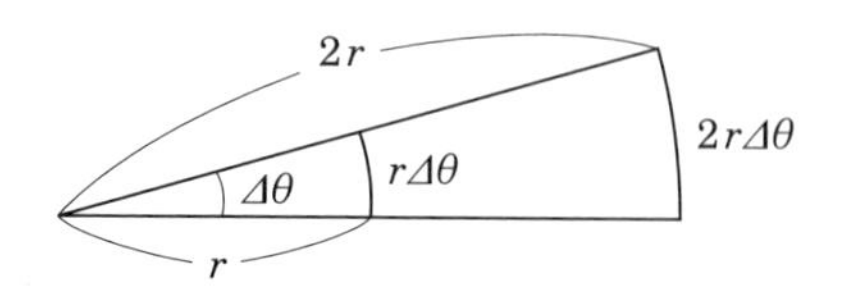

図 5.2 $\varDelta\theta$ による変位の大きさ.

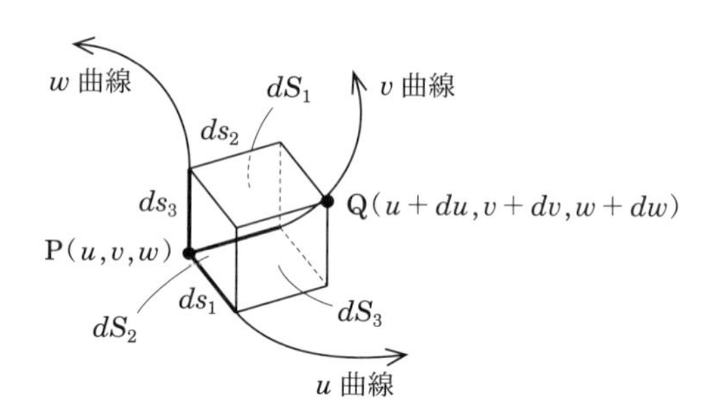

図 5.3 直交曲線座標による六面体.

これは (5.1) 式より

$$\frac{ds_1}{du} = h_1$$

と書ける．同様に v 曲線の長さを s_2, w 曲線の長さを s_3 とおくと，それぞれ，

$$\frac{\partial \boldsymbol{r}}{\partial s_2} = \boldsymbol{v}, \quad \frac{\partial \boldsymbol{r}}{\partial s_3} = \boldsymbol{w}, \quad \text{そして} \quad \frac{ds_2}{dv} = h_2, \quad \frac{ds_3}{dw} = h_3 \tag{5.5}$$

となる．

次に，この直交曲線座標における，面積や体積について考える．まずは図 5.3 のように $\mathrm{P}(u, v, w)$ の近くに $\mathrm{Q}(u + du, v + dv, w + dw)$ をとる．この六面体は，du, dv, dw を微小にとると，平行六面体とみなせる．この六面体の一辺を成す u 曲線沿いの線素 ds_1 は (5.5) 式より $ds_1 = h_1 du$. よって，

$$ds_1 = h_1 du, \quad ds_2 = h_2 dv, \quad ds_3 = h_3 dw \tag{5.6}$$

となる．次に六面体の面について，

$$u \text{ 曲面上の面} : dS_1 = ds_2 ds_3 = h_2 h_3 dv dw,$$

$$v\text{ 曲面上の面}: dS_2 = ds_3 ds_1 = h_3 h_1 dw du, \tag{5.7}$$
$$w\text{ 曲面上の面}: dS_3 = ds_1 ds_2 = h_1 h_2 du dv$$

そして，六面体の体積は，

$$dV = ds_1 ds_2 ds_3 = h_1 h_2 h_3 du dv dw \tag{5.8}$$

と表せる．

5.2 直交曲線座標系への変換

3 次元空間内の 1 点を，直交座標と直交曲線座標の両方で指定できるように，向きと大きさをもつベクトルも，それぞれの座標系で書き表せる．たとえば，$\boldsymbol{A} = A_x\boldsymbol{i} + A_y\boldsymbol{j} + A_z\boldsymbol{k}$ と書けるベクトル $\boldsymbol{A}$ が，直交曲線座標では，$\boldsymbol{A} = A_u\boldsymbol{u} + A_v\boldsymbol{v} + A_w\boldsymbol{w}$ と表せるとする．このベクトルの u 成分である A_u は $\boldsymbol{A}\cdot\boldsymbol{u} = A_u$ の関係から，直交座標系の値を用いて計算できる．

$$\begin{aligned}\boldsymbol{A}_u &= \boldsymbol{A}\cdot\boldsymbol{u} = (A_x\boldsymbol{i} + A_y\boldsymbol{j} + A_z\boldsymbol{k})\cdot\left(\frac{1}{h_1}\frac{\partial x}{\partial u}\boldsymbol{i} + \frac{1}{h_1}\frac{\partial y}{\partial u}\boldsymbol{j} + \frac{1}{h_1}\frac{\partial z}{\partial u}\boldsymbol{k}\right)\\ &= \frac{1}{h_1}\frac{\partial x}{\partial u}A_x + \frac{1}{h_1}\frac{\partial y}{\partial u}A_y + \frac{1}{h_1}\frac{\partial z}{\partial u}A_z\end{aligned}$$

同様に， (5.9)

$$\begin{aligned}\boldsymbol{A}_v &= \frac{1}{h_2}\frac{\partial x}{\partial v}A_x + \frac{1}{h_2}\frac{\partial y}{\partial v}A_y + \frac{1}{h_2}\frac{\partial z}{\partial v}A_z\\ \boldsymbol{A}_w &= \frac{1}{h_3}\frac{\partial x}{\partial w}A_x + \frac{1}{h_3}\frac{\partial y}{\partial w}A_y + \frac{1}{h_3}\frac{\partial z}{\partial w}A_z\end{aligned}$$

より，それぞれの成分が得られる．

また，$\boldsymbol{u}, \boldsymbol{v}, \boldsymbol{w}$ は $\boldsymbol{i}, \boldsymbol{j}, \boldsymbol{k}$ と同様に大きさが 1 で，互いに直交し，右手系の関係にあるので内積や外積も

$$\begin{aligned}\boldsymbol{A}\cdot\boldsymbol{B} &= A_u B_u + A_v B_v + A_w B_w,\\ \boldsymbol{A}\times\boldsymbol{B} &= (A_v B_w - A_w B_v)\,\boldsymbol{u} + (A_w B_u - A_u B_w)\,\boldsymbol{v} + (A_u B_v - A_v B_u)\,\boldsymbol{w}\end{aligned}$$

と書ける．

5.3 極座標と円柱座標の例

図 5.4 に極座標を示す．それぞれのパラメータは，

$$
\begin{cases}
x = r\sin\theta\cos\phi, \\
y = r\sin\theta\sin\phi, \\
z = r\cos\theta
\end{cases}
$$

$$
\begin{cases}
r = \sqrt{x^2+y^2+z^2}, \\
\theta = \tan^{-1}\dfrac{\sqrt{x^2+y^2}}{z} \qquad 0 \leqq \phi < 2\pi, 0 \leqq \theta < \pi, \\
\phi = \tan^{-1}\dfrac{y}{x}
\end{cases}
\tag{5.10}
$$

の関係がある．また，次の性質をもつ．

r 曲線 : 原点を通る直線

θ曲線 : 原点を中心として，直径が z 軸上にある半円

ϕ曲線 : z 軸を中心とした xy 平面に平行な面内の円

$\theta\phi$曲面 (r 一定) : 原点を中心とする球面群

ϕr 曲面 (θ一定) : z 軸を対称軸とする頂点が原点の円錐

$r\theta$曲面 (ϕ一定) : z 軸を含む平面群

次に h_1, h_2, h_3 を求める．

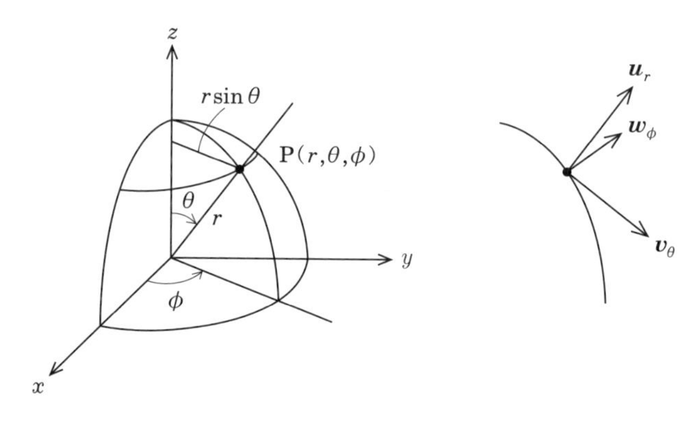

図 5.4　極座標と三つの単位ベクトル $\boldsymbol{u}_r, \boldsymbol{w}_\phi, \boldsymbol{v}_\theta$.

$$\begin{aligned}
&\frac{\partial x}{\partial r}=\sin\theta\cos\phi, \quad \frac{\partial y}{\partial r}=\sin\theta\sin\phi, \quad \frac{\partial z}{\partial r}=\cos\theta, \\
&\frac{\partial x}{\partial \theta}=r\cos\theta\cos\phi, \quad \frac{\partial y}{\partial \theta}=r\cos\theta\sin\phi, \quad \frac{\partial z}{\partial \theta}=-r\sin\theta, \\
&\frac{\partial x}{\partial \phi}=-r\sin\theta\sin\phi, \quad \frac{\partial y}{\partial \phi}=r\sin\theta\cos\phi, \quad \frac{\partial z}{\partial \phi}=0
\end{aligned} \tag{5.11}$$

より,

$$\begin{aligned}
h_1&=\sqrt{\left(\frac{\partial x}{\partial r}\right)^2+\left(\frac{\partial y}{\partial r}\right)^2+\left(\frac{\partial z}{\partial r}\right)^2}=1, \\
h_2&=\sqrt{\left(\frac{\partial x}{\partial \theta}\right)^2+\left(\frac{\partial y}{\partial \theta}\right)^2+\left(\frac{\partial z}{\partial \theta}\right)^2}=r, \\
h_3&=\sqrt{\left(\frac{\partial x}{\partial \phi}\right)^2+\left(\frac{\partial y}{\partial \phi}\right)^2+\left(\frac{\partial z}{\partial \phi}\right)^2}=r\sin\theta \qquad (0\leqq\theta\leqq\pi)
\end{aligned} \tag{5.12}$$

h_2 については図 5.2 で説明をした. h_3 は図 5.4 より, z 軸までの距離である.

任意の向きへの線素は,

$$ds=\sqrt{h_1^2du^2+h_2^2dv^2+h_3^2dw^2}=\sqrt{dr^2+r^2d\theta^2+r^2\sin^2\theta d\phi^2}$$

また, 体積は,

$$dV=h_1h_2h_3dudvdw=r^2\sin\theta drd\theta d\phi$$

と書ける.

それぞれの単位ベクトルである $\boldsymbol{u}_r,\boldsymbol{v}_\theta,\boldsymbol{w}_\phi$ は, (5.1) 式より

$$\begin{aligned}
\boldsymbol{u}_r&=l_1\boldsymbol{i}+m_1\boldsymbol{j}+n_1\boldsymbol{k}=\frac{1}{h_1}\frac{\partial x}{\partial r}\boldsymbol{i}+\frac{1}{h_1}\frac{\partial y}{\partial r}\boldsymbol{j}+\frac{1}{h_1}\frac{\partial z}{\partial r}\boldsymbol{k} \\
&=\sin\theta\cos\phi\boldsymbol{i}+\sin\theta\sin\phi\boldsymbol{j}+\cos\theta\boldsymbol{k}, \\
\boldsymbol{v}_\theta&=l_2\boldsymbol{i}+m_2\boldsymbol{j}+n_2\boldsymbol{k}=\frac{1}{h_2}\frac{\partial x}{\partial \theta}\boldsymbol{i}+\frac{1}{h_2}\frac{\partial y}{\partial \theta}\boldsymbol{j}+\frac{1}{h_2}\frac{\partial z}{\partial \theta}\boldsymbol{k} \\
&=\cos\theta\cos\phi\boldsymbol{i}+\cos\theta\sin\phi\boldsymbol{j}-\sin\theta\boldsymbol{k}, \\
\boldsymbol{w}_\phi&=l_3\boldsymbol{i}+m_3\boldsymbol{j}+n_3\boldsymbol{k}=\frac{1}{h_3}\frac{\partial x}{\partial \phi}\boldsymbol{i}+\frac{1}{h_3}\frac{\partial y}{\partial \phi}\boldsymbol{j}+\frac{1}{h_3}\frac{\partial z}{\partial \phi}\boldsymbol{k} \\
&=-\sin\phi\boldsymbol{i}+\cos\phi\boldsymbol{j}
\end{aligned} \tag{5.13}$$

図 5.4 (右) に点 P における $\boldsymbol{u}_r,\boldsymbol{v}_\theta,\boldsymbol{w}_\phi$ を描いた. $\boldsymbol{u}_r,\boldsymbol{v}_\theta,\ \boldsymbol{w}_\phi$ は場所によって向きが変わる. 次に, 直交座標からのベクトルの座標変換は (5.9) 式より,

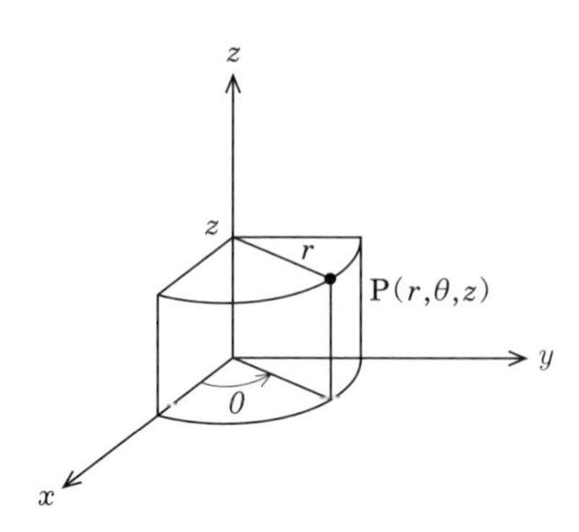

図 5.5 円柱座標.

$$
\begin{aligned}
A_r &= \sin\theta\cos\phi A_x + \sin\theta\sin\phi A_y + \cos\theta A_z, \\
A_\theta &= \cos\theta\cos\phi A_x + \cos\theta\sin\phi A_y - \sin\theta A_z, \\
A_\phi &= -\sin\phi A_x + \cos\phi A_y
\end{aligned}
\tag{5.14}
$$

と書ける.

もう一つのよく使われる直交曲線座標系である**円柱座標** (r, θ, z) について, 同様の計算をしよう. 直交座標との関係は図 5.5 より,

$$
\left\{
\begin{aligned}
x &= r\cos\theta, \\
y &= r\sin\theta, \\
z &= z
\end{aligned}
\right.
\qquad
\left\{
\begin{aligned}
r &= \sqrt{x^2 + y^2}, \\
\theta &= \tan^{-1}\frac{y}{x} \qquad 0 \leqq \theta < 2\pi, \\
z &= z
\end{aligned}
\right.
\tag{5.15}
$$

円柱座標における, h_1, h_2, h_3 は,

$$
\begin{aligned}
&\frac{\partial x}{\partial r} = \cos\theta, \quad \frac{\partial y}{\partial r} = \sin\theta, \quad \frac{\partial z}{\partial r} = 0, \\
&\frac{\partial x}{\partial \theta} = -r\sin\theta, \quad \frac{\partial y}{\partial \theta} = r\cos\theta, \quad \frac{\partial z}{\partial \theta} = 0, \\
&\frac{\partial x}{\partial z} = 0, \quad \frac{\partial y}{\partial z} = 0, \quad \frac{\partial z}{\partial z} = 1
\end{aligned}
\tag{5.16}
$$

より,

$$
h_1 = \sqrt{\left(\frac{\partial x}{\partial r}\right)^2 + \left(\frac{\partial y}{\partial r}\right)^2 + \left(\frac{\partial z}{\partial r}\right)^2} = 1,
$$
$$
h_2 = \sqrt{\left(\frac{\partial x}{\partial \theta}\right)^2 + \left(\frac{\partial y}{\partial \theta}\right)^2 + \left(\frac{\partial z}{\partial \theta}\right)^2} = r, \tag{5.17}
$$
$$
h_3 = \sqrt{\left(\frac{\partial x}{\partial z}\right)^2 + \left(\frac{\partial y}{\partial z}\right)^2 + \left(\frac{\partial z}{\partial z}\right)^2} = 1
$$

となる．h_2 が r になることは，図 5.5 の円の半径が r であることからもわかる．それぞれの単位ベクトルである $\boldsymbol{u}_r, \boldsymbol{v}_\theta, \boldsymbol{w}_z$ は，(5.1) 式より

$$
\boldsymbol{u}_r = \frac{1}{h_1}\frac{\partial x}{\partial r}\boldsymbol{i} + \frac{1}{h_1}\frac{\partial y}{\partial r}\boldsymbol{j} + \frac{1}{h_1}\frac{\partial z}{\partial r}\boldsymbol{k} = \cos\theta\boldsymbol{i} + \sin\theta\boldsymbol{j},
$$
$$
\boldsymbol{v}_\theta = \frac{1}{h_2}\frac{\partial x}{\partial \theta}\boldsymbol{i} + \frac{1}{h_2}\frac{\partial y}{\partial \theta}\boldsymbol{j} + \frac{1}{h_2}\frac{\partial z}{\partial \theta}\boldsymbol{k} = -\sin\theta\boldsymbol{i} + \cos\theta\boldsymbol{j}, \tag{5.18}
$$
$$
\boldsymbol{w}_z = \frac{1}{h_3}\frac{\partial x}{\partial z}\boldsymbol{i} + \frac{1}{h_3}\frac{\partial y}{\partial z}\boldsymbol{j} + \frac{1}{h_3}\frac{\partial z}{\partial z}\boldsymbol{k} = \boldsymbol{k}
$$

$\boldsymbol{u}_r, \boldsymbol{v}_\theta, \boldsymbol{w}_z$ が互いに直交することは，互いの内積が 0 になることで簡単に示せる．直交座標からのベクトルの座標変換は (5.9) 式より，

$$
A_r = \cos\theta A_x + \sin\theta A_y,
$$
$$
A_\theta = -\sin\theta A_x + \cos\theta A_y,
$$
$$
A_z = A_z
$$

と書ける．

例題 5.1 $\boldsymbol{A} = x\boldsymbol{i} + y\boldsymbol{j} + 3z\boldsymbol{k}$ とする．極座標 (r, θ, ϕ) に変換し，その成分 A_r, A_θ, A_ϕ を求めよ．

解 $\boldsymbol{A} = A_r\boldsymbol{u}_r + A_\theta\boldsymbol{v}_\theta + A_\phi\boldsymbol{w}_\phi = A_x\boldsymbol{i} + A_y\boldsymbol{j} + A_z\boldsymbol{k}$ とおく．(5.9) 式から求めた (5.14) 式と，

$$
A_x = x = r\sin\theta\cos\phi,
$$
$$
A_y = y = r\sin\theta\sin\phi,
$$
$$
A_z = 3z = 3r\cos\theta
$$

より，

$$
A_r = r\sin^2\theta\cos^2\phi + r\sin^2\theta\sin^2\phi + 3r\cos^2\theta = r\left(\sin^2\theta + 3\cos^2\theta\right)
$$

$$
\begin{aligned}
&= r\left(1 + 2\cos^2\theta\right), \\
A_\theta &= r\cos\theta\sin\theta\cos^2\phi + r\sin\theta\cos\theta\sin^2\phi - 3r\cos\theta\sin\theta = -2r\cos\theta\sin\theta \\
&= -r\sin 2\theta, \\
A_\phi &= -r\sin\phi\sin\theta\cos\phi + r\sin\theta\sin\phi\cos\phi = 0
\end{aligned}
$$

よって，

$$
\boldsymbol{A} = r\left(1 + 2\cos^2\theta\right)\boldsymbol{u}_r - r\sin 2\theta\boldsymbol{v}_\theta
$$

となる． □

5.4 直交曲線座標系における勾配

3.5 節で説明したように勾配は，(3.10) 式より，

$$
\frac{d\Psi}{ds_1} = \boldsymbol{u}\cdot\nabla\Psi
$$

と書け，たとえば点 $\mathrm{P}(x, y, z)$ から $\boldsymbol{u}$ 方向 ($|\boldsymbol{u}| = 1$) に Δs だけ移動するときのスカラー Ψ の変化量を近似的に表す．この $\boldsymbol{u}$ 方向を直交曲線座標における u 曲線の単位接線ベクトル，u 曲線の長さを s_1 とすると，勾配の $\boldsymbol{u}$ 成分は，

$$
\boldsymbol{u}\cdot\nabla\Psi = \frac{d\Psi}{ds_1} = \frac{\partial\Psi}{\partial u}\frac{du}{ds_1} = \frac{1}{h_1}\frac{\partial\Psi}{\partial u}
$$

と求まる．同様に

$$
\boldsymbol{v}\cdot\nabla\Psi = \frac{1}{h_2}\frac{\partial\Psi}{\partial v}, \quad \boldsymbol{w}\cdot\nabla\Psi = \frac{1}{h_3}\frac{\partial\Psi}{\partial w}
$$

と求まり，これより勾配を

$$
\nabla\Psi = \frac{\boldsymbol{u}}{h_1}\frac{\partial\Psi}{\partial u} + \frac{\boldsymbol{v}}{h_2}\frac{\partial\Psi}{\partial v} + \frac{\boldsymbol{w}}{h_3}\frac{\partial\Psi}{\partial w} \tag{5.19}
$$

と書き，直交曲線座標の三つの単位ベクトルを用いて表せる．また，直交曲線座標系では，u 曲面の一つである $u(x, y, z) = C_1$ (C_1 は定数) の勾配 ∇u は $\boldsymbol{u}$ と平行で，u の増加する向きをもつ．つまり，

$$
\nabla u = |\nabla u|\,\boldsymbol{u} \tag{5.20}
$$

と書ける．一方，u をスカラー場とすると，その勾配は

$$\frac{du}{ds_1} = \boldsymbol{u} \cdot \nabla u$$

を満たす．この s_1 は u 曲線の孤長より，

$$\boldsymbol{u} \cdot \nabla u = \frac{1}{h_1} \tag{5.21}$$

と表せる．よって，(5.20) 式より，$\boldsymbol{u} = h_1 \nabla u$ と書け，

$$|\nabla u| = \frac{1}{h_1} \tag{5.22}$$

となる．よってスカラー場 Ψ の勾配は，直交曲線座標の三つの単位ベクトルを用いて

$$\nabla \Psi = \nabla u \frac{\partial \Psi}{\partial u} + \nabla v \frac{\partial \Psi}{\partial v} + \nabla w \frac{\partial \Psi}{\partial w}$$

とも書ける．ところで勾配の定義より，

$$\nabla u = \frac{\partial u}{\partial x}\boldsymbol{i} + \frac{\partial u}{\partial y}\boldsymbol{j} + \frac{\partial u}{\partial z}\boldsymbol{k}$$

また，(5.22) 式より，

$$\frac{\nabla u}{|\nabla u|} = h_1 \frac{\partial u}{\partial x}\boldsymbol{i} + h_1 \frac{\partial u}{\partial y}\boldsymbol{j} + h_1 \frac{\partial u}{\partial z}\boldsymbol{k}$$

となる．$\dfrac{\nabla u}{|\nabla u|} = \boldsymbol{u}$ より，この $\boldsymbol{u}$ の x 成分は，(5.1) 式で示した $\boldsymbol{u}$ の x 成分と等しいので，

$$h_1 \frac{\partial u}{\partial x} = \frac{1}{h_1} \frac{\partial x}{\partial u}$$

と書ける．よって，

$$h_1^2 \frac{\partial u}{\partial x} = \frac{\partial x}{\partial u}$$

同様に，

$$h_1^2 \frac{\partial u}{\partial y} = \frac{\partial y}{\partial u}, \quad h_1^2 \frac{\partial u}{\partial z} = \frac{\partial z}{\partial u}$$

これらをまとめると，

$$h_1^2 \left(\frac{\partial u}{\partial x}\boldsymbol{i} + \frac{\partial u}{\partial y}\boldsymbol{j} + \frac{\partial u}{\partial z}\boldsymbol{k} \right) = \frac{\partial x}{\partial u}\boldsymbol{i} + \frac{\partial y}{\partial u}\boldsymbol{j} + \frac{\partial z}{\partial u}\boldsymbol{k}$$

となり，ゆえに，

$$h_1^2 \nabla u = \frac{\partial \boldsymbol{r}}{\partial u} \tag{5.23}$$

の関係が成り立つ．

(5.19) 式より極座標の勾配は，

$$\nabla \Psi = \frac{\boldsymbol{u}_r}{h_1}\frac{\partial \Psi}{\partial r} + \frac{\boldsymbol{v}_\theta}{h_2}\frac{\partial \Psi}{\partial \theta} + \frac{\boldsymbol{w}_\phi}{h_3}\frac{\partial \Psi}{\partial w} = \frac{\partial \Psi}{\partial r}\boldsymbol{u}_r + \frac{1}{r}\frac{\partial \Psi}{\partial \theta}\boldsymbol{v}_\theta + \frac{1}{r\sin\theta}\frac{\partial \Psi}{\partial \phi}\boldsymbol{w}_\phi \tag{5.24}$$

となる．円柱座標の勾配は，

$$\nabla \Psi = \frac{\boldsymbol{u}}{h_1}\frac{\partial \Psi}{\partial u} + \frac{\boldsymbol{v}}{h_2}\frac{\partial \Psi}{\partial v} + \frac{\boldsymbol{w}}{h_3}\frac{\partial \Psi}{\partial w} = \frac{\partial \Psi}{\partial r}\boldsymbol{u}_r + \frac{1}{r}\frac{\partial \Psi}{\partial \theta}\boldsymbol{v}_\theta + \frac{\partial \Psi}{\partial z}\boldsymbol{w}_z \tag{5.25}$$

となる．

例題 5.2　∇r と $\nabla \dfrac{1}{r}$ を極座標の勾配により求めよ．この問題は直交座標を用いて第 3 章で解いた ((3.8), (3.9) 式参照).

解　スカラー場は r のみの関数より，(5.24) 式の第 1 項以外は 0 となるので，$\nabla \Psi = \dfrac{\partial \Psi}{\partial r}\boldsymbol{u}_r$ より，

$$\nabla r = \frac{\partial r}{\partial r}\boldsymbol{u}_r = \frac{\boldsymbol{r}}{r},$$

$$\nabla \frac{1}{r} = \frac{\partial}{\partial r}\left(\frac{1}{r}\right)\boldsymbol{u}_r = -\frac{1}{r^2}\boldsymbol{u}_r = -\frac{1}{r^2}\frac{\boldsymbol{r}}{r}$$

□

5.5　直交曲線座標系における発散

発散の直感的な意味として，(3.14) 式で体積 $ds_1 ds_2 ds_3$ から外に出る流線の数と説明した．直交曲線座標系では，図 5.3 の点 P を含む u 曲面の dS_1 から出る流線の数は，

$$-A_u ds_2 ds_3$$

である．一方，手前の点 Q を含む u 曲面から外に出る流線の数は，

$$A_u ds_2 ds_3 + \frac{\partial}{\partial u}\left(A_u ds_2 ds_3\right) du$$

よって，この二面から外に出る流線は

$$\frac{\partial}{\partial u}(A_u ds_2 ds_3)\,du = \frac{\partial}{\partial u}(A_u h_2 h_3 dv dw)\,du = \frac{\partial}{\partial u}(A_u h_2 h_3)\,dv du dw$$

同様に，他の向かい合う二組の面において外に出る流線は，それぞれ

$$\frac{\partial}{\partial v}(A_v h_1 h_3)\,du dv dw,$$
$$\frac{\partial}{\partial w}(A_u h_1 h_2)\,du dv dw$$

ここで，六面体の体積は，$dV = ds_1 ds_2 ds_3 = h_1 h_2 h_3 du dv dw$ より，単位体積から出る流線の数は，

$$(\mathrm{div}\boldsymbol{A}) ds_1 ds_2 ds_3 = \left(\frac{\partial}{\partial u}(A_u h_2 h_3) + \frac{\partial}{\partial v}(A_v h_3 h_1) + \frac{\partial}{\partial w}(A_w h_1 h_2)\right) du dv dw$$

であり，

$$\mathrm{div}\boldsymbol{A} = \frac{1}{h_1 h_2 h_3}\left(\frac{\partial}{\partial u}(A_u h_2 h_3) + \frac{\partial}{\partial v}(A_v h_3 h_1) + \frac{\partial}{\partial w}(A_w h_1 h_2)\right) \tag{5.26}$$

と書ける．たとえば極座標の場合，

$$\begin{aligned}\mathrm{div}\boldsymbol{A} &= \frac{1}{r^2 \sin\theta}\left(\frac{\partial}{\partial r}\left(A_r r^2 \sin\theta\right) + \frac{\partial}{\partial \theta}(A_\theta r \sin\theta) + \frac{\partial}{\partial \phi}(A_\phi r)\right) \\ &= \frac{1}{r^2}\frac{\partial}{\partial r}\left(A_r r^2\right) + \frac{1}{r\sin\theta}\frac{\partial}{\partial \theta}(A_\theta \sin\theta) + \frac{1}{r\sin\theta}\frac{\partial A_\phi}{\partial \phi}\end{aligned} \tag{5.27}$$

となる．円柱座標では，

$$\begin{aligned}\mathrm{div}\boldsymbol{A} &= \frac{1}{r}\left(\frac{\partial}{\partial r}(A_r r) + \frac{\partial}{\partial \theta}(A_\theta) + \frac{\partial}{\partial z}(A_z r)\right) \\ &= \frac{1}{r}\frac{\partial}{\partial r}(A_r r) + \frac{1}{r}\frac{\partial}{\partial \theta}(A_\theta) + \frac{\partial}{\partial z}(A_z)\end{aligned} \tag{5.28}$$

となる．

例題 5.3 極座標におけるラプラス演算子による $\nabla^2 \Psi$ を求めよ．また，Ψ が $\Psi = \dfrac{\cos\theta}{r}$ のときの $\nabla^2 \Psi$ を計算せよ．

解 $\boldsymbol{A} = \nabla\Psi$ とおく．$\boldsymbol{A} = \dfrac{\boldsymbol{u}}{h_1}\dfrac{\partial \Psi}{\partial u} + \dfrac{\boldsymbol{v}}{h_2}\dfrac{\partial \Psi}{\partial v} + \dfrac{\boldsymbol{w}}{h_3}\dfrac{\partial \Psi}{\partial w}$ より発散は，

$$\begin{aligned}\mathrm{div}\boldsymbol{A} = \nabla^2 \Psi &= \frac{1}{h_1 h_2 h_3}\left(\frac{\partial}{\partial u}(A_u h_2 h_3) + \frac{\partial}{\partial v}(A_v h_3 h_1) + \frac{\partial}{\partial w}(A_w h_1 h_2)\right) \\ &= \frac{1}{h_1 h_2 h_3}\left(\frac{\partial}{\partial u}\left(\frac{h_2 h_3}{h_1}\frac{\partial \Psi}{\partial u}\right) + \frac{\partial}{\partial v}\left(\frac{h_3 h_1}{h_2}\frac{\partial \Psi}{\partial v}\right) + \frac{\partial}{\partial w}\left(\frac{h_1 h_2}{h_3}\frac{\partial \Psi}{\partial w}\right)\right)\end{aligned}$$

極座標では，$h_1=1, h_2=r, h_3=r\sin\theta$ より，

$$\nabla^2\Psi=\frac{1}{r^2\sin\theta}\left(\frac{\partial}{\partial r}\left(\frac{r^2\sin\theta}{1}\frac{\partial\Psi}{\partial r}\right)+\frac{\partial}{\partial\theta}\left(\frac{r\sin\theta}{r}\frac{\partial\Psi}{\partial\theta}\right)+\frac{\partial}{\partial\phi}\left(\frac{r}{r\sin\theta}\frac{\partial\Psi}{\partial\phi}\right)\right)$$
$$=\left(\frac{1}{r^2}\frac{\partial}{\partial r}\left(r^2\frac{\partial\Psi}{\partial r}\right)+\frac{1}{r^2\sin\theta}\frac{\partial}{\partial\theta}\left(\sin\theta\frac{\partial\Psi}{\partial\theta}\right)+\frac{1}{r^2\sin^2\theta}\left(\frac{\partial^2\Psi}{\partial\phi^2}\right)\right) \tag{5.29}$$

$\Psi=\dfrac{\cos\theta}{r}$ を代入すると，

$$\nabla^2\Psi$$
$$=\left(\frac{1}{r^2}\frac{\partial}{\partial r}\left(r^2\frac{\partial}{\partial r}\frac{\cos\theta}{r}\right)+\frac{1}{r^2\sin\theta}\frac{\partial}{\partial\theta}\left(\sin\theta\frac{\partial}{\partial\theta}\frac{\cos\theta}{r}\right)+\frac{1}{r^2\sin^2\theta}\left(\frac{\partial^2}{\partial\phi^2}\frac{\cos\theta}{r}\right)\right)$$
$$=\frac{\cos\theta}{r^2}\frac{\partial}{\partial r}\left(\frac{-r^2}{r^2}\right)+\frac{1}{r^2\sin\theta}\frac{\partial}{\partial\theta}\left(\frac{-\sin^2\theta}{r}\right)=\frac{-2\cos\theta}{r^3}$$

□

5.6　直交曲線座標系における回転

直交座標系において，ベクトルの回転の一成分は，その一成分に垂直な面内の微小な四角形 $\Delta x\Delta y$ において，四角の辺を大きさとし，向きを反時計回りとする四つのベクトルとベクトル場 $\boldsymbol{A}$ との内積の総和として示せた (図 3.8 参照)．これを閉曲線を周回する線積分とすれば

$$\boldsymbol{n}\cdot\mathrm{rot}\boldsymbol{A}=\lim_{\Delta S\to 0}\frac{1}{\Delta S}\oint\boldsymbol{A}\cdot d\boldsymbol{r} \tag{5.30}$$

と書ける．これは微小な面におけるストークスの定理にすぎない．図 5.6 のような微小な面において，左辺の線積分は

$$\oint\boldsymbol{A}\cdot d\boldsymbol{r}=\int_A^B\boldsymbol{A}\cdot d\boldsymbol{r}+\int_B^C\boldsymbol{A}\cdot d\boldsymbol{r}+\int_C^D\boldsymbol{A}\cdot d\boldsymbol{r}+\int_D^A\boldsymbol{A}\cdot d\boldsymbol{r}$$

と分けられる．高次の項を無視して各項の積分を計算すると

A から B は，

$$A_v\left(u,v,w-\frac{dw}{2}\right)ds_2=A_v(u,v,w)\,h_2dv-\frac{\partial}{2\partial w}\left(A_v(u,v,w)\,h_2dv\right)dw$$
$$=A_v(u,v,w)\,h_2dv-\frac{\partial}{2\partial w}\left[A_v(u,v,w)\,h_2\right]dvdw$$

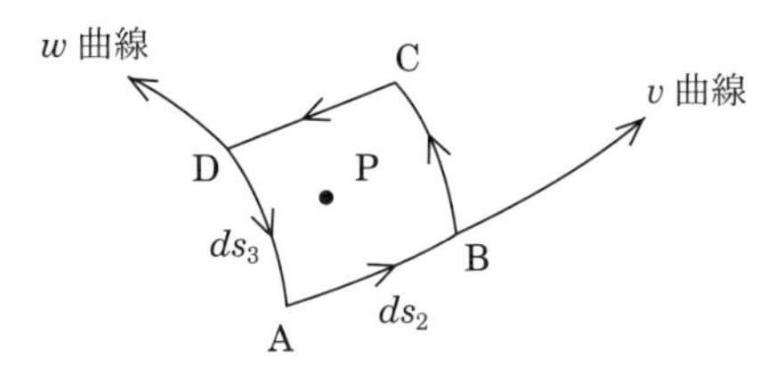

図 5.6　ベクトルの回転.

B から C は,

$$A_w\left(u,v+\frac{dv}{2},w\right)ds_3 = A_w\left(u,v,w\right)+\frac{\partial}{2\partial v}\left(A_w\left(u,v,w\right)h_3dw\right)dv$$
$$= A_w\left(u,v,w\right)h_3dw+\frac{\partial}{2\partial v}\left(A_w\left(u,v,w\right)h_3\right)dwdv$$

C から D は,

$$-A_v\left(u,v,w+\frac{dw}{2}\right)ds_2 = -\left(A_v\left(u,v,w\right)+\frac{\partial}{2\partial w}\left(A_v\left(u,v,w\right)h_2dv\right)\right)dw$$
$$= -A_v\left(u,v,w\right)h_2dv-\frac{\partial}{2\partial w}\left(A_v\left(u,v,w\right)h_2\right)dvdw$$

D から A は,

$$-A_w\left(u,v-\frac{dv}{2},w\right)ds_3 = -A_w\left(u,v,w\right)h_3dw+\frac{\partial}{2\partial v}\left(A_w\left(u,v,w\right)h_3dw\right)dv$$
$$= -A_w\left(u,v,w\right)h_3dw+\frac{\partial}{2\partial v}\left(A_w\left(u,v,w\right)h_3\right)dwdv$$

となる．また，$dS_1 = ds_2ds_3 = h_2h_3dwdv$ より，(5.30) 式は,

$$\boldsymbol{u}\cdot\mathrm{rot}\boldsymbol{A} = \lim_{\Delta S\to 0}\frac{1}{\Delta S}\oint\boldsymbol{A}\cdot d\boldsymbol{r}$$
$$= \frac{1}{h_2h_3}\left(\frac{\partial}{\partial v}\left(A_w\left(u,v,w\right)h_3\right)-\frac{\partial}{\partial w}\left(A_v\left(u,v,w\right)h_2\right)\right)$$

となる．同様に,

$$\boldsymbol{v}\cdot\mathrm{rot}\boldsymbol{A} = \frac{1}{h_1h_3}\left(\frac{\partial}{\partial w}\left(A_uh_1\right)-\frac{\partial}{\partial u}\left(A_wh_3\right)\right),$$
$$\boldsymbol{w}\cdot\mathrm{rot}\boldsymbol{A} = \frac{1}{h_1h_2}\left(\frac{\partial}{\partial u}\left(A_vh_2\right)-\frac{\partial}{\partial v}\left(A_uh_1\right)\right)$$

となる．よって，曲線座標における回転は

$$\mathrm{rot}\boldsymbol{A} = \frac{\boldsymbol{u}}{h_2h_3}\left(\frac{\partial A_w h_3}{\partial v} - \frac{\partial A_v h_2}{\partial w}\right) + \frac{\boldsymbol{v}}{h_3h_1}\left(\frac{\partial A_u h_1}{\partial w} - \frac{\partial A_w h_3}{\partial u}\right)$$
$$+ \frac{\boldsymbol{w}}{h_2h_1}\left(\frac{\partial A_v h_2}{\partial u} - \frac{\partial A_u h_1}{\partial v}\right) \tag{5.31}$$

と表せる．

例 5.4 極座標の回転は，

$$\begin{aligned}\mathrm{rot}\boldsymbol{A} &= \frac{\boldsymbol{u}_r}{r^2\sin\theta}\left(\frac{\partial r\sin\theta A_\phi}{\partial\theta} - \frac{\partial rA_\theta}{\partial\phi}\right) + \frac{\boldsymbol{v}_\theta}{r\sin\theta}\left(\frac{\partial A_r}{\partial\phi} - \frac{\partial rA_\phi\sin\theta}{\partial r}\right)\\ &\quad + \frac{\boldsymbol{w}_\phi}{r}\left(\frac{\partial rA_\theta}{\partial r} - \frac{\partial A_r}{\partial\theta}\right)\\ &= \frac{\boldsymbol{u}_r}{r\sin\theta}\left(\frac{\partial\sin\theta A_\phi}{\partial\theta} - \frac{\partial A_\theta}{\partial\phi}\right) + \frac{\boldsymbol{v}_\theta}{r}\left(\frac{1}{\sin\theta}\frac{\partial A_r}{\partial\phi} - \frac{\partial rA_\phi}{\partial r}\right)\\ &\quad + \frac{\boldsymbol{w}_\phi}{r}\left(\frac{\partial rA_\theta}{\partial r} - \frac{\partial A_r}{\partial\theta}\right)\end{aligned}$$

と書け，円柱座標では，

$$\mathrm{rot}\boldsymbol{A} = \boldsymbol{u}_r\left(\frac{1}{r}\frac{\partial A_z}{\partial\theta} - \frac{\partial A_\theta}{\partial z}\right) + \boldsymbol{v}_\theta\left(\frac{\partial A_r}{\partial z} - \frac{\partial A_z}{\partial r}\right) + \boldsymbol{w}_z\left(\frac{1}{r}\frac{\partial A_\theta r}{\partial r} - \frac{1}{r}\frac{\partial A_r}{\partial\theta}\right)$$

と書ける．

5.7 テンソル

質量 m の質点に力 $\boldsymbol{F}$ が働き，この質点が加速する場合に，$\boldsymbol{F} = m\boldsymbol{a}$ と書く．ここで，$\boldsymbol{F}$ と $\boldsymbol{a}$ は同じ向きをもつ．しかし，弾性体の1点に力 $\boldsymbol{F}$ が働き，この弾性体がひずむ場合は，一般的に場所により変位の向きが異なる (図 5.7)．この場合は，ベクトルだけではこの現象を表すことができず，ベクトルをインプットとして，他のベクトルをアウトプットとする「ベクトルの関数」が必要となる．これを**テンソル**とよぶ．

テンソルは $\boldsymbol{T}(\boldsymbol{v})$ と書き，これはベクトル $\boldsymbol{v}$ の関数という意味である．この $\boldsymbol{T}(\boldsymbol{v})$ が，線形の関係，

$$\boldsymbol{T}(\boldsymbol{v}+\boldsymbol{w}) = \boldsymbol{T}(\boldsymbol{v}) + \boldsymbol{T}(\boldsymbol{w}), \quad \boldsymbol{T}(m\boldsymbol{v}) = m\boldsymbol{T}(\boldsymbol{v})$$

を満足するとき $\boldsymbol{T}(\boldsymbol{v})$ をベクトルの一次関数という．たとえば $\boldsymbol{v}$ の代わりに，そ

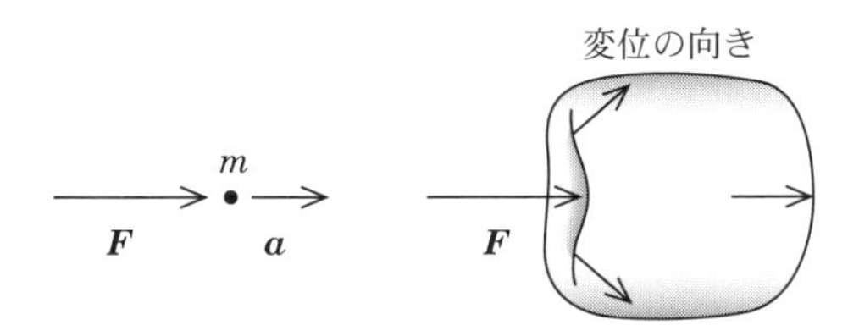

図 5.7　力 $\boldsymbol{F}$ による質点の加速と弾性体のひずみ.

れぞれ $\boldsymbol{i},\boldsymbol{j},\boldsymbol{k}$ を，このテンソルに代入すると，

$$
\begin{aligned}
\boldsymbol{T}(\boldsymbol{i}) &= T_{xx}\boldsymbol{i} + T_{yx}\boldsymbol{j} + T_{zx}\boldsymbol{k}, \\
\boldsymbol{T}(\boldsymbol{j}) &= T_{xy}\boldsymbol{i} + T_{yy}\boldsymbol{j} + T_{zy}\boldsymbol{k}, \\
\boldsymbol{T}(\boldsymbol{k}) &= T_{xz}\boldsymbol{i} + T_{yz}\boldsymbol{j} + T_{zz}\boldsymbol{k}
\end{aligned}
\tag{5.32}
$$

と書き表せる，このときの 9 個の

$$
\begin{matrix}
T_{xx} & T_{yx} & T_{zx} \\
T_{xy} & T_{yy} & T_{zy} \\
T_{xz} & T_{yz} & T_{zz}
\end{matrix}
$$

がテンソルの成分である.

5.8　ベクトルの一次変換とテンソル

具体的に，テンソルによるベクトルのアウトプットを $\boldsymbol{u}$ として $\boldsymbol{u} = \boldsymbol{T}(\boldsymbol{v})$ とすると，

$$
\boldsymbol{u} = \boldsymbol{T}(\boldsymbol{v}) = \boldsymbol{T}\left(v_x\boldsymbol{i} + v_y\boldsymbol{j} + v_z\boldsymbol{k}\right) = v_x\boldsymbol{T}\left(\boldsymbol{i}\right) + v_y\boldsymbol{T}\left(\boldsymbol{j}\right) + v_z\boldsymbol{T}\left(\boldsymbol{k}\right)
$$

より，ベクトル $\boldsymbol{u}$ の各成分は，

$$
\begin{aligned}
u_x &= T_{xx}v_x + T_{xy}v_y + T_{xz}v_z, \\
u_y &= T_{yx}v_x + T_{yy}v_y + T_{yz}v_z, \\
u_z &= T_{zx}v_x + T_{zy}v_y + T_{zz}v_z
\end{aligned}
$$

となる.

例題 5.5　ベクトル $\boldsymbol{A}$ に対して直線 l 上への正射影 $\boldsymbol{A}_l$ を対応させる関数を，テ

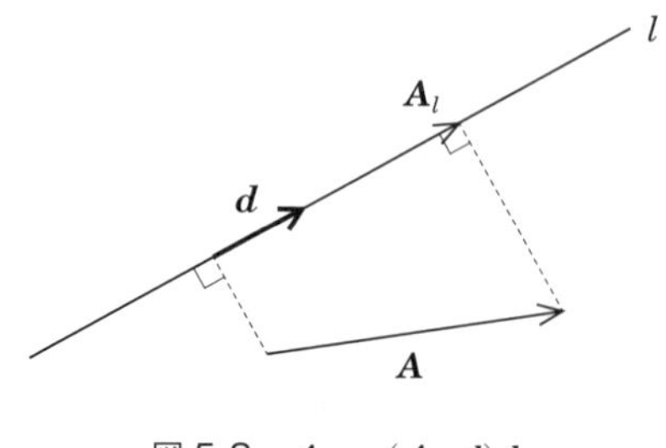

図 5.8　$\boldsymbol{A}_l = (\boldsymbol{A} \cdot \boldsymbol{d})\boldsymbol{d}$.

ンソルとして書き表せ.

解　この問題は第 1 章の例題 1.21 で解いた.

図 5.8 から $\boldsymbol{A}_l = (\boldsymbol{A} \cdot \boldsymbol{d})\boldsymbol{d}$ が答えであるが，これをテンソルで表す. $\boldsymbol{A}_l = (\boldsymbol{A} \cdot \boldsymbol{d})\boldsymbol{d}$ より，

$$T(\boldsymbol{A}) = (\boldsymbol{A} \cdot \boldsymbol{d})\boldsymbol{d} \tag{5.33}$$

テンソルの各成分は，次のようにして求まる.

$$\begin{aligned} T(\boldsymbol{i}) &= (\boldsymbol{i} \cdot \boldsymbol{d})\boldsymbol{d} = d_x\boldsymbol{d}, \\ T(\boldsymbol{j}) &= (\boldsymbol{j} \cdot \boldsymbol{d})\boldsymbol{d} = d_y\boldsymbol{d}, \\ T(\boldsymbol{k}) &= (\boldsymbol{k} \cdot \boldsymbol{d})\boldsymbol{d} = d_z\boldsymbol{d} \end{aligned}$$

となり，これをまとめて，

$$\begin{matrix} d_x d_x & d_y d_x & d_z d_x \\ d_x d_y & d_y d_y & d_z d_y \\ d_x d_z & d_y d_z & d_z d_z \end{matrix}$$

がテンソルの各成分となる.　□

5.9　対称テンソルと反対称テンソル

テンソルを

$$\begin{matrix} T_{xx} & T_{yx} & T_{zx} \\ T_{xy} & T_{yy} & T_{zy} \\ T_{xz} & T_{yz} & T_{zz} \end{matrix}$$

とおく．対称テンソルは，

$$T_{xy} = T_{yx}, \quad T_{zx} = T_{xz}, \quad T_{zy} = T_{yz}$$

となり，反対称テンソルは，

$$T_{xx} = T_{yy} = T_{zz} = 0, \quad T_{xy} = -T_{yx}, \quad T_{zx} = -T_{xz}, \quad T_{zy} = -T_{yz}$$

となる．また，

$$\begin{matrix} T_{xx} & T_{xy} & T_{xz} \\ T_{yx} & T_{yy} & T_{yz} \\ T_{zx} & T_{zy} & T_{zz} \end{matrix}$$

を $\boldsymbol{T}^*$ と書いて $\boldsymbol{T}$ と $\boldsymbol{T}^*$ は共役である．ここで，

$$\boldsymbol{S} = \frac{1}{2}(\boldsymbol{T} + \boldsymbol{T}^*), \quad \boldsymbol{A} = \frac{1}{2}(\boldsymbol{T} - \boldsymbol{T}^*)$$

とすると，$\boldsymbol{S}$ は対称テンソルで，$\boldsymbol{A}$ は反対称テンソルになり，$\boldsymbol{S} + \boldsymbol{A} = \boldsymbol{T}$ となる．

5.10 ベクトルの偏微分とテンソル

ベクトルを偏微分すると，一つのベクトルから別のベクトルが導かれる．つまり，ベクトルの関数として考えることができる．座標 x, y, z のベクトル $\boldsymbol{A}(x, y, z)$ の全微分は，$d\boldsymbol{A} = \dfrac{\partial \boldsymbol{A}}{\partial x}dx + \dfrac{\partial \boldsymbol{A}}{\partial y}dy + \dfrac{\partial \boldsymbol{A}}{\partial z}dz$ より，$d\boldsymbol{A}$ の各成分は

$$\begin{aligned} dA_x &= \frac{\partial A_x}{\partial x}dx + \frac{\partial A_x}{\partial y}dy + \frac{\partial A_x}{\partial z}dz, \\ dA_y &= \frac{\partial A_y}{\partial x}dx + \frac{\partial A_y}{\partial y}dy + \frac{\partial A_y}{\partial z}dz, \\ dA_z &= \frac{\partial A_z}{\partial x}dx + \frac{\partial A_z}{\partial y}dy + \frac{\partial A_z}{\partial z}dz \end{aligned}$$

となる，位置ベクトルを $\boldsymbol{r} = x\boldsymbol{i} + y\boldsymbol{j} + z\boldsymbol{k}$, $d\boldsymbol{r} = dx\boldsymbol{i} + dy\boldsymbol{j} + dz\boldsymbol{k}$ とおく．

$$\frac{\partial A_x}{\partial x}, \frac{\partial A_x}{\partial y}, \frac{\partial A_x}{\partial z}$$
$$\frac{\partial A_y}{\partial x}, \frac{\partial A_y}{\partial y}, \frac{\partial A_y}{\partial z}$$
$$\frac{\partial A_z}{\partial x}, \frac{\partial A_z}{\partial y}, \frac{\partial A_z}{\partial z}$$

は，テンソルを表す．これは，

$$d\boldsymbol{r} \cdot \nabla = dx\frac{\partial}{\partial x} + dy\frac{\partial}{\partial y} + dz\frac{\partial}{\partial z}$$

と書け，ゆえに，

$$d\boldsymbol{A} = (dr \cdot \nabla)\,\boldsymbol{A}$$

と表せる．

演習問題

問 5.1 極座標による熱伝導方程式 $\dfrac{\partial U}{\partial t} = \kappa \nabla^2 U$ について，下記の (1)–(3) のときの $U(r)$ を求めよ．

(1) U が ϕ に無関係なとき

(2) U が ϕ と θ に無関係なとき

(3) U が ϕ と θ と t に無関係なとき

COLUMN 座標変換と不変量

本書で扱っているベクトルは **3** 次元ユークリッド空間として，一つの座標系において，$\boldsymbol{A} = A_1\boldsymbol{i} + A_2\boldsymbol{j} + A_3\boldsymbol{k}$ とすると，$\boldsymbol{A}$ の大きさは $\boldsymbol{A} \cdot \boldsymbol{A} = \sum_{i=1}^{3} A_i A_i$ と表せる．別の座標系において，$\overline{\boldsymbol{A}} = \overline{A_1}\boldsymbol{i} + \overline{A_2}\boldsymbol{j} + \overline{A_3}\boldsymbol{k}$ と書けるならば，例題 **1.32** から，$\overline{\boldsymbol{A}} \cdot \overline{\boldsymbol{A}} = \sum_{i=1}^{3} \overline{A_i}\ \overline{A_i} = \sum_{i=1}^{3} A_k A_k$ となり，ベクトル $\boldsymbol{A}$ の長さは座標系 (回転による座標変換) によらない．つまり不変量である．この空間では，ある変位 ds の，

それぞれの軸に平行な変位量が dx, dy, dz であるとき，この変位は $ds^2 = dx^2 + dy^2 + dz^2$ をみたす．この変位も座標系によらない．これは当然である．

では次の例を紹介しよう．もし，この変位の式に時刻 t を ct として組み込み，**4** 次元時空として，この時空の不変量を

$$d\tau^2 = -c^2dt^2 + dx^2 + dy^2 + dz^2$$

としたらどうなるであろう．これが相対性理論の出発点となる式である．この時空はミンコフスキー空間とよばれ，$d\tau^2$ の式の t の符号が，それ以外とで異なる．このとき $d\tau$ は時空内において二点間の距離を示す量ではないが，ローレンツ変換に対して不変となる．ローレンツ変換の例として，z 軸正の向きに速度 v で動く座標系は，$\gamma = \dfrac{1}{\sqrt{1 - \dfrac{v^2}{c^2}}}$ とおくと，α_{ij} は

$$\begin{pmatrix} \gamma & 0 & 0 & -\dfrac{v}{c}\gamma \\ 0 & 1 & 0 & 0 \\ 0 & 0 & 1 & 0 \\ -\dfrac{v}{c}\gamma & 0 & 0 & \gamma \end{pmatrix} \quad \text{より,} \quad \begin{cases} \bar{t} = \gamma t - \gamma \dfrac{v}{c^2} z \\ \overline{x} = x \\ \overline{y} = y \\ \overline{z} = -\gamma v t + \gamma z \end{cases}$$

となる．これらの関係により見かけの長さの変化として，ローレンツ収縮が説明できる．また，時間が場所の関数も含み，一方，場所は時間の関数も含む．よって，時間と空間をもちあわせた "時空" を成していることがわかる．

第 II 部
複素解析

第6章

複素数と複素平面

ここからは実関数 (= 実数を変数にもつ関数) の微分・積分で学んだことを活かして複素関数 (= 複素数を変数にもつ関数) の微分・積分とそれらのもつ性質について学ぶ．複素関数と実関数の性質はどこが同じでどこが異なるのかを比較しつつ読み進めてもらいたい．

6.1 複素数と複素平面

2 次方程式 $z^2 = -1$ は実数解をもたない．この方程式に解を与えるために，$i^2 = -1$ を満たす数 i を導入しよう．i を**虚数単位**と呼ぶ．このとき，この 2 次方程式の解は $z = \pm i$ となる．

例題 6.1 $7z^2 - 3z + 5 = 0$ を解け．

解 2 次方程式の解の公式より，

$$z = \frac{-(-3) \pm \sqrt{(-3)^2 - 4 \times 7 \times 5}}{2 \times 7} = \frac{3}{14} \pm \frac{\sqrt{131}}{14} i \qquad \square$$

例題 6.2 $z^3 = 1$ を解け．

解 因数分解すると，$z^3 - 1 = (z-1)(z^2 + z + 1) = 0$．したがって，

$$z = 1, \quad \frac{-1 \pm \sqrt{3}i}{2} \qquad \square$$

2乗すると負の実数になるものを**純虚数**と呼ぶ．x, y を実数とするとき，実数と純虚数の和 $z = x + yi$ を**複素数**と呼ぶ．このとき，x, y をそれぞれ z の**実部**，**虚部**と呼び，以下のように表す．

$$x = \mathrm{Re}\, z, \quad y = \mathrm{Im}\, z$$

実数も複素数であることに注意しよう．また，虚部が0でない複素数 $(y \neq 0)$，すなわち実数以外の複素数を**虚数**という．

例 6.3 複素数 $z = 3 + \sqrt{5}i$ に対し，$\mathrm{Re}\ z = 3$, $\mathrm{Im}\ z = \sqrt{5}$ である．

ここで $\mathrm{Im}\, z$ は実数であることに注意しよう．つまり，$\mathrm{Im}\, z = \sqrt{5}i$ とするのは誤りである．

二つの複素数 $z_1 = x_1 + y_1 i$ と $z_2 = x_2 + y_2 i$ が「等しい」とは，$x_1 = x_2$ かつ $y_1 = y_2$ となるときである．また，複素数の四則演算は以下のように行う．

$$\text{和と差}: z_1 \pm z_2 = (x_1 \pm x_2) + (y_1 \pm y_2)i$$

$$\text{積}: z_1 z_2 = (x_1 x_2 - y_1 y_2) + (x_1 y_2 + x_2 y_1)i$$

$$\text{商}: \frac{z_1}{z_2} = \frac{x_1 x_2 + y_1 y_2 + (-x_1 y_2 + x_2 y_1)i}{{x_2}^2 + {y_2}^2}$$

複素数 $z = x + yi$ に対し虚部 y の符号を変えたもの $x - yi$ を z に**共役**な複素数と呼び，z^* と表す．

例 6.4 $z = 3 + \sqrt{5}i$ に対する共役な複素数は $z^* = 3 - \sqrt{5}i$ である．

z と z^* の積は以下のように計算される．

$$zz^* = (x + yi)(x - yi) = x^2 + y^2$$

これは0以上の実数となる．$\sqrt{zz^*}$ を z の**絶対値**といい $|z|$ と書く．つまり $|z| = \sqrt{zz^*} = \sqrt{x^2 + y^2}$ である．

例題 6.5 $|z| = |z^*|$ を示せ．

解 $|z^*| = \sqrt{z^*(z^*)^*} = \sqrt{z^* z} = |z|$. □

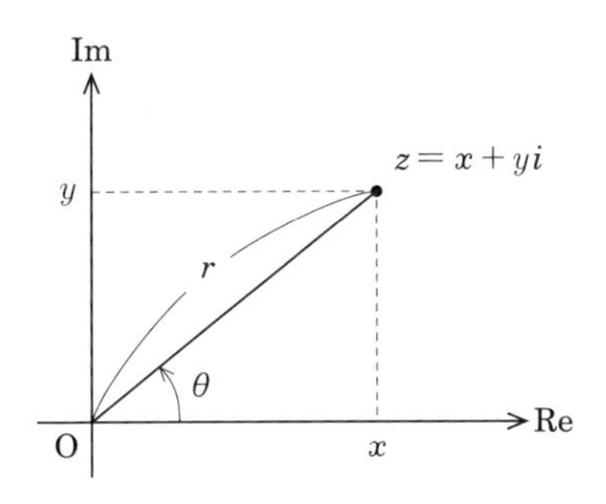

図 6.1　複素平面.

例題 6.6 以下を示せ.

$$\mathrm{Re}\,z = \frac{z + z^*}{2}, \quad \mathrm{Im}\,z = \frac{z - z^*}{2i}$$

略解 $z = x + yi$ とおき，それぞれの式の左辺および右辺を x と y で書き表せば容易に示せる. □

例題 6.7 z, w を複素数とするとき，$|zw| = |z||w|$ を示せ.

略解 $z = a + bi,\ w = c + di$ とおき，左辺と右辺をそれぞれ a, b, c, d で書き表せば容易に示せる. □

複素数 z は二つの実数 x, y からできている．したがって，ひとつの複素数は平面上の 1 点 (x, y) で表すことができる (図 6.1)．この平面を**複素平面**といい，横軸を**実軸**，たて軸を**虚軸**と呼ぶ．実数は実軸上にならび，純虚数は虚軸上にならぶ.

平面上の 1 点を極座標を用いて表してみよう．つまり，

$$x = r\cos\theta, \quad y = r\sin\theta$$

を満たす r, θ を使って z を表す．ここで θ を z の**偏角**といい，$\arg(z)$ と書く．$x \neq 0$ のとき，θ は x, y と $\tan\theta = y/x$ という関係を満たす．さらに，図 6.1 より $r = \sqrt{x^2 + y^2} = |z|$ である．すると，

$$z = x + yi = r(\cos\theta + i\sin\theta) \tag{6.1}$$

となる．この表現を z の**極形式**と呼ぶ.

例題 6.8　$z=1+i$ を極形式で表せ．

解　$x=1,\ y=1$ であるから，$|z|=\sqrt{2}$ である．また，偏角は，$\tan\theta=1$ より，$\theta=\dfrac{\pi}{4}+2n\pi$ (n は整数)．これらを (6.1) 式に代入すると，

$$z=\sqrt{2}\left(\cos\left(\frac{\pi}{4}+2n\pi\right)+i\sin\left(\frac{\pi}{4}+2n\pi\right)\right)$$

この例でもわかるように，偏角はつねに $2n\pi$ だけ不定性をもつことに注意しよう．

□

例題 6.9　z, w を複素数とするとき，以下を示せ．

$$\Big||z|-|w|\Big| \leqq |z+w| \leqq |z|+|w| \tag{6.2}$$

解　$z=r(\cos\theta+i\sin\theta),\ w=s(\cos\varphi+i\sin\varphi)$ と極形式で表すと，

$$\begin{aligned}|z+w|^2&=(r\cos\theta+s\cos\varphi)^2+(r\sin\theta+s\sin\varphi)^2\\&=r^2+2rs\cos(\theta-\varphi)+s^2\end{aligned}$$

ここで $-1\leqq\cos(\theta-\varphi)\leqq 1$ より，$r^2-2rs+s^2\leqq|z+w|^2\leqq r^2+2rs+s^2$．さらに，$r^2\pm 2rs+s^2=(r\pm s)^2=(|z|\pm|w|)^2$ (複号同順) となるので，$(|z|-|w|)^2\leqq|z+w|^2\leqq(|z|+|w|)^2$．したがって，(6.2) 式が成り立つ．　□

6.2　複素関数と正則性

x, y, u, v を実数とするとき，複素数 $z=x+yi$ に複素数 $w=f(z)=u+vi$ を対応させる関数 $f(z)$ を**複素関数**という．u, v は x, y の関数，つまり

$$u(x,y)=\mathrm{Re}\,f(x+yi),$$
$$v(x,y)=\mathrm{Im}\,f(x+yi)$$

である．

例題 6.10　$f(z)=z^2$ のとき，u, v を具体的に x, y で書き下せ．

解　$u+vi=(x+yi)^2=x^2-y^2+2xyi$ より，以下を得る．

$$u(x,y)=x^2-y^2,\quad v(x,y)=2xy$$

□

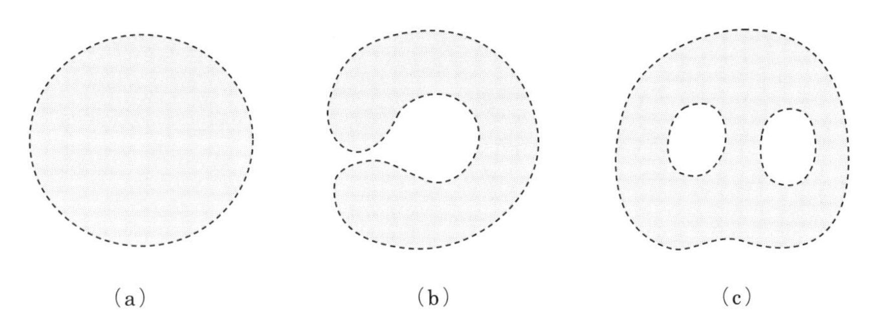

図 6.2 領域の例 (灰色部分).

E を複素平面上の点の集合とする．E 内の任意の 2 点が E 内にある連続な曲線で結ばれるとき，E は**連結である**という．連結した開集合を**領域**という (図 6.2).

「$w = f(z)$ がある領域 D 内の点 z_0 で**微分可能**である」とは，複素数 h に対して

$$\lim_{h \to 0} \frac{f(z_0 + h) - f(z_0)}{h}$$

が有限の値を持つことであると定義する．このとき，この極限値を $f'(z_0)$ または $\left.\dfrac{df}{dz}\right|_{z=z_0}$ と書き，f の z_0 における**微係数** (または**導関数**) という．関数 $f(z)$ が領域 D 内のすべての点で微分可能であるとき，$f(z)$ は D で**正則**という．このとき，

$$\lim_{h \to 0} \frac{f(z + h) - f(z)}{h} = f'(z) \tag{6.3}$$

である．さらに，$f(z)$ が z_0 の近傍で正則なとき，$f(z)$ は $z = z_0$ で正則という．

例題 6.11 複素関数 $f(z) = \dfrac{1}{z}$ の正則性を調べよ．

解 極限値を具体的に計算してみる．

$$\frac{f(z_0 + h) - f(z_0)}{h} = \frac{\dfrac{1}{z_0 + h} - \dfrac{1}{z_0}}{h} = -\frac{1}{(z_0 + h)z_0}$$

となるので，

$$\lim_{h \to 0} \frac{f(z_0 + h) - f(z_0)}{h} = -\frac{1}{{z_0}^2}$$

したがって，$z_0 \neq 0$ でこの値は有限になるので，$f(z)$ は $|z| > 0$ で微分可能．　□

6.3　コーシー–リーマンの関係

複素関数の正則性を調べるために便利な以下の定理を証明しよう．

定理6.12　複素数 $z = x + yi$ に対し，複素関数 $f(z) = u(x, y) + iv(x, y)$ を考える (ここで x, y, u, v は実数)．以下の三つは同値である．

(1) $f(z)$ が $z = x + yi$ で微分可能．

(2) u, v は点 (x, y) で全微分可能で以下の**コーシー–リーマンの関係式**を満たす．

$$\frac{\partial u}{\partial x} = \frac{\partial v}{\partial y}, \quad \frac{\partial u}{\partial y} = -\frac{\partial v}{\partial x} \tag{6.4}$$

(3) $f(z) = f(x, y)$ とみたとき，$f(x, y)$ は点 (x, y) で全微分可能で以下を満たす．

$$\frac{\partial f}{\partial x} + i\frac{\partial f}{\partial y} = 0 \tag{6.5}$$

定理 6.12 において，(1) は複素関数についての記述であるが，(2) においては虚数単位 i はどこにも現れず x, y を二つの実変数とする 2 個の実関数 $u(x, y)$, $v(x, y)$ で記述されている．このように，コーシー–リーマンの関係は，複素関数の正則性を 2 変数の実関数の偏微分で記述する方法を与えている．

証明　・(1) $\Longrightarrow$ (2) について

$f(z)$ は z で微分可能なので，定義より $f'(z)$ が存在する．それを実数 a, b を用いて，

$$f'(z) = a + bi$$

と書く．微係数の定義式 (6.3) は以下のように書き換えることができる．

$$\frac{f(z+h) - f(z)}{h} = a + bi + O(h)$$

ここで $O(h)$ は $h \to 0$ のとき $O(h) \to 0$ となる (たとえば，h の 1 次以上の多項式など)．これをさらに変形すると，

$$f(z+h) - f(z) = (a + bi)h + O(h^2) \tag{6.6}$$

を得る．ここで $O(h^2)$ は $h \to 0$ のとき $O(h^2)/h \to 0$ となる (たとえば，h の 2 次以上の多項式など).「$f(z)$ は z で微分可能である」という文章を数式に表したものが (6.6) 式なのである[1]．(6.6) 式の実部と虚部を明確にするために，実数 k, ℓ を用いて，$h = k + \ell i$ とおいてみる．すると，

$$f(z) = f(x, y) = u(x, y) + iv(x, y),$$
$$z + h = (x + k) + (y + \ell)i$$

より，以下を得る．

$$f(z + h) = u(x + k, y + \ell) + iv(x + k, y + \ell)$$

$f(z)$, $f(z + h)$ についてのこれらの式を (6.6) に代入すると，

$$[u(x + k, y + \ell) - u(x, y)] + i\,[v(x + k, y + \ell) - v(x, y)]$$
$$= (ak - b\ell) + (bk + a\ell)i + O(h^2)$$

となるので，両辺の実部と虚部を比較して，

$$u(x + k, y + \ell) - u(x, y) = ak - b\ell + O(h^2), \tag{6.7}$$
$$v(x + k, y + \ell) - v(x, y) = bk + a\ell + O(h^2) \tag{6.8}$$

を得る．(6.7), (6.8) 式は (6.6) 式と似た形をしている[2]．(6.6) 式は「$f(z)$ が微分可能である」ということを示すのと同様に，(6.7), (6.8) 式は，それぞれ「$u(x, y)$, $v(x, y)$ は点 (x, y) で全微分可能である」ということを数式に表したものとなっている．(6.7), (6.8) 式に $\ell = 0$ を代入すると

$$u(x + k, y) - u(x, y) = ak + O(k^2),$$
$$v(x + k, y) - v(x, y) = bk + O(k^2)$$

となるが，これらの式の両辺を k で割って $k \to 0$ の極限をとると，

$$a = \frac{\partial u}{\partial x}, \tag{6.9}$$

1] (6.6) 式の $O(h^2)$ の項をのぞいた部分を文章にすると，「z から無限小だけ離れた点 $z + h$ での複素関数の値 $f(z + h)$ ともとの点 z での関数値 $f(z)$ の差分は変位 h に比例し，その比例係数は $f'(z) = a + bi$ である」ということになる．

2] つまり，(6.7) 式に関しては，点 (x, y) から無限小だけ離れた点 $(x + k, y + \ell)$ での 2 変数実関数の値 $u(x + k, y + \ell)$ ともとの点 (x, y) での関数値 $u(x, y)$ の差分は変位 (k, ℓ) の線形結合の形で書けている．(6.8) 式についても同様である．

$$b = \frac{\partial v}{\partial x} \tag{6.10}$$

を得る．同様に，(6.7), (6.8) 式に $k = 0$ を代入すると，

$$u(x, y + l) - u(x, y) = -bl + O(l^2),$$
$$v(x, y + l) - v(x, y) = al + O(l^2)$$

となるので，これらの式の両辺を ℓ で割って $\ell \to 0$ の極限をとると，

$$-b = \frac{\partial u}{\partial y}, \tag{6.11}$$

$$a = \frac{\partial v}{\partial y} \tag{6.12}$$

を得る．(6.9)–(6.12) 式より，

$$a = \frac{\partial u}{\partial x} = \frac{\partial v}{\partial y}, \tag{6.13}$$

$$b = \frac{\partial v}{\partial x} = -\frac{\partial u}{\partial y} \tag{6.14}$$

となり，コーシー・リーマンの関係 (6.4) が成り立つ．

・(2) $\Longrightarrow$ (3) について

u, v が (x, y) で全微分可能なので，十分小さな k, ℓ に対し，

$$u(x + k, y + \ell) - u(x, y) = \frac{\partial u}{\partial x} k + \frac{\partial u}{\partial y} \ell + (k, l \text{ の 2 次以上}), \tag{6.15}$$

$$v(x + k, y + \ell) - v(x, y) = \frac{\partial v}{\partial x} k + \frac{\partial v}{\partial y} \ell + (k, l \text{ の 2 次以上}) \tag{6.16}$$

が成り立つ．これらと

$$f(x, y) = u(x, y) + iv(x, y),$$
$$f(x + k, y + \ell) = u(x + k, y + \ell) + iv(x + k, y + \ell)$$

より，

$$\begin{aligned} & f(x + k, y + \ell) - f(x, y) \\ &= [u(x + k, y + \ell) - u(x, y)] + i[v(x + k, y + \ell) - v(x, y)] \\ &= \left(\frac{\partial u}{\partial x} + i\frac{\partial y}{\partial x}\right) k + \left(\frac{\partial u}{\partial y} + i\frac{\partial v}{\partial y}\right) \ell + (k, l \text{ の 2 次以上}) \end{aligned}$$

が成り立つので $f(x, y)$ は全微分可能であり，

$$\frac{\partial f}{\partial x} = \frac{\partial u}{\partial x} + i\frac{\partial v}{\partial x},$$
$$\frac{\partial f}{\partial y} = \frac{\partial u}{\partial y} + i\frac{\partial v}{\partial y}$$

となる．したがって，

$$\frac{\partial f}{\partial x} + i\frac{\partial f}{\partial y} = \left(\frac{\partial u}{\partial x} + \frac{\partial v}{\partial x}i\right) + i\left(\frac{\partial u}{\partial y} + \frac{\partial v}{\partial y}i\right)$$
$$= \left(\frac{\partial u}{\partial x} - \frac{\partial v}{\partial y}\right) + i\left(\frac{\partial v}{\partial x} + \frac{\partial u}{\partial y}\right)$$

となるので，(6.4) 式より (6.5) 式が成り立つ．

・(3) $\Longrightarrow$ (1) について

$f(x,y)$ が全微分可能なので，十分小さな k, ℓ に対し，

$$f(x+k, y+\ell) - f(x,y) = \frac{\partial f}{\partial x}k + \frac{\partial f}{\partial y}\ell + (k, l \text{ の 2 次以上})$$

が成り立つ．(6.5) 式より $\dfrac{\partial f}{\partial y} = i\dfrac{\partial f}{\partial x}$ となるので，これを上式に代入すると，

$$f(x+k, y+\ell) - f(x,y) = \frac{\partial f}{\partial x}(k+\ell i) + (k, l \text{ の 2 次以上})$$

したがって，$z = x + yi$, $h = k + \ell i$ ととれば $f(x+k, y+\ell) = f(z+h)$ なので (6.6) 式を得る．つまり，$f(z)$ は $z = x + yi$ で微分可能である． ■

例題 6.13 次の関数の正則性を調べよ．

(1) $f(z) = C$　(C は実定数)

(2) $f(z) = z^2$

(3) $f(z) = z^n$　$(n = 1, 2, 3, \cdots)$

(4) $f(z) = \dfrac{1}{z}$

(5) $f(z) = zz^*$

(6) $f(z) = \mathrm{Re}\, z$

(7) $f(z) = \mathrm{Im}\, z$

解 (6.4) や (6.5) 式が成り立つかどうかを調べればよい．

(1) $u = C$, $v = 0$ となるので，

$$\frac{\partial u}{\partial x} = \frac{\partial v}{\partial y} = \frac{\partial u}{\partial y} = \frac{\partial v}{\partial x} = 0$$

となる．したがって，(6.4) 式を満たすので $f(z)$ はいたるところで正則である．

(2) $u(x,y)=x^2-y^2$, $v(x,y)=2xy$ となるので，

$$\frac{\partial u}{\partial x}=\frac{\partial v}{\partial y}=2x,\quad \frac{\partial u}{\partial y}=-\frac{\partial v}{\partial x}=2y$$

となる．したがって，(6.4) 式を満たすので $f(z)$ はいたるところで正則である．

(3) (6.5) 式を考えるとよい．$f(x,y)=(x+yi)^n$ より $\dfrac{\partial f}{\partial x}+i\dfrac{\partial f}{\partial y}=0$ となる．したがって (6.5) 式を満たすので $f(z)$ はいたるところで正則である．

(4) $z=x+yi$ とするとき，$f(x,y)=\dfrac{1}{x+yi}=\dfrac{x-yi}{x^2+y^2}$ より $u=\dfrac{x}{x^2+y^2}$, $v=-\dfrac{y}{x^2+y^2}$ となるので，以下を得る．

$$\frac{\partial u}{\partial x}=\frac{\partial v}{\partial y}=\frac{x^2-y^2}{(x^2+y^2)^2},\quad \frac{\partial u}{\partial y}=-\frac{\partial v}{\partial x}=-\frac{2xy}{(x^2+y^2)^2}$$

したがって，$z=0$ $(x=y=0)$ 以外では (6.4) 式を満たすので正則である．

(4 の別解) (6.5) 式を満たすことを示してもよい．

(5) $z=x+yi$ とするとき，$f(x,y)=x^2+y^2$ より，$u=x^2+y^2$, $v=0$ となる．このとき，$\dfrac{\partial u}{\partial x}=2x$, $\dfrac{\partial u}{\partial y}=2y$, $\dfrac{\partial v}{\partial x}=\dfrac{\partial v}{\partial y}=0$ となるので (6.4) 式を満たさない．したがって $f(z)$ は正則ではない．

ただ一つの点，原点 $z=0$ $(x=y=0)$ では微分可能となる条件が成立しているが，原点の近傍では条件が成り立たないので，この場合は原点を含むどんな領域でも正則でない．

(5 の別解) $\dfrac{\partial f}{\partial x}+i\dfrac{\partial f}{\partial y}=2x+2yi\neq 0$ となり，(6.5) 式を満たさないので，$f(z)$ は正則ではない．

(6) $f(x,y)=x$ より $u=x$, $v=0$ なので，(6.4) 式を満たさず正則でない．

(7) $f(x,y)=y$ より $u=y$, $v=0$ なので，(6.4) 式を満たさず正則でない．□

定理 6.12 の証明の中で出てきた (6.13), (6.14) 式から次のことがいえる．$f(z)=u(x,y)+iv(x,y)$ が $z=x+yi$ で正則なとき，

$$f'(z)=a+bi$$

$$= \frac{\partial u}{\partial x} + i\frac{\partial v}{\partial x} = \frac{\partial f}{\partial x} \tag{6.17}$$

$$= \frac{\partial v}{\partial y} - i\frac{\partial u}{\partial y} = -i\frac{\partial f}{\partial y} \tag{6.18}$$

これらの式を用いて $f(z)$ の微分が計算される.

例題 6.14 複素関数 $f(z) = z^n$ $(n = 1, 2, 3, \cdots)$ の導関数を求めよ.

解 $f(x, y) = (x + yi)^n$ より,(6.17) 式を用いると,

$$f'(z) = \frac{\partial f}{\partial x} = n(x + yi)^{n-1} = nz^{n-1} \tag{6.19}$$

となる.つまり,実関数の微分と同じ結果を得る. □

例題 6.15 複素関数 $f(z)$ が $f'(z) = 0$ を満たすならば $f(z)$ は定数であることを示せ.

解 $f(z) = u(x, y) + iv(x, y)$ とおくと,(6.17), (6.18) 式を用いて

$$\frac{\partial u}{\partial x} = \frac{\partial u}{\partial y} = \frac{\partial v}{\partial x} = \frac{\partial v}{\partial y} = 0$$

となるので,u, v は実数の定数となる.したがって,$f(z)$ は (複素数の) 定数となる. □

6.4 正則関数の微分

複素関数について成り立つ微分の公式は,以下のように実関数の場合とまったく同じ形をしているが,これらの式は形式的には実関数の微積分学のときと同様に証明することができる.

和・差・積・商の微分:$f(z)$, $g(z)$ が領域 D において正則ならば,$f \pm g$, fg, f/g $(g \neq 0)$ は D において正則であり,以下が成り立つ.

$$(f \pm g)' = f' \pm g',$$

$$(fg)' = f'g + fg',$$

$$\left(\frac{f}{g}\right)' = \frac{f'g - fg'}{g^2}$$

合成関数の微分：$g(z)$ が領域 D において正則で，さらに $f(z)$ が領域 $g(D)$ を含む領域で正則ならば，合成関数 $f(g(z))$ は D において正則で，以下が成り立つ．

$$\frac{d}{dz}f\left(g(z)\right) = f'\left(g(z)\right)g'(z) \tag{6.20}$$

さらに，(無限) べき級数

$$f(z) = \sum_{n=0}^{\infty} a_n z^n$$

で表される関数の微分については，右辺の無限級数が収束するとき (収束するかどうかの判定条件などの詳細は他書にゆずる)

$$\frac{\mathrm{d}f}{\mathrm{d}z}(z) = \sum_{n=0}^{\infty} a_n \frac{d}{dz} z^n = \sum_{n=0}^{\infty} n a_n z^{n-1}$$

最後の変形では (6.19) 式を用いた．

6.5 初等関数

複素関数の場合にも指数関数，三角関数，対数関数，べき関数を定義しよう．

指数関数と三角関数：複素数 z を変数とする指数関数や三角関数は，ベキ級数の形：

$$e^z = \sum_{n=0}^{\infty} \frac{z^n}{n!} = 1 + z + \frac{z^2}{2!} + \frac{z^3}{3!} + \cdots, \tag{6.21}$$

$$\cos z = \sum_{n=0}^{\infty} \frac{(-1)^n}{(2n)!} z^{2n} = 1 - \frac{z^2}{2!} + \frac{z^4}{4!} - \cdots, \tag{6.22}$$

$$\sin z = \sum_{n=0}^{\infty} \frac{(-1)^n}{(2n+1)!} z^{2n+1} = z - \frac{z^3}{3!} + \frac{z^5}{5!} - \cdots \tag{6.23}$$

で定義する．これらは x を実数とする実関数 e^x, $\cos x$, $\sin x$ の $x=0$ のまわりのテイラー展開[3] と同じ形をしている．実関数のときもそうであるが，複素関数でも (6.21)–(6.23) 式の右辺は任意の複素数 z で収束する (つまり収束半径は ∞ である) ことを示すことができるのである．

例題 6.16 定義 (6.21)–(6.23) 式の下で以下を示せ．

(1) $e^0 = 1$, $\cos 0 = 1$, $\sin 0 = 0$

(2) $(e^z)' = e^z$, $(\cos z)' = -\sin z$, $(\sin z)' = \cos z$

(3) $\cos(-z) = \cos z$, $\sin(-z) = -\sin z$

略解 (1) については，(6.21)–(6.23) 式にそれぞれ $z = 0$ を代入すればよい．

(2) については，たとえば，

$$(\cos z)' = \left(1 - \frac{z^2}{2!} + \frac{z^4}{4!} - \cdots\right)' = -z + \frac{z^3}{3!} - \cdots = -\sin z$$

となる．e^z や $\sin z$ の微分についても同様．(3) についても容易であろう． □

指数関数については以下の加法公式 (指数法則)

$$e^{z+w} = e^z e^w \tag{6.24}$$

が成り立つ．この証明の詳細は他書にゆずるが (演習問題 6.2 参照)，

$$(\text{左辺}) = 1 + (z + w) + \frac{(z+w)^2}{2!} + \frac{(z+w)^3}{3!} + \cdots$$

$$(\text{右辺}) = \left(1 + z + \frac{z^2}{2!} + \frac{z^3}{3!} + \cdots\right)\left(1 + w + \frac{w^2}{2!} + \frac{w^3}{3!} + \cdots\right)$$

において，両辺ともに次数の低い初めの数項を計算してみて (6.24) 式が成り立つことを確認してみるとよい．

(6.24) 式に $w = -z$ を代入すると，$e^{z+(-z)} = e^z e^{-z}$ となるが，この式の左辺は $e^0 = 1$ であるから $e^z e^{-z} = 1$ である．したがって，任意の複素数 z に対して $e^z \neq 0$ であり，さらに $e^{-z} = \dfrac{1}{e^z}$ である．

3] (p.116) 実関数 $f(x)$ の $x = 0$ のまわりでのテイラー展開の公式

$$f(x) = \sum_{n=0}^{\infty} \frac{1}{n!} f^{(n)}(0) x^n = f(0) + f'(0)x + \frac{f''(0)}{2!}x^2 + \frac{f'''(0)}{3!}x^3 + \cdots$$

より，

$$e^x = 1 + x + \frac{x^2}{2!} + \frac{x^3}{3!} + \cdots,$$

$$\cos x = 1 - \frac{x^2}{2!} + \frac{x^4}{4!} - \cdots,$$

$$\sin x = x - \frac{x^3}{3!} + \frac{x^5}{5!} - \cdots$$

となることを確認せよ．

指数関数と三角関数が密接につながっていることを示す重要な式を導こう．(6.21) 式より，

$$
\begin{aligned}
e^{iz} &= \sum_{n=0}^{\infty} \frac{(iz)^n}{n!} \\
&= \sum_{k=0}^{\infty} \frac{(iz)^{2k}}{(2k)!} + \sum_{k=0}^{\infty} \frac{(iz)^{2k+1}}{(2k+1)!} \\
&= \sum_{k=0}^{\infty} \frac{(-1)^k}{(2k)!} z^{2k} + i \sum_{k=0}^{\infty} \frac{(-1)^k}{(2k+1)!} z^{2k+1}
\end{aligned}
$$

となるが，(6.22), (6.23) 式より，右辺第 1 項と第 2 項はそれぞれ，$\cos z$ と $i \sin z$ に等しい．したがって，

$$
e^{iz} = \cos z + i \sin z \tag{6.25}
$$

となる．これは**オイラーの公式**と呼ばれる．

例題 6.17　$e^{2\pi i} = 1,\ e^{\pi i} + 1 = 0$ を示せ．

解　(6.25) 式に $z = 2\pi,\ \pi$ を代入すればよい．□

例題 6.18　e^z は周期 $2\pi i$ を持つことを示せ．ただし任意の z に対して $f(z+\alpha) = f(z)$ となるとき，α を $f(z)$ の周期という．9.1 節も参照のこと．

解　$e^{z+2\pi i} = e^{z+2\pi i} = e^z e^{2\pi i} = e^z$ □

z の極形式を表す (6.1) 式とオイラーの公式 (6.25) より，

$$
z = |z| e^{i\theta} = |z| e^{i \arg(z)} \tag{6.26}
$$

となり，極形式の別の表現を得る．このことから，二つの複素数 $z_1 = |z_1| e^{i\theta_1}$ と $z_2 = |z_2| e^{i\theta_2}$ の積と商は

$$
\begin{aligned}
z_1 z_2 &= |z_1||z_2| e^{i(\theta_1+\theta_2)}, \\
\frac{z_1}{z_2} &= \frac{|z_1|}{|z_2|} e^{i(\theta_1-\theta_2)}
\end{aligned}
$$

となる．積や商の偏角は，それぞれ和と差を計算すればよいことがわかる．

例題 6.19　複素数 $z_1 = \sqrt{3} + i$ および $z_2 = -1 + i$ を $z = re^{i\theta}$ の形に書け．

解 図 6.3 より，$|z_1| = 2$, $\arg z_1 = \dfrac{\pi}{6} + 2n\pi$ (n は整数)．したがって，$z_1 = 2e^{\frac{\pi}{6}i+2n\pi i}$．同様に，$z_2 = \sqrt{2}e^{\frac{3}{4}\pi i+2n\pi i}$ (n は整数)． □

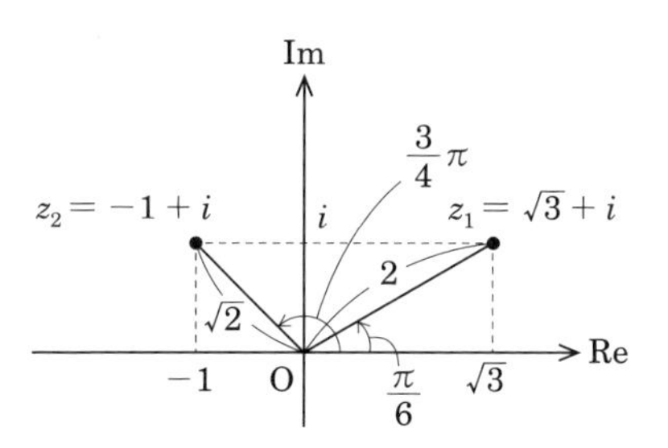

図 6.3 例題 6.19 の z_1 と z_2．

オイラーの公式 (6.25) の応用例を考えてみよう．

例題 6.20 (6.25) 式を用いて三角関数の加法定理を証明せよ．

解 α, β を実数とする．$e^{i(\alpha+\beta)} = e^{i\alpha}e^{i\beta}$ に (6.25) 式を代入すると，

$$
\begin{aligned}
(\text{左辺}) &= \cos(\alpha+\beta) + i\sin(\alpha+\beta), \\
(\text{右辺}) &= (\cos\alpha + i\sin\alpha)(\cos\beta + i\sin\beta) \\
&= (\cos\alpha\cos\beta - \sin\alpha\sin\beta) + i(\sin\alpha\cos\beta + \cos\alpha\sin\beta)
\end{aligned}
$$

両辺の実部と虚部がそれぞれ等しいので，

$$
\begin{aligned}
\cos(\alpha+\beta) &= \cos\alpha\cos\beta - \sin\alpha\sin\beta, \\
\sin(\alpha+\beta) &= \sin\alpha\cos\beta + \cos\alpha\sin\beta
\end{aligned}
$$

□

例題 6.21 自然数 n に対し，以下に示すド・モアブルの公式を示せ．

$$\cos(n\theta) + i\sin(n\theta) = (\cos\theta + i\sin\theta)^n$$

解 θ を実数とする．$e^{i(n\theta)} = (e^{i\theta})^n$ に (6.25) 式を代入すると，

$$
\begin{aligned}
(\text{左辺}) &= \cos n\theta + i\sin n\theta, \\
(\text{右辺}) &= (\cos\theta + i\sin\theta)^n
\end{aligned}
$$

よって，与式が成り立つ． □

オイラーの公式 (6.25) は指数関数を三角関数で表す式であるが，その反対に，三角関数を指数関数で表す式を求めよう．(6.25) 式で z のかわりに $-z$ とすると，

$$e^{-iz} = \cos z - i\sin z \tag{6.27}$$

(6.25) + (6.27) と (6.25) − (6.27) より以下が成り立つ．

$$\cos z = \frac{e^{iz} + e^{-iz}}{2}, \tag{6.28}$$

$$\sin z = \frac{e^{iz} - e^{-iz}}{2i} \tag{6.29}$$

例題 6.22 複素数 z, w に対して以下を示せ．

(1) $\cos(z+w) = \cos z\cos w - \sin z\sin w$

(2) $\sin(z+w) = \sin z\cos w + \cos z\sin w$

(3) $\cos^2 z + \sin^2 z = 1$

(4) $\cos\left(\frac{\pi}{2} - z\right) = \sin z$

つまり，複素関数の場合でも実関数と同様の三角関数の公式が成り立つ．

解 (1) (6.28) 式と (6.24) 式，(6.25) 式より，

$$\begin{aligned}\cos(z+w) &= \frac{e^{i(z+w)} + e^{-i(z+w)}}{2} = \frac{e^{iz}e^{iw} + e^{-iz}e^{-iw}}{2} \\ &= \frac{1}{2}[(\cos z + i\sin z)(\cos w + i\sin w) \\ &\quad + (\cos z - i\sin z)(\cos w - i\sin w)] \\ &= \cos z\cos w - \sin z\sin w\end{aligned}$$

(2) (6.29) 式と (6.24) 式，(6.25) 式を用いて (1) と同様に示せる．

(3) (1) に $w = -z$ を代入すると，

$$\cos(z-z) = \cos z\cos(-z) - \sin z\sin(-z)$$

となるが，(左辺) $= \cos 0 = 1$, (右辺) $= \cos^2 z + \sin^2 z$ より与式が成り立つ．

(4) (1) に $z = \frac{\pi}{2}$, $w = -z$ を代入すれば示せる． □

対数関数：複素数 z (ただし $z \neq 0$) を変数とする対数関数 $\ln z$ を，以下で定義する．

$$\ln z = \ln |z| + i \arg(z) \tag{6.30}$$

偏角 $\arg(z)$ はつねに $2n\pi$ (n は整数) の不定性をもつので，$\ln z$ も $2\pi i$ ずつ異なる無限個の値を持つ多価関数となる．また，$w = \ln z$ のとき (6.24) 式と (6.26) 式を用いると，

$$e^w = e^{\ln |z| + i \arg(z)} = e^{\ln |z|} e^{i \arg(z)} = |z| e^{i \arg(z)} = z$$

となり，実関数のときと同じ関係が得られる．ここで上式において最後から 2 番目の等号を導く際には，$|z|$ は実数であるから実関数の微積分学で習ったように $e^{\ln |z|} = |z|$ が成り立つことを用いていることに注意しよう．

べき関数：複素定数 α に対し，べき関数 z^α (ただし $z \neq 0$) を以下のように指数関数 e^z と対数関数 $\ln z$ の合成関数として定義する．

$$z^\alpha = e^{\alpha \ln z} \tag{6.31}$$

例題 6.23　対数関数とべき関数について，以下を示せ．

(1) $(\ln z)' = \dfrac{1}{z}$

(2) $(z^\alpha)' = \alpha z^{\alpha - 1}$

つまり，複素関数のときも実関数と同様の微分の公式を得ることができる．

解　(1)　$z = x + yi$ (ただし $x \neq 0$) に対して，n を整数として，

$$\ln z = u(x, y) + iv(x, y) = \frac{1}{2} \ln(x^2 + y^2) + i \left(\mathrm{Arctan}\, \frac{y}{x} + 2n\pi \right)$$

となる．このとき，$u(x, y) = \dfrac{1}{2} \ln(x^2 + y^2)$ と $v(x, y) = \mathrm{Arctan}\, \dfrac{y}{x} + 2n\pi$ はコーシー–リーマンの関係式 (6.4) を満たすので，$\ln z$ は $z = 0$ を除いて正則である．したがって，(6.17) 式を用いると，

$$\begin{aligned}(\ln z)' &= \frac{\partial}{\partial x} \left[\frac{1}{2} \ln(x^2 + y^2) \right] + i \frac{\partial}{\partial x} \left(\mathrm{Arctan}\, \frac{y}{x} + 2n\pi \right) \\ &= \frac{x}{x^2 + y^2} - \frac{y}{x^2 + y^2} i = \frac{1}{x + yi} = \frac{1}{z}\end{aligned}$$

(2)　指数関数は正則関数であり，対数関数 $\ln z$ も $z = 0$ を除いて正則なので，

これらの合成関数であるべき関数も $z=0$ を除いて正則である (6.4 節を見よ). べき関数の定義式 (6.31) や合成関数の微分の公式 (6.20), さらに (6.24) 式や (1) の結果を用いると,

$$(z^{\alpha})' = (e^{\alpha \ln z})' = e^{\alpha \ln z}(\alpha \ln z)' = \alpha z^{\alpha} z^{-1} = \alpha z^{\alpha-1}$$

□

例題 6.24 以下の複素数を $x+yi$ の形で表せ.

(1) $\ln(-1)$　(2) $\ln i$　(3) i^i　(4) $i^{1/3}$

解　(1) $z=-1$ の絶対値は $|z|=1$, 偏角は $\arg(z)=\pi+2n\pi$ (n は整数) なので, (6.30) 式より,

$$\ln(-1) = (1+2n)\pi i$$

(2) i の絶対値は 1, 偏角は $\dfrac{\pi}{2}+2n\pi$ (n は整数) なので, (6.30) 式より,

$$\ln i = \left(\frac{\pi}{2}+2n\pi\right) i$$

(3) (6.31) 式と (2) の結果より, $i^i = e^{i \ln i} = e^{-\frac{\pi}{2}-2n\pi}$ (n は整数).

(4) (3) と同様に, $i^{1/3} = e^{(1/3)\ln i} = e^{\frac{\pi}{6}i} e^{\frac{2}{3}n\pi i}$ (n は整数). さらにオイラーの公式 (6.25) を用いると,

$$\begin{aligned} i^{1/3} &= \left(\cos\frac{\pi}{6}+i\sin\frac{\pi}{6}\right)\left(\cos\frac{2}{3}n\pi+i\sin\frac{2}{3}n\pi\right) \\ &= \frac{\sqrt{3}}{2}+\frac{1}{2}i,\quad -\frac{\sqrt{3}}{2}+\frac{1}{2}i,\quad -i \end{aligned}$$

となる. ただし, n, k を整数とするとき, 以下が成り立つことを用いた.

$$\cos\frac{2}{3}n\pi+i\sin\frac{2}{3}n\pi = \begin{cases} 1 & (n=3k) \\ -\dfrac{1}{2}+\dfrac{\sqrt{3}}{2}i & (n=3k+1) \\ -\dfrac{1}{2}-\dfrac{\sqrt{3}}{2}i & (n=3k+2) \end{cases}$$

□

注意　上の例題の (1) に関して, (2) の結果を用いて

$$\ln(-1) = \ln(i^2) = 2\ln i = (1+4n)\pi i$$

とすると誤った答えを出してしまう. $\ln(i^2)$ と $2\ln i$ は等しくない. 実際, (1) と (2) の結果を用いると,

$$\ln(i^2) = \ln(-1) = (1+2n)\pi i$$
$$2\ln i = (1+4n)\pi i$$

となり，$n = 0, \pm 1, \pm 2, \cdots$ のとき，それぞれの値のとる集合が異なる．この例からもわかるように，一般に $\ln(z^2) = 2\ln z$ とするのは誤りである．

双曲線関数：双曲線関数は以下のように定義される．

$$\cosh z = \sum_{n=0}^{\infty} \frac{z^{2n}}{(2n)!} = 1 + \frac{z^2}{2!} + \frac{z^4}{4!} + \cdots,$$
$$\sinh z = \sum_{n=0}^{\infty} \frac{z^{2n+1}}{(2n+1)!} = z + \frac{z^3}{3!} + \frac{z^5}{5!} + \cdots$$

以下を示すのは容易であろう．

(1) $\cosh z = \dfrac{e^z + e^{-z}}{2}, \quad \sinh z = \dfrac{e^z - e^{-z}}{2}$

(2) $(\cosh z)' = \sinh z, \quad (\sin z)' = \cosh z$

(3) $\cos(iz) = \cosh z, \quad \sin(iz) = i\sinh z$

演習問題

問 6.1 定理 6.12 において，(2) $\Longrightarrow$ (1) を示せ．

問 6.2 指数関数の加法公式 (6.24) を以下の 2 通りで示せ．

(a) コーシーの乗積級数の公式

$$\sum_{n=0}^{\infty} a_n \cdot \sum_{n=0}^{\infty} b_n = \sum_{n=0}^{\infty} (a_0 b_n + a_1 b_{n-1} + a_2 b_{n-2} + \cdots + a_{n-1} b_1 + a_n b_0)$$

と以下の二項定理を用いる．

$$(a+b)^n = \sum_{k=0}^{n} \frac{n!}{(n-k)!k!} a^{n-k} b^k$$

(b) z の関数 $e^{\alpha+z}/e^z$ の微分が 0 になることを用いる．

第7章

複素積分

7.1　複素積分の定義と性質

複素平面内の経路 (向きをもった曲線) に沿った複素関数の積分を**複素積分**という．複素平面内で，複素数 a と b を結ぶ曲線を一つとる．その曲線に沿って a から b へ向かう経路を C とする．経路 C 上に複素数 z_k $(k = 0, 1, 2, \cdots, N)$ を a から b へ向かって順にとり，$z_0 = a$, $z_N = b$ とする (図 7.1 参照)．これにより，経路 C は N 個の微小区間に分割されることになる．このとき，各区間での $f(z_k) \times (z_{k+1} - z_k)$ の和の $N \to \infty$ での極限値が存在すれば，それを経路 C に沿った複素積分であると定義する．つまり，

$$\int_C f(z)dz = \lim_{N\to\infty} \sum_{k=0}^{N-1} f(z_k)(z_{k+1} - z_k) \tag{7.1}$$

である．これは，4.1 節で与えた 3 次元の実数空間における線積分の定義とほぼ同様である．

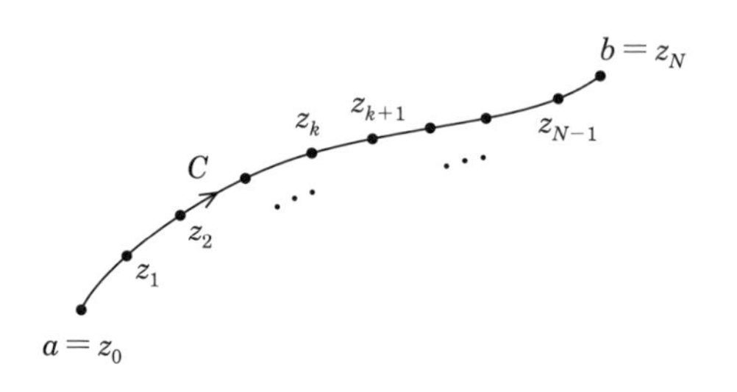

図 7.1　複素積分の経路.

経路 C を決めてはじめて複素積分が定義されることに注意しよう[1]．すると「経路の取り方を変えると複素積分の結果は変わるか？」という疑問が浮かぶと思う．これに答えを与えてくれるのが，後述の「コーシーの積分定理 (定理 7.5, および定理 7.6)」や「留数定理 (定理 8.9)」である．

複素積分が以下の性質 (1)–(3) をもつことは，(7.1) の定義式から容易に示すことができる．

(1) 二つの複素関数 $f(z)$, $g(z)$ と複素数 α に対して，

$$\int_C (f(z) \pm g(z))\, dz = \int_C f(z)dz \pm \int_C g(z)dz,$$

$$\int_C \alpha f(z)dz = \alpha \int f(z)dz$$

(2) 二つの経路 C_1 と C_2 があって，図 7.2 (左) のように経路 C_1 の終点と経路 C_2 の起点が同一でつながっているとき，経路 C_1 の起点から経路 C_2 の終点までの経路を $C_1 + C_2$ と書くと，

$$\int_{C_1+C_2} f(z)dz = \int_{C_1} f(z)dz + \int_{C_2} f(z)dz \tag{7.2}$$

(3) 図 7.2 (右) のように，経路 C_+ に対して，それと同じ曲線上で向きを逆にしたものを C_- とすると，

$$\int_{C_-} f(z)dz = -\int_{C_+} f(z)dz \tag{7.3}$$

1] 実関数に対する微積分学で習ったように，区間 $a \leqq x \leqq b$ での実関数 $f(x)$ の積分の定義は以下であったことを思い出そう．

$$\int_a^b f(x)dx = \lim_{N\to\infty} \sum_{k=0}^{N-1} f(x_k)(x_{k+1} - x_k)$$

ここで x_k ($x_k =, 1, 2, \cdots, N$) は，数直線上の区間 $a \leqq x \leqq b$ 上での点であり， $a = x_0 < x_1 < x_2 < \cdots < x_{N-1} < x_N = b$ である (x_k の決め方は一意ではないが，たとえば区間 $a \leqq x \leqq b$ を N 等分した場合は， $x_k = a + k\Delta$, $\Delta = \dfrac{b-a}{N}$ となる)．また， $N \to \infty$ のとき， $\max_k\{|x_{k+1} - x_k|\} \to 0$ である．形式的には上式で x_k のかわりに z_k とすれば (7.1) 式の右辺が得られるように見えるが，実関数の積分と複素積分では決定的に異なることがある．それは x_k および z_k の取り方の自由度である．実関数の積分では x 軸上に点列 x_k をとるしかない．それに対して，複素積分では複素平面上で a と b を結ぶ曲線は無数に存在し，その中である一つの決められた経路に沿って点列 z_k をとるのである．したがって，経路を決めてはじめて複素積分が定義されるのである．

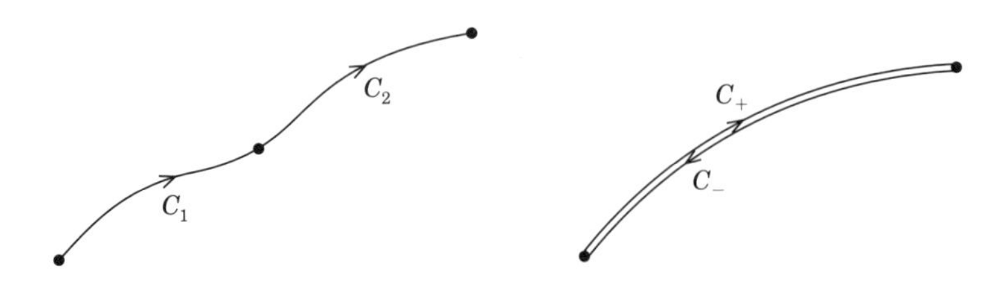

図 7.2 複素積分の経路.

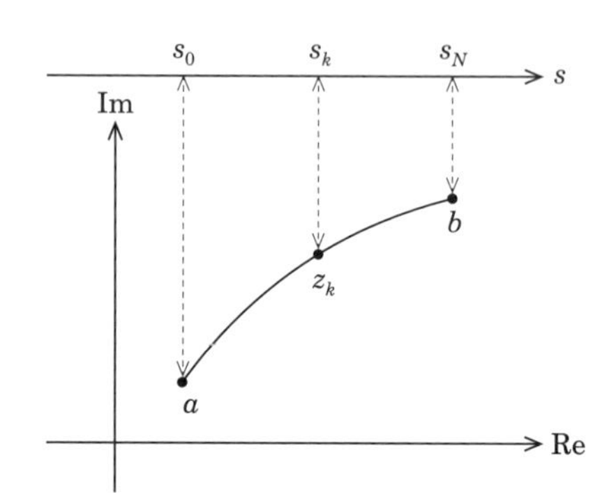

図 7.3 複素平面上の曲線と数直線 s の対応の例.

このとき，(2) より $\displaystyle\int_{C_+ + C_-} f(z)dz = 0$ も成り立つ.

7.2 複素積分の計算

具体的に (7.1) 式を計算してみよう．一般に，複素平面内の任意の曲線 C は一つの実数パラメータ (**媒介変数**) s で特徴づけられ，C 上の点は

$$z(s) = x(s) + iy(s)$$

と書くことができる．つまり，C 上の点 $z = x + iy$ と実数 s は 1 対 1 に対応する (図 7.3 を見よ)．このことから，C 上の点 z_k に対応する s の値 s_k を

$$z(s_k) = z_k$$

によって求めることができる．$z(s)$ (したがって $x(s)$ と $y(s)$) は連続関数とすることができるので，図 7.3 からもわかるように，$\{z_k\}$ が a から b まで C に沿って z_0, z_1, z_2, $\cdots$, z_{N-1}, z_N という順に並んでいるので，$s_0 < s_1 < s_2 < \cdots < s_{N-1} < s_N$ となる．そこで (7.1) 式の右辺を以下のように書き換えよう．

$$\int_C f(z)dz = \lim_{N\to\infty} \sum_{k=0}^{N-1} f(z(s_k)) \left[\frac{z(s_{k+1}) - z(s_k)}{s_{k+1} - s_k} \right] (s_{k+1} - s_k)$$

$z(s)$ が連続であれば，$N \to \infty$ のとき，$\max_k\{|s_{k+1} - s_k|\} \to 0$ である．このとき，$(s_{k+1} - s_k) \to ds$ であり，

$$\frac{z(s_{k+1}) - z(s_k)}{s_{k+1} - s_k} \to \frac{dz}{ds}$$

となる．したがって，$z(s_0) = a$, $z(s_N) = b$ となる s_0 と s_N を用いれば，以下を得る．

$$\int_C f(z)dz = \int_{s_0}^{s_N} f(z(s)) \frac{dz}{ds} ds \tag{7.4}$$

右辺は実数 s による積分となっていることに注目しよう．複素積分を実数の積分に置き換えることができたのである．実際，経路 C を表す $z(s) = x(s) + iy(s)$ から $\dfrac{dz}{ds} = \dfrac{dx}{ds} + i\dfrac{dy}{ds}$ を計算し，さらに $f(z(s)) = u(s) + iv(s)$ ($u(s)$, $v(s)$ は実関数) という形に書けば (7.4) 式は

$$\int_C f(z)dz = \int_{s_0}^{s_N} \left(u\frac{dx}{ds} - v\frac{dy}{ds} \right) ds + i\int_{s_0}^{s_N} \left(u\frac{dy}{ds} + v\frac{dx}{ds} \right) ds \tag{7.5}$$

となる．右辺の二つの積分はともに実数関数の実数 s についての積分である．

例題 7.1 複素関数 $f(z) = z$ を曲線 C_1: $z(s) = s + s^2 i$ $(0 \leqq s \leqq 1)$ に沿って $z = 0$ から $z = 1 + i$ まで積分せよ．

解 $z(0) = 0$, $z(1) = 1 + i$ より $s_0 = 0$, $s_N = 1$ である．また，$f(z(s)) = z(s) = s + s^2 i$, $\dfrac{dz}{ds} = 1 + 2si$ なので (7.4) 式より，

$$\int_{C_1} f(z)dz = \int_0^1 (s + s^2 i)(1 + 2si)ds = \int_0^1 (s - 2s^3)ds + i\int_0^1 3s^2 ds = i$$

曲線 C_1 は図 7.4 のようになることは，複素平面の横軸を x, 縦軸を y とおきかえ

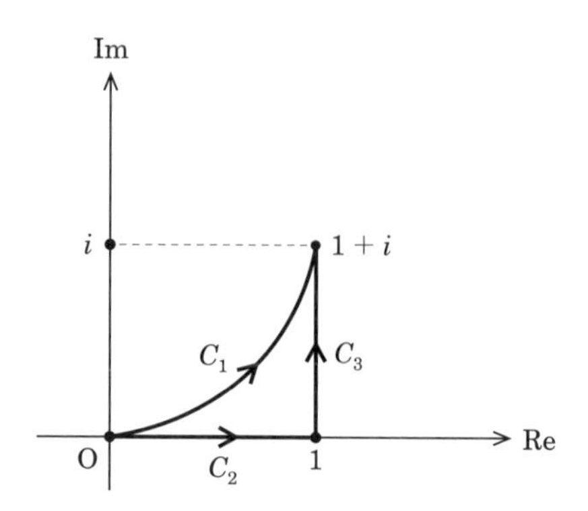

図 7.4　例題 7.1 と例題 7.2 の経路 C_1, C_2, C_3.

て 2 次元平面 (x, y) での軌跡を求める話に置き換えれば簡単に確認できよう．つまり，$z(s) = x(s) + iy(s) = s + s^2 i$ だから，$x(s) = s$, $y(s) = s^2$ である．これから s を消去すると $y = x^2$ となり，(x, y) 平面では放物線となる． □

例題 7.2 前問と同じく，複素関数 $f(z) = z$ を $z = 0$ から $z = 1 + i$ まで図 7.4 に示す経路 $C_2 + C_3$ に沿って積分せよ．

解 (7.2) 式を用いて，C_2 の積分と C_3 の積分に分けて計算すればよい．経路 C_2 を $z(s) = s$ $(0 \leqq s \leqq 1)$ と表して前問と同様に複素積分を計算すると，$\displaystyle\int_{C_2} f(z)dz = \frac{1}{2}$. 経路 C_3 を $z(s) = 1 + si$ $(0 \leqq s \leqq 1)$ と表して複素積分を実行すると，$\displaystyle\int_{C_3} f(z)dz = -\frac{1}{2} + i$. したがって，

$$\int_{C_2+C_3} f(z)dz = \int_{C_2} f(z)dz + \int_{C_3} f(z)dz = i$$

□

例題 7.1 と例題 7.2 を通して，ある正則関数の異なる経路に沿った複素積分を計算したが，両者の値は同じになったことに注目しよう．これが偶然ではないことは後述の定理 7.6 が教えてくれる．

例題 7.3 図 7.5 に示す閉じた円形の経路 C に対し以下を示せ．

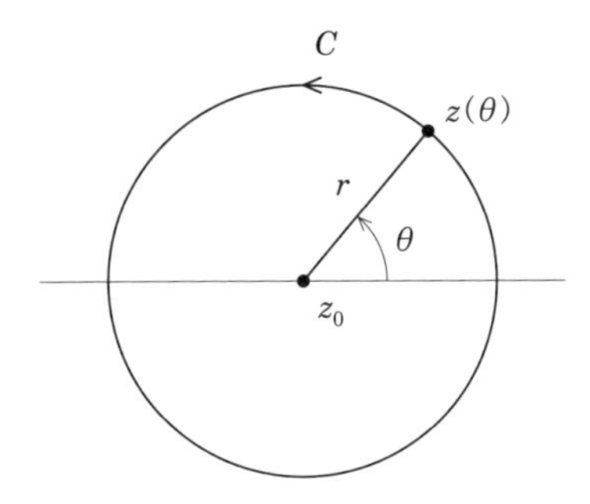

図 7.5　例題 7.3 の円形の経路 C.

$$\oint_C \frac{dz}{(z-z_0)^m} = \begin{cases} 2\pi i & (m=1) \\ 0 & (m=2,3,4,\cdots) \end{cases} \tag{7.6}$$

($\oint$ は閉じた経路に沿って 1 周する積分を表す).

解　C は z_0 を中心とする半径 r の円だから，C を表す式は θ を媒介変数として

$$z(\theta) = z_0 + re^{i\theta}, \quad 0 \leqq \theta \leqq 2\pi$$

と書けるので[2]，$\dfrac{dz}{d\theta} = rie^{i\theta}$ であり，$(z(\theta)-z_0)^m = r^m e^{im\theta}$. したがって (6.25) 式と (7.4) 式より，

$$\begin{aligned} \oint_C \frac{dz}{(z-z_0)^m} &= \frac{i}{r^{m-1}} \int_0^{2\pi} e^{(1-m)i\theta} d\theta \\ &= \frac{i}{r^{m-1}} \left\{ \int_0^{2\pi} (\cos(1-m)\theta + i\sin(1-m)\theta) d\theta \right\} \\ &= \begin{cases} 2\pi i & (m=1) \\ 0 & (m \geqq 2) \end{cases} \end{aligned}$$

2]　$z_0 = x_0 + y_0 i$ とおくと，(x, y) 平面で (x_0, y_0) を中心とする半径 r の円を表す式は $(x - x_0)^2 + (y - y_0)^2 = r^2$ と書ける．これを媒介変数 θ を使って表すと，$x(\theta) = x_0 + r\cos\theta$, $y(\theta) = y_0 + r\sin\theta$. したがって，オイラーの公式 (6.25) を用いると，

$$z(\theta) = x(\theta) + iy(\theta) = (x_0 + y_0 i) + r(\cos\theta + i\sin\theta) = z_0 + re^{i\theta}.$$

となる．この複素積分の値は r に依らない． □

7.3 コーシーの積分定理

複素平面において，自分自身と交わらない曲線を**単一曲線**という．さらに，閉じた単一曲線，つまり一周してもとの位置に戻る単一曲線を**単一閉曲線**という．以下では複素解析において最も重要な定理の一つであるコーシーの積分定理 (定理 7.5) を証明しよう．そのための準備として以下の定理 7.4 (グリーンの定理) を証明する．これは実数関数の微分積分学で習うものである．

定理7.4 (グリーンの定理)　xy 平面上に単一閉曲線 C があり，C と C の内部を H とする．二つの関数 $P(x,y)$, $Q(x,y)$ について以下が成り立つ．

$$\iint_H \left(\frac{\partial P}{\partial x} + \frac{\partial Q}{\partial y}\right) dxdy = \oint_C (Pdy - Qdx) \tag{7.7}$$

ここで，(7.7) 式の右辺は xy 平面上での線積分である[3]．

証明　図 7.6 のように点 A, B, E, F をとる．これらは x, y 座標が最大・最小となる C 上の点である．点 A, B の x 座標をそれぞれ a, b とする．$a \leqq x \leqq b$ となる x に対する C 上の点の y 座標を図 7.6 のようにそれぞれ $y_1(x)$, $y_2(x)$ とする．

3] xy 平面上で，s を媒介変数とする一つの連続曲線 C: $(x(s), y(s))$ (ただし $s_0 < s < s_N$) を考える．曲線 C を N 個の区間に分割し，$s_0 < s_1 < s_2 < \cdots < s_{N-1} < s_N$ をとり，$(x_k, y_k) = (x(s_k), y(s_k))$ とする．C 上で定義された関数 $A(x,y)$, $B(x,y)$ に対して，以下で表される和

$$\sum_{k=0}^{N-1} [A(x_k, y_k)(x_{k+1} - x_k) + B(x_k, y_k)(y_{k+1} - y_k)]$$

が $N \to \infty$ で有限な値に収束するとき，それを C に沿った線積分といい，

$$\int_C (Adx + Bdy)$$

と表す．複素積分の定義式 (7.1) とほぼ同じであることに注目しよう．複素積分は複素平面内での線積分なのである．なお，方向余弦 α, β に対して，$dx = ds\cos\alpha$, $dy = ds\cos\beta$ とおき，$d\mathbf{r} = (dx, dy) = (ds\cos\alpha, ds\cos\beta)$，さらに，ベクトル $\boldsymbol{A} = (A_x, A_y) = (A, B)$ を定義すると，上式の積分の中身は

$$Adx + Bdy = \boldsymbol{A} \cdot d\boldsymbol{r}$$

と書き換えることができ，これはベクトルの線積分 (4.2 節を参照) に一致する．

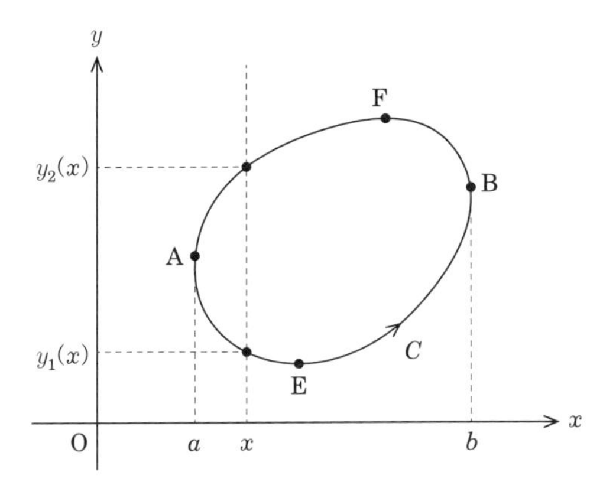

図7.6 単一閉曲線 C についてのグリーンの定理.

$$\begin{aligned}
\iint_H \frac{\partial Q}{\partial y} dxdy &= \int_a^b \left[\int_{y_1(x)}^{y_2(x)} \frac{\partial Q}{\partial y} dy \right] dx \\
&= \int_a^b Q(x, y_2(x)) dx - \int_a^b Q(x, y_1(x)) dx \\
&= \int_{\mathrm{A}\to\mathrm{F}\to\mathrm{B}} Q dx - \int_{\mathrm{A}\to\mathrm{E}\to\mathrm{B}} Q dx \\
&= - \int_{\mathrm{B}\to\mathrm{F}\to\mathrm{A}} Q dx - \int_{\mathrm{A}\to\mathrm{E}\to\mathrm{B}} Q dx = - \oint_C Q dx
\end{aligned}$$

同様に

$$\iint_H \frac{\partial P}{\partial x} dxdy = \oint_C P dy$$

以上で (7.7) 式が示せた. ■

領域 D 内の任意の単一閉曲線 C に対して, C の内部が D の部分領域となるとき, D は**単連結**であるという. たとえば, 図 6.2 に示される三つの領域の例のうち, (a), (b) は単連結だが, (c) は単連結ではない. 定理 7.4 (グリーンの定理) を用いて, 以下の定理が成り立つことを示そう.

定理7.5（コーシーの積分定理）　複素関数 $f(z)$ が単連結な領域 D で正則なとき，D 内の任意の単一閉曲線 C について

$$\oint_C f(z)dz = 0 \tag{7.8}$$

となる．

単一でない閉曲線 C に対しても定理 7.5 が成り立つことを示すことができるが，詳しくは他書にゆずる．

証明　C 上の点を媒介変数 s を用いて $z(s) = x(s) + iy(s)$ とおき，さらに $f(z) = u(x, y) + iv(x, y)$ とおくと，(7.5) 式を得る．複素積分の定義式 (7.1) から (7.4) 式を得たのと同様の議論により，(7.5) 式の右辺は線積分に等しいことがわかる．つまり，

$$\oint_C f(z)dz = \oint_C (udx - vdy) + i \oint_C (udy + vdx)$$

ここでグリーンの定理 (7.7) 式を用いると，C および C の内部を H として

$$\oint_C f(z)dz = \iint_H \left(-\frac{\partial v}{\partial x} - \frac{\partial u}{\partial y}\right) dxdy + i \iint_H \left(\frac{\partial u}{\partial x} - \frac{\partial v}{\partial y}\right) dxdy$$

を得る (右辺第 1 項については，(7.7) 式で $Q \to -u$, $P \to -v$, 第 2 項については $P \to u$, $Q \to -v$ とした)．ここで，$f(z)$ は領域 D で正則なので u, v に対してコーシー–リーマンの方程式 (6.4) が成り立つ (定理 6.12 を見よ)．したがって定理が成り立つ．■

定理の証明からわかるように，複素関数 $f(z)$ が C 上と C の内部で正則であれば (7.8) 式が成り立つ．C で囲まれた領域内に正則でない点や領域が含まれる場合は (7.8) 式の右辺は必ずしも 0 にはならない (たとえば定理 8.9 を見よ)．そのため，定理 7.5 が成り立つためには，領域 D が単連結であるという条件が必要なのである．

コーシーの積分定理を用いて，実用上非常に有用な以下の二つの定理が導かれる．

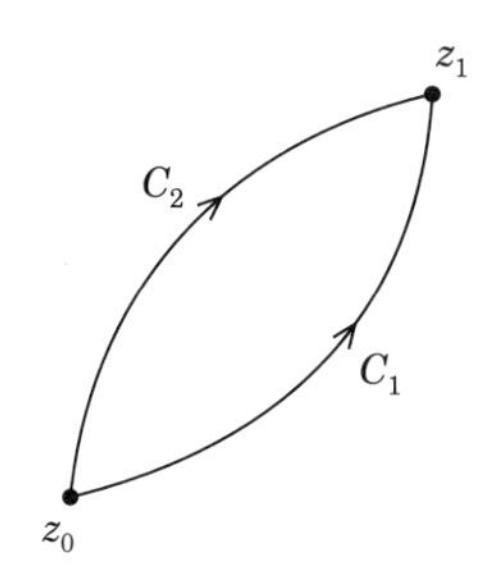

図 7.7　定理 7.6 の二つの経路.

定理 7.6　単連結な領域 D 内で $f(z)$ が正則であるとする．図 7.7 に示す z_0 と z_1，およびこれら 2 点を結ぶ二つの経路 C_1, C_2 は D 内にある．このとき

$$\int_{C_1} f(z)dz = \int_{C_2} f(z)dz$$

が成り立つ．つまり，$f(z)$ が正則である限り積分は経路によらない．

証明　C_1 の向きをかえたものを $-C_1$ とすると $C_2 + (-C_1)$ は単一閉曲線である．コーシーの積分定理と (7.2) 式，および (7.3) 式より，

$$\begin{aligned} 0 &= \oint_{C_2+(-C_1)} f(z)dz \\ &= \int_{C_2} f(z)dz + \int_{-C_1} f(z)dz = \int_{C_2} f(z)dz - \int_{C_1} f(z)dz \end{aligned}$$

■

定理 7.6 より，正則関数に対しては，始点と終点が同じであればどのような経路をとっても複素積分の結果は同じなのである．このことの具体例として，例題 7.1 と例題 7.2 の結果を見直してほしい．一方で，正則でない関数に対しては定理 7.6 が適用できないので，経路が異なれば複素積分の値が異なることがある (演習問題 7.1 を参照).

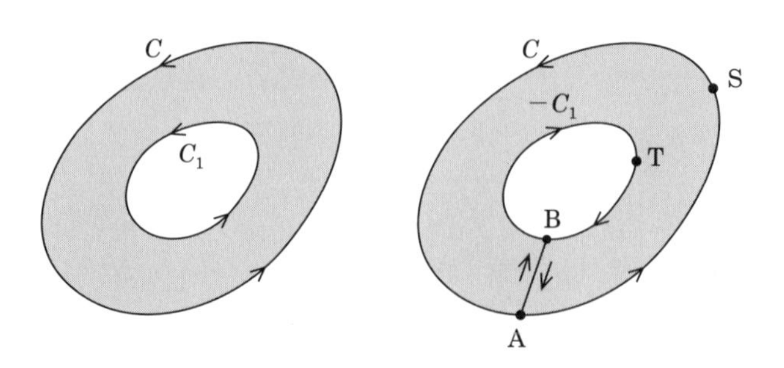

図 7.8　定理 7.7 の二つの経路.

定理 7.7　図 7.8 (左) に示すように，単一閉曲線 C と，その内部に単一閉曲線 C_1 がある．C と C_1 の向きは同じである．C と C_1 に囲まれた部分 (図 7.8 (左) の灰色部) と，さらに C 上および C_1 上において $f(z)$ が正則ならば，

$$\oint_C f(z)dz = \oint_{C_1} f(z)dz$$

証明　図 7.8 (右) に示すように適当なところに切断線 AB をいれて C と C_1 をつなげよう．図の矢印の順に A → S → A → B → T → B → A を単一閉曲線 Γ とする．Γ 上と Γ の内部で $f(z)$ は正則なので，コーシーの積分定理を用いると，

$$\begin{aligned}0 &= \oint_\Gamma f(z)dz \\ &= \int_{\mathrm{A}\to\mathrm{S}\to\mathrm{A}} f(z)dz + \int_{\mathrm{A}\to\mathrm{B}} f(z)dz + \int_{\mathrm{B}\to\mathrm{T}\to\mathrm{B}} f(z)dz + \int_{\mathrm{B}\to\mathrm{A}} f(z)dz\end{aligned}$$

右辺第 1 項と第 3 項はそれぞれ

$$\oint_C f(z)dz, \quad -\oint_{C_1} f(z)dz$$

に等しい．また，(7.3) 式より第 2 項と第 4 項の和は 0 となる．したがって，(6.4) 式が成り立つ．■

例題 7.8　図 7.9 に示す単一閉曲線 C に対し，以下を計算せよ．

$$\oint_C \frac{dz}{z - z_0}$$

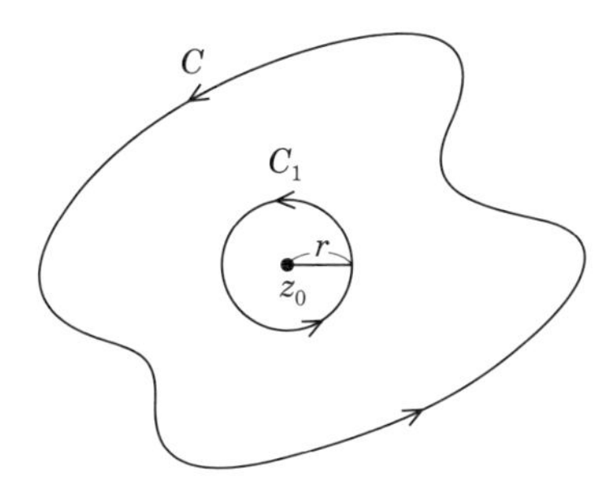

図 7.9 例題 7.8 の単一閉曲線 C とその内部にある z_0.

解 z_0 以外では被積分関数 $\dfrac{1}{z-z_0}$ は正則なので，定理 7.7 を用いて計算しやすいように経路をとり直してやればよい．つまり，z_0 のまわりに C と交わらないほど十分小さな半径 r の円 C_1 をとり，(7.6) 式を用いると，

$$\oint_C \frac{dz}{z-z_0} = \oint_{C_1} \frac{dz}{z-z_0} = 2\pi i \tag{7.9}$$

□

コーシーの積分定理や (7.9) 式を用いて以下の重要な式を導くことができる．領域 D で複素関数 $f(z)$ は正則であり，図 7.9 の閉曲線 C は D の内部にあるとする．このとき，以下の式を示すことができる (詳細は演習問題 7.2 を参照)．

$$f(z_0) = \frac{1}{2\pi i}\oint_C \frac{f(z)}{z-z_0}dz \tag{7.10}$$

これを**コーシーの積分公式**という．より一般には以下の**グルサーの定理**が成り立つことが知られている．

$$\frac{d^n}{dz_0^n}f(z_0) = \frac{n!}{2\pi i}\oint_C \frac{f(z)}{(z-z_0)^{n+1}}dz \tag{7.11}$$

この式から，正則な関数は何回も微分可能で，かつ，微分したものは正則になっていることがわかる[4]．これは複素関数の驚くべき性質であり，実関数との顕著な違いである．実関数の場合は，1 回微分可能だからといって何回も微分可能と

4] $f(z_0)$ が z_0 で何度も微分可能であることを認めると，コーシーの積分公式 (7.10) を形式的に z_0 で n 回微分すれば (7.11) 式が得られる．

は限らない．たとえば以下で与えられる実関数 $f(x)$ は $x=0$ で 1 回微分可能だが 2 回微分不可能である．

$$f(x)=\begin{cases} x^2 & (x \geqq 0) \\ -x^2 & (x<0) \end{cases}$$

演習問題

問 7.1 定理 7.6 は正則でない関数に対しては適用できない．その具体例として関数 $f(z)=|z|^2$ を考えよう．まず $f(z)$ は正則でないことを示せ．さらに，$f(z)$ を図 7.4 に示す経路 C_1, C_2+C_3 に沿って積分し，結果が異なることを確認せよ．

問 7.2 図 7.9 の閉曲線 C で囲まれた領域の内部で関数 $f(z)$ は正則であるとする．このとき，関数 $\dfrac{f(z)}{z-z_0}$ は図 7.9 の C と C_1 で囲まれる領域で正則となることに注目してコーシーの積分公式 (7.10) を示せ．

第8章

極と留数，留数定理

8.1 テイラー展開とローラン展開

6.4 節でみたように，べき級数によって与えられる関数は，級数が収束する領域において正則である．逆に，正則な関数はべき級数に展開されることを示すことができる．詳細は他書にゆずるが，複素関数 $f(z)$ が z_0 の近傍で正則ならば，$f(z)$ は z_0 の近傍で次のように**テイラー展開**をすることができる[1]．

$$f(z) = \sum_{n=0}^{\infty} a_n (z - z_0)^n, \tag{8.1}$$

$$a_n = \frac{1}{n!} \frac{d^n}{dz^n} f(z_0) \tag{8.2}$$

グルサーの定理 (7.11) より，正則な複素関数は何回も微分可能であり，さらにテイラー展開できるのである[2]．(7.11) 式を用いれば a_n は

$$a_n = \frac{1}{2\pi i} \oint_C \frac{f(z)}{(z - z_0)^{n+1}} dz \tag{8.3}$$

1] 微分積分学で習った実関数 $f(x)$ の $x = x_0$ のまわりでのテイラー展開

$$f(x) = f(x_0) + f'(x_0)(x - x_0) + \frac{1}{2} f''(x_0)(x - x_0)^2 + \cdots$$

と形式的には同じ結果になる．

2] この主張は複素関数に対しては正しいが，実関数に対しては一般には成り立たない．たとえば，以下で与えられる実関数 $f(x)$ は $x = 0$ で何度も微分可能だが，すべての自然数 n に対して $\frac{d^n f}{dx^n}(0) = 0$ となるので，$x = 0$ のまわりでテイラー展開できない．

$$f(x) = \begin{cases} e^{-\frac{1}{x}} & (x > 0) \\ 0 & (x \leqq 0) \end{cases}$$

とも書ける．ここで C は z_0 を反時計回り (左回り) に囲む円形の経路である．

正の実数 $R > 0$ に対し，$0 < |z - z_0| < R$ で正則な関数 $f(z)$ が $|z - z_0| < R$ では正則でないとき，z_0 を $f(z)$ の**孤立特異点**という．

例 8.1 $f(z) = \dfrac{1}{z - z_0}$ に対して，z_0 は孤立特異点である．

孤立特異点のまわりで正則な複素関数を級数展開することが実用上重要になることがある．関数 $f(z)$ の孤立特異点を z_0 とし，$f(z)$ は z_0 以外で正則であるとする．このとき，$f(z)$ は以下のようにローラン級数に展開 (ローラン展開) されることを示すことができる (証明は他書にゆずる)．

$$f(z) = \sum_{m=1}^{\infty} \frac{a_{-m}}{(z - z_0)^m} + \sum_{n=0}^{\infty} a_n (z - z_0)^n \tag{8.4}$$

ここで展開係数 a_n はすべての整数 $n\ (= 0, \pm1, \pm2, \cdots)$ に対して (8.3) 式で与えられる．(8.4) 式の右辺第 1 項は $z \to z_0$ で発散する．この項が有限級数となる場合，つまり，$m > k$ のすべての m に対して $a_{-m} = 0$ かつ $a_{-k} \neq 0$ となるとき，z_0 は k **位の極**という．また，(8.4) 式の右辺第 1 項が無限級数からなる場合，z_0 は $f(z)$ の**真性特異点**という．

例 8.2 $f(z) = \dfrac{1}{z - z_0}$ に対して z_0 は孤立特異点であるが，(8.4) 式において $a_{-1} = 1$ であり，それ以外の展開係数は 0 である．したがって，z_0 は 1 位の極である．

例 8.3 $f(z) = \dfrac{1}{z^2}$ に対して，$z = 0$ は 2 位の極である．

以下の例題で見るように，実際の計算でローラン展開の展開係数 a_n を求める際は，(8.3) 式の複素積分を直接計算するよりもテイラー展開と組み合わせて計算するほうが楽な場合が多い．

例題 8.4 $f(z) = \dfrac{1}{z(1 - z)}$ を孤立特異点のまわりでローラン展開せよ．

解　孤立特異点は $z = 0, 1$ の二つである．

(1) $z = 0$ でのローラン展開を計算する．$f(z)$ は $\dfrac{1}{z}$ と $\dfrac{1}{1 - z}$ の積であるが，$z \to 0$ で発散するのは $\dfrac{1}{z}$ であり，残りの $\dfrac{1}{1 - z}$ は $z = 0$ で正則である．正則な部分を

$z=0$ のまわりでテイラー展開すると，

$$\frac{1}{1-z}=1+z+z^2+\cdots$$

となるので，$f(z)$ の $z=0$ のまわりのローラン展開は

$$\begin{aligned} f(z)&=\frac{1}{z}(1+z+z^2+\cdots)\\ &=\frac{1}{z}+1+z+\cdots \end{aligned}$$

となる．したがって $z=0$ は1位の極である．

(2) $z=1$ でのローラン展開を計算する．今度は，$z\to 1$ で発散するのは $\dfrac{1}{1-z}$ であり，残りの $\dfrac{1}{z}$ は $z=1$ で正則である．正則な部分 $g(z)=\dfrac{1}{z}$ を $z=1$ のまわりでテイラー展開すると，

$$\begin{aligned} g(z)&=g(1)+g'(z-1)+\frac{g''(1)}{2}(z-1)^2+\cdots\\ &=1-(z-1)+(z-1)^2+\cdots \end{aligned}$$

となる．もしくは (1) でも計算した $\dfrac{1}{1-z}$ の $z=0$ のまわりのテイラー展開の結果を用いて計算してもよい．つまり，$1-z$ が小さいとき，

$$\frac{1}{z}=\frac{1}{1-(1-z)}=1+(1-z)+(1-z)^2+\cdots.$$

したがって，$f(z)$ の $z=1$ のまわりのローラン展開は

$$f(z)=\frac{g(z)}{1-z}=\frac{-1}{z-1}+1+(z-1)+\cdots$$

となり，$z=1$ は1位の極である． □

例題 8.5 $f(z)=\dfrac{e^{2z}}{(z+1)^2}$ を $z=-1$ のまわりでローラン展開せよ．

解 例題 8.4 と同じく，$z=-1$ に近づくときに発散する部分はそのまま残し，残りの発散しない部分 $g(z)=e^{2z}$ を $z=-1$ のまわりでテイラー展開すると，

$$\begin{aligned} g(z)&=g(-1)+g'(-1)(z+1)+\frac{g''(-1)}{2!}(z+1)^2+\frac{g''(-1)}{3!}(z+1)^3+\cdots\\ &=e^{-2}+2e^{-2}(z+1)+2e^{-2}(z+1)^2+\frac{4}{3}e^{-2}(z+1)^3+\cdots \end{aligned}$$

となる．もしくは，指数関数の定義式 (6.21) は $z = 0$ のまわりのテイラー展開とみなせるので，$z + 1$ が小さいとき，(6.21) 式を用いて

$$e^{2z} = e^{-2} e^{2(z+1)} = e^{-2}[1 + 2(z+1) + 2(z+1)^2 + \cdots]$$

と計算することもできる．したがって $f(z)$ の $z = -1$ のまわりのローラン展開は，

$$f(z) = \frac{g(z)}{(1+z)^2} = \frac{e^{-2}}{(z+1)^2} + \frac{2e^{-2}}{z+1} + 2e^{-2} + \frac{4}{3}e^{-2}(z+1) + \cdots$$

となり，$z = -1$ は 2 位の極である．□

例題 8.6　$f(z) = \dfrac{z}{1 - \cos z}$ を $z = 0$ のまわりでローラン展開せよ．

解　$z \to 0$ で発散するのは $\dfrac{1}{1 - \cos z}$ の部分である．$g(z) = 1 - \cos z$ を $z = 0$ のまわりでテイラー展開すると，

$$g(z) = \frac{z^2}{2!} - \frac{z^4}{4!} + \frac{z^6}{6!} - \cdots = \frac{z^2}{2}\left(1 - \frac{z^2}{12} + \frac{z^4}{360} - \cdots\right)$$

最後の変形では，$g(z)$ の逆数を考えたときに，$z \to 0$ で発散する部分としない部分に分けたのである．したがって，

$$\begin{aligned} f(z) = \frac{z}{g(z)} &= \frac{2}{z}\left(1 - \frac{z^2}{12} + \frac{z^4}{360} - \cdots\right)^{-1} \\ &= \frac{2}{z}\left(1 + \frac{z^2}{12} - \cdots\right) \\ &= \frac{2}{z} + \frac{z}{6} + \cdots \end{aligned}$$

したがって $z = 0$ は 1 位の極である．□

8.2　留数と留数定理

図 8.1 のように，点 z_0 のまわりを反時計回りに囲む単一閉曲線 C がある．C を含む単連結な領域 D 内で複素関数 $f(z)$ は $z = z_0$ 以外で正則とする (つまり，D 内に極があるとすれば z_0 のみである)．このとき

$$\mathrm{Res} f(z_0) = \frac{1}{2\pi i}\oint_C f(z)dz \tag{8.5}$$

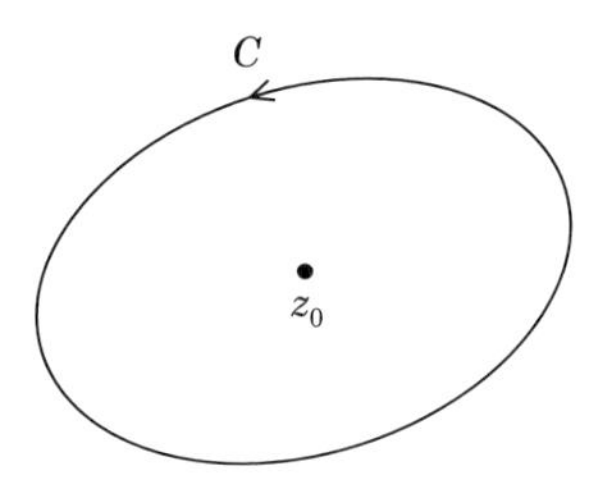

図 8.1　単一閉曲線 C とその内部にある極 z_0.

を $z = z_0$ における $f(z)$ の**留数** (residue) という．定理 7.7 より，留数の値は単一閉曲線 C の取り方に依らずに一意的に定まる．

実用上重要なのは $f(z)$ が $z = z_0$ まわりで (8.4) 式のようにローラン展開できる場合である．(8.4) 式を (8.5) 式の右辺の $f(z)$ に代入すると，

$$\mathrm{Res} f(z_0) = \frac{1}{2\pi i}\sum_{m=1}^{\infty} a_{-m} \oint_C \frac{dz}{(z-z_0)^m} + \frac{1}{2\pi i}\sum_{n=0}^{\infty} a_n \oint_C (z-z_0)^n dz$$

右辺第 1 項の複素積分については C_1 を z_0 を中心とする十分小さな半径をもつ円形の経路にとって定理 7.7 を適用し，さらに (7.6) 式を用いればよい．すると右辺第 1 項は $m = 1$ の項のみが残って a_{-1} となる．右辺第 2 項については C の内部のいたるところで正則な関数の積分なのでコーシーの積分定理 (定理 7.5) より 0 となる．したがって，

$$\mathrm{Res} f(z_0) = a_{-1} \tag{8.6}$$

となり，留数は z_0 のまわりで (8.4) 式のようにローラン展開したときの $\dfrac{1}{z-z_0}$ の係数に等しい．(8.6) 式は，留数の定義式 (8.5) と a_n の定義式 (8.3) を見比べることでも確認することができる．

関数 $f(z)$ の k 位の極 z_0 における留数を求める有用な公式を求めよう．このとき，$f(z)$ は z_0 のまわりで以下のようにローラン展開できる．

$$f(z) = \frac{a_{-k}}{(z-z_0)^k} + \frac{a_{-k+1}}{(z-z_0)^{k-1}} + \cdots + \frac{a_{-1}}{z-z_0} + a_0 + a_1(z-z_0) + \cdots$$

両辺に $(z-z_0)^k$ をかけて $(k-1)$ 回微分すると，

$$\frac{d^{k-1}}{dz^{k-1}}\left[(z-z_0)^k f(z)\right] = (k-1)!\,a_{-1} + k!\,a_0(z-z_0) + \cdots$$

この式について，$z \to z_0$ の極限をとれば以下を得る．

$$a_{-1} = \frac{1}{(k-1)!}\lim_{z\to z_0}\frac{d^{k-1}}{dz^{k-1}}\left[(z-z_0)^k f(z)\right] \tag{8.7}$$

特に z_0 が1位の極のとき，上式に $k=1$ を代入すると，

$$a_{-1} = \lim_{z\to z_0}\left[(z-z_0)f(z)\right] \tag{8.8}$$

例題 8.7　$f(z) = \dfrac{e^z}{z^3}$ の極 $z=0$ における留数を求めよ．

解　$z=0$ のまわりで $f(z)$ をローラン展開すると，

$$\begin{aligned} f(z) &= \frac{1}{z^3}\left(1 + z + \frac{1}{2}z^2 + \frac{1}{6}z^3 + \frac{1}{24}z^4 + \cdots\right) \\ &= \frac{1}{z^3} + \frac{1}{z^2} + \frac{1}{2}\cdot\frac{1}{z} + \frac{1}{6} + \frac{1}{24}z + \cdots \end{aligned}$$

$\dfrac{1}{z}$ の係数を見て $\mathrm{Res}f(0) = \dfrac{1}{2}$.

別解　$z=0$ は3位の極だから，(8.7) 式で $k=3$ として，

$$\mathrm{Res}f(0) = \frac{1}{2!}\lim_{z\to 0}\frac{d^2}{dz^2}\left[z^3 f(z)\right] = \frac{1}{2}\lim_{z\to 0}\frac{d^2}{dz^2}e^z = \frac{1}{2}$$

□

例題 8.8　$f(z) = \dfrac{1}{z^2+1}$ の極における留数を求めよ．

解　$f(z)$ を以下のように変形する．

$$f(z) = \frac{1}{(z+i)(z-i)} = \frac{1}{2i}\left(\frac{1}{z-i} - \frac{1}{z+i}\right)$$

したがって，$z=\pm i$ が1位の極となり，以下を得る[3]．

$$\mathrm{Res}f(i) = \frac{1}{2i},\quad \mathrm{Res}f(-i) = -\frac{1}{2i}$$

3] たとえば $z=i$ での留数を求める際，$z \to i$ のときに発散する項は $\dfrac{1}{z-i}$ だけであり，他方の $\dfrac{1}{z+i}$ からは $z=i$ のまわりに展開しても $\dfrac{1}{z-i}$ といった項はでてこない．したがって，$\dfrac{1}{z-i}$ の係数だけみれば，$\mathrm{Res}f(i) = \dfrac{1}{2i}$ であるとすぐにわかる．

別解 (8.8) 式を用いれば答が得られる. □

定理8.9 (留数定理) (1) 図 8.2 (左) のように, 関数 $f(z)$ が $z = z_1$ で極をもち, さらに z_1 を反時計回りに囲む単一閉曲線 C がある. C と C で囲まれる領域内で $f(z)$ が z_1 を除いて正則なとき,

$$\oint_C f(z)dz = 2\pi i \,\mathrm{Res} f(z_1) \tag{8.9}$$

(2) 図 8.2 (中央) のように, 関数 $f(z)$ が単一閉曲線 C 内に n 個の極 $z_1, z_2, \cdots, z_n$ をもち, さらにこれらの極以外で正則ならば,

$$\oint_C f(z)dz = 2\pi i \sum_{k=1}^{n} \mathrm{Res} f(z_k) \tag{8.10}$$

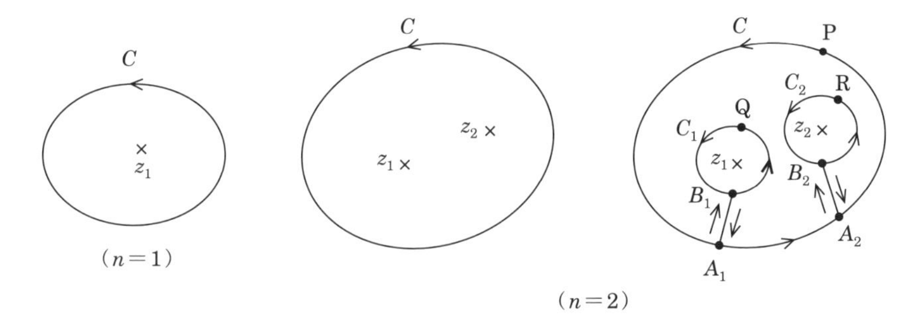

図 8.2　単一閉曲線 C とその内部にある極 z_1, z_2 に対する留数定理. (左) $n = 1$ の場合. (中央) および (右) $n = 2$ の場合.

証明 (1) は留数の定義式 (8.5) を書き換えただけである.

(2) について, 以下では $n = 2$ のときを示す ($n > 2$ のときも同様に示すことができる). 図 8.2 (右) に示すように, z_1, z_2 のまわりにそれぞれ半径 r の小さな円形の経路 C_1, C_2 をとる. C, C_1, C_2 の向きは同じである. さらに, 切断線 A_1B_1, A_2B_2 をいれて C と C_1 および C_2 をつなぐ. すると, $A_1 \to B_1 \to Q \to B_1 \to A_1 \to A_2 \to B_2 \to R \to B_2 \to A_2 \to P \to A_1$ という単一閉曲線 Γ で囲まれた領域内で $f(z)$ は正則なので, コーシーの積分定理 (定理 7.5) と (7.2) 式より,

$$
\begin{aligned}
0 &= \oint_{\Gamma} f(z)dz \\
&= \int_{A_1\to B_1} f(z)dz + \int_{B_1\to Q\to B_1} f(z)dz + \int_{B_1\to A_1} f(z)dz \\
&\quad + \int_{A_1\to A_2} f(z)dz + \int_{A_2\to B_2} f(z)dz + \int_{B_2\to R\to B_2} f(z)dz \\
&\quad + \int_{B_2\to A_2} f(z)dz + \int_{A_2\to P\to A_1} f(z)dz
\end{aligned}
$$

上式の右辺の 8 個の積分について，(7.2) 式と (7.3) 式より，

$$
\begin{aligned}
&(\text{第 1 項}) + (\text{第 3 項}) = 0, \\
&(\text{第 5 項}) + (\text{第 7 項}) = 0, \\
&(\text{第 4 項}) + (\text{第 8 項}) = \oint_C f(z)dz, \\
&(\text{第 2 項}) = \oint_{-C_1} f(z)dz = -\oint_{C_1} f(z)dz, \\
&(\text{第 6 項}) = \oint_{-C_2} f(z)dz = -\oint_{C_2} f(z)dz
\end{aligned}
$$

となるので，

$$
\oint_C f(z)dz = \oint_{C_1} f(z)dz + \oint_{C_2} f(z)dz
$$

ここで (1) の結果である (8.9) 式を経路 C_1, C_2 に対してそれぞれ適用すると，

$$
\oint_C f(z)dz = 2\pi i\,[\mathrm{Res} f(z_1) + \mathrm{Res} f(z_2)]
$$

したがって，(8.10) 式を得る．■

例題 8.10 複素関数 $f(z)$ は $z = z_0$ で極を持ち，z_0 を除いて正則であるとする．図 8.3 に示すように，$z = a$ と $z = b$ を結ぶ二つの経路 C_1 と C_2 があるとき，$\displaystyle\int_{C_1} f(z)dz$ と $\displaystyle\int_{C_2} f(z)dz$ の間に成り立つ関係を求めよ．

解 単一閉曲線 $C = (-C_1) + C_2$ に対して留数定理を用いると，

$$
\oint_C f(z)dz = -\int_{C_1} f(z)dz + \int_{C_2} f(z)dz = 2\pi i\,\mathrm{Res} f(z_0)
$$

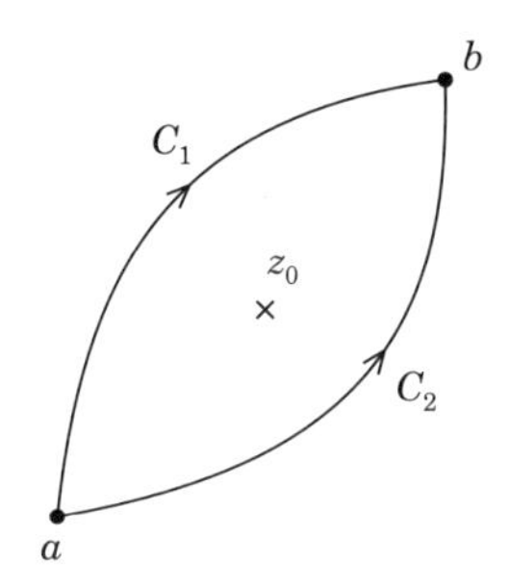

図 8.3 例題 8.10 の経路 C_1 と C_2.

したがって,

$$\int_{C_2} f(z)dz = \int_{C_1} f(z)dz + 2\pi i \,\mathrm{Res} f(z_0)$$

□

8.3 留数定理の応用

多くの場合, 留数は容易に求めることができるので, 留数定理を使って積分を簡単に計算することができる.

例題 8.11 $I = \displaystyle\int_{-\infty}^{\infty} \frac{dx}{(x^2+1)^2}$ の値を求めよ.

解 I は実関数 $f(x) = \dfrac{1}{(x^2+1)^2}$ の $x = -\infty$ から $x = \infty$ までの積分だが, これを複素関数 $f(z) = \dfrac{1}{(z^2+1)^2}$ の $z = -R + 0i$ から $z = R + 0i$ までの実軸に沿った複素積分で $R \longrightarrow \infty$ としたものだと考えてみよう. まず, $f(z)$ は $z = \pm i$ に 2 位の極を持ち, 特に, $\mathrm{Res}\, f(i) = \dfrac{1}{4i}$ である. 次に, 図 8.4 のように単一閉曲線 $C = C_1 + C_2$ をとる. 半円の半径は R であり, あとで $R \longrightarrow \infty$ とするので, はじめから R は十分大きいと思ってよい. すると単一閉曲線 C に囲まれた領域内には極 $z = i$ があるので, 留数定理 (8.9) より

$$\oint_C f(z)dz = 2\pi i \,\mathrm{Res}\, f(i) = \frac{\pi}{2}$$

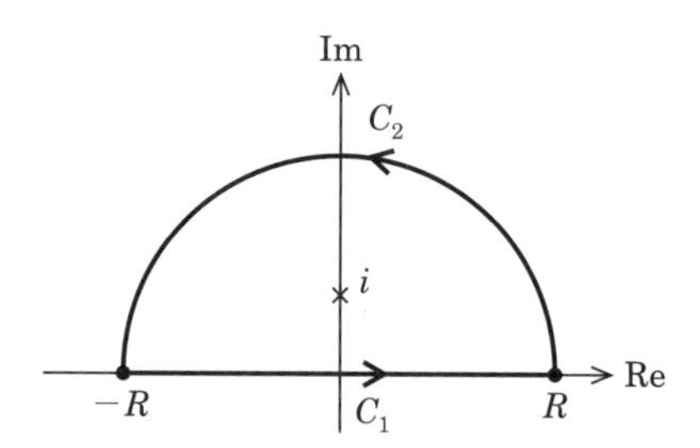

図 8.4　例題 8.11 の経路．C_1 は実軸上を正の向きに $z=-R$ から $z=R$ まで進む経路．C_2 は原点を中心とする半径 R の円のうち上半分 ($\mathrm{Im}\, z>0$) の半円の部分の円周上を通って $z=R$ から $z=-R$ まで進む経路．最後に $R\to\infty$ の極限をとる．

となる．一方で，

$$\oint_C f(z)dz = \int_{C_1} \frac{dz}{(z^2+1)^2} + \int_{C_2} \frac{dz}{(z^2+1)^2}$$

と分けると，$R \longrightarrow \infty$ のとき (右辺第 1 項) $\longrightarrow I$ となる．右辺第 2 項については，$z(\theta)=Re^{i\theta}$ とおくと $\dfrac{dz}{d\theta}=Rie^{i\theta}$ より，

$$(\text{右辺第 2 項}) = \int_0^\pi \frac{Rie^{i\theta}}{(1+R^2e^{2i\theta})^2}d\theta$$

となるが，ここで $R \longrightarrow \infty$ のとき被積分関数の分子は R に比例し，分母は R^4 に比例するため，被積分関数は R^{-3} に比例し，(右辺第 2 項) $\longrightarrow 0$ となる．このことをより厳密に示すためには，

$$\begin{aligned}|(\text{右辺第 2 項})| &= \left|\int_0^\pi \frac{Rie^{i\theta}}{(R^2e^{2i\theta}+1)^2}d\theta\right| \\ &\leqq \int_0^\pi \left|\frac{Rie^{i\theta}}{(R^2e^{2i\theta}+1)^2}\right| d\theta = \int_0^\pi \frac{|Rie^{i\theta}|}{|R^2e^{2i\theta}+1|^2}d\theta\end{aligned}$$

としてみよう．ここでさらに，(6.2) 式より任意の複素数 z, w について，$\dfrac{1}{|z+w|^2} \leqq \dfrac{1}{(|z|-|w|)^2}$ が成り立つことを用いると (例題 6.9 参照)，$R\to\infty$ のとき，

$$|(\text{右辺第 2 項})| \leqq \int_0^\pi \frac{|Rie^{i\theta}|}{(|R^2e^{2i\theta}|-1)^2}d\theta = \int_0^\pi \frac{R}{(R^2-1)^2}d\theta = \frac{\pi R}{(R^2-1)^2} \longrightarrow 0$$

より，(右辺第 2 項)$\longrightarrow 0$ となる．

以上より，$R \longrightarrow \infty$ のとき，

$$I = \oint_C f(z)dz = \frac{\pi}{2}$$

□

例題 8.12 複素関数 $f(z) = \dfrac{e^{iz}}{z^2+1}$ の複素積分を考えることにより，$I = \displaystyle\int_{-\infty}^{\infty} \frac{\cos x}{x^2+1} dx$ の値を求めよ．

解 $f(z)$ は $z = \pm i$ で 1 位の極を持ち，特に $\mathrm{Res} f(i) = \dfrac{1}{2ie}$ である．例題 8.11 と同じく図 8.4 に示す単一閉曲線 $C = C_1 + C_2$ をとると，留数定理 (8.9) より

$$\oint_C f(z)dz = 2\pi i \,\mathrm{Res} f(i) = \frac{\pi}{e}$$

単一閉曲線 C に沿った複素積分を経路 C_1, C_2 に沿った複素積分に分けると，

$$\oint_C f(z)dz = \int_{-R}^{R} \frac{e^{ix}}{x^2+1} dx + \int_0^{\pi} \frac{e^{iR\cos\theta} e^{-R\sin\theta}}{(Re^{i\theta})^2+1} Rie^{i\theta} d\theta$$

ここで，右辺第 2 項の C_2 に沿った積分では $z(\theta) = Re^{i\theta}$ ととり，$\dfrac{dz}{d\theta} = Rie^{i\theta}$ であること，$e^{iz(\theta)} = e^{iR\cos\theta} e^{-R\sin\theta}$ であることを用いている．さらに $R \longrightarrow \infty$ のとき，$\sin\theta \geqq 0$ に注意すれば

$$|(\text{右辺第 2 項})| \leqq \int_0^{\pi} \left| \frac{e^{iR\cos\theta} e^{-R\sin\theta}}{(Re^{i\theta})^2+1} Rie^{i\theta} \right| d\theta = \int_0^{\pi} \left| \frac{R\,e^{-R\sin\theta}}{(Re^{i\theta})^2+1} \right| d\theta \longrightarrow 0$$

である．したがって $R \longrightarrow \infty$ のとき $\displaystyle\int_{-\infty}^{\infty} \frac{e^{ix}}{x^2+1} dx = \frac{\pi}{e}$ を得る．これの実部をとって $I = \dfrac{\pi}{e}$．

□

例題 8.13 $a \neq 0$ のとき，以下を示せ．

$$I = \int_{-\infty}^{\infty} \frac{e^{iax}}{x} dx = \pi i \,\mathrm{sgn}(a) \tag{8.11}$$

ただし，$\mathrm{sgn}(a)$ は符号関数である．すなわち，

$$\mathrm{sgn}(a) = \begin{cases} 1 & (a > 0) \\ 0 & (a = 0) \\ -1 & (a < 0) \end{cases}$$

(8.11) 式を実部と虚部に分けると，$a > 0$ のとき，積分公式

$$\int_{-\infty}^{\infty} \frac{\cos ax}{x} dx = 0, \qquad \int_{-\infty}^{\infty} \frac{\sin ax}{x} dx = \pi \tag{8.12}$$

を得る．

解 複素関数 $f(z) = \dfrac{e^{iaz}}{z}$ は $z = 0$ で 1 位の極をもつ．求める積分 I は実軸に沿って $z = -\infty$ から $z = \infty$ までの積分であり，原点 $z = 0$ をさけた経路をとる必要がある．原点 $z = 0$ をさける経路としては，図 8.5 に示すように C_2 および C_5 の二通りが考えられる．どちらの経路を選んでも最終的には同じ答えが得られる．また $z = \infty$ と $z = -\infty$ をむすぶ経路としては C_4 および C_6 の二通りが考えられるが，前者は $a > 0$ のときに，後者は $a < 0$ のときに選択される．答えを得るだけならば以下の (A), (C) のみを考えれば十分であるが，(B) や (D) の場合も考えるのは教育的である．

まずは $a > 0$ の場合を考えよう．このときは $z = R$ から $z = -R$ へ向かう経路として C_4 をとらなければならない．その理由は C_4 に沿った積分の評価を行う際に明らかとなる．

(A) <u>$a > 0$ のときに図 8.5 の (a) に示す経路をとった場合：</u>

単一閉曲線 $C = C_1 + C_2 + C_3 + C_4$ の内部および C 上で $f(z)$ は正則なので，コーシーの積分定理 (定理 7.5) より，

$$\int_{C_1} f(z)dz + \int_{C_2} f(z)dz + \int_{C_3} f(z)dz + \int_{C_4} f(z)dz = 0 \tag{8.13}$$

左辺第 1 項と第 3 項の和は $R \to \infty, \delta \to 0$ の極限をとると求める積分に一致する．

$$\int_{C_1} f(z)dz + \int_{C_3} f(z)dz \to I \qquad (R \to \infty,\ \delta \to 0)$$

左辺第 2 項については，$z(\theta) = \delta e^{i\theta}$ とおくと，θ の積分範囲に注意して，

$$\int_{C_2} f(z)dz = \int_{\pi}^{0} \frac{\exp\left[ia\delta e^{i\theta}\right]}{\delta e^{i\theta}} \delta i e^{i\theta} d\theta = i \int_{\pi}^{0} \exp\left[ia\delta e^{i\theta}\right] d\theta$$

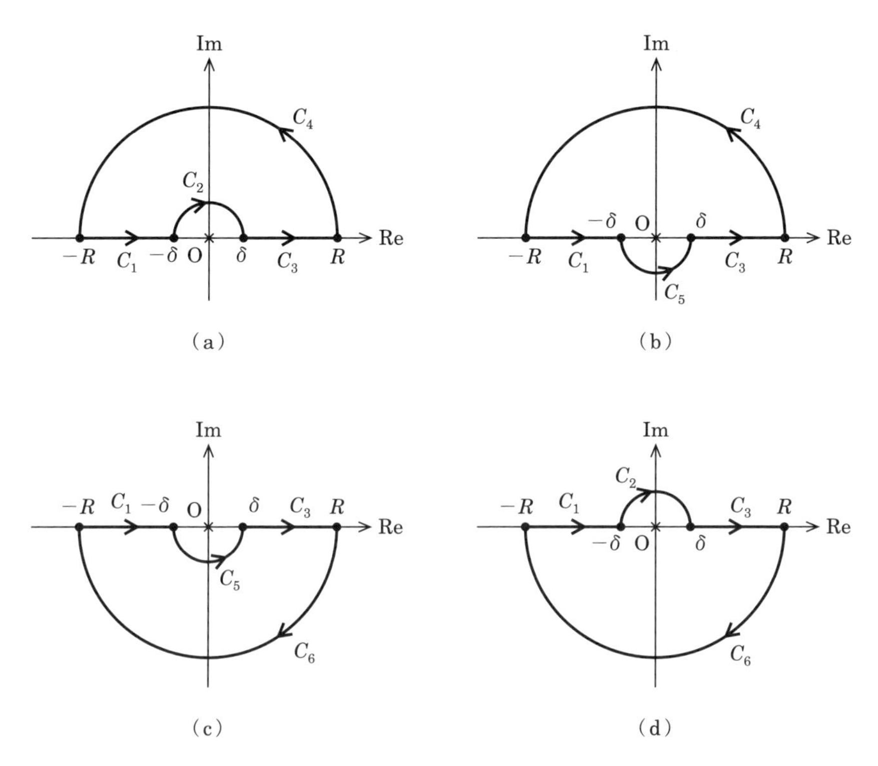

図 8.5 例題 8.13 の経路．C_1 は実軸上を正の向きに $z=-R$ から $z=-\delta$ まで進む経路．C_3 は実軸上を正の向きに $z=\delta$ から $z=R$ まで進む経路．C_2, C_5 は原点を中心とする半径 δ の円のうち，それぞれ上半分 ($\mathrm{Im}\, z>0$)，下半分 ($\mathrm{Im}\, z<0$) の半円の部分の円周上を通って $z=-\delta$ から $z=\delta$ まで進む経路．C_4, C_6 は原点を中心とする半径 R の円のうち，それぞれ上半分 ($\mathrm{Im}\, z>0$)，下半分 ($\mathrm{Im}\, z<0$) の半円の部分の円周上を通って $z=R$ から $z=-R$ まで進む経路．最後に $R\to\infty, \delta\to 0$ の極限をとる．

となるが，$\delta\to 0$ のとき上式の右辺の被積分関数は 1 になるので，

$$\int_{C_2} f(z)dz \to i\int_{\pi}^{0} d\theta = -\pi i \qquad (\delta\to 0)$$

となる．左辺第 4 項については，例題 8.11 や 8.12 と同様に $z(\theta)=Re^{i\theta}$ とおくと，$e^{iaz(\theta)}=e^{iaR\cos\theta}e^{-aR\sin\theta}$ より，

$$\int_{C_4} f(z)dz = \int_0^{\pi} \frac{e^{iaR\cos\theta}e^{-aR\sin\theta}}{Re^{i\theta}} Rie^{i\theta} d\theta = i\int_0^{\pi} e^{iaR\cos\theta}e^{-aR\sin\theta} d\theta$$

となるので，

$$\left|\int_{C_4} f(z)dz\right| \leqq |i| \int_0^{\pi} \left|e^{iaR\cos\theta}e^{-aR\sin\theta}\right| d\theta$$
$$= \int_0^{\pi} e^{-aR\sin\theta} d\theta$$

を得る．いま $a > 0$ かつ $0 \leqq \theta \leqq \pi$ より，上式の右辺の積分の $R \to \infty$ での極限値は 0 に収束する[4]．以上より，(8.13) 式の $R \to \infty$, $\delta \to 0$ の極限は，$I + (-\pi i) = 0$ となり，$I = \pi i$ $(a > 0)$ となる．

(B) <u>$a > 0$ のときに図 8.5 の (b) に示す経路をとった場合：</u>

このとき，単一閉曲線 $C = C_1 + C_5 + C_3 + C_4$ で囲まれた領域内に 1 位の極 $z = 0$ がある．留数定理より，

$$\int_{C_1} f(z)dz + \int_{C_5} f(z)dz + \int_{C_3} f(z)dz + \int_{C_4} f(z)dz = 2\pi i \,\mathrm{Res} f(0) \qquad (8.14)$$

留数は簡単に計算できて，$\mathrm{Res} f(0) = 1$ である．C_1, C_3, C_4 に沿った積分の評価は (A) と同じである．C_5 に沿った積分は C_2 の場合と同様に計算できるが，積分範囲が異なることに注意しよう．つまり，$\delta \to 0$ のとき

$$\int_{C_5} f(z)dz \to i\int_{\pi}^{2\pi} d\theta = \pi i \qquad (\delta \to 0)$$

以上より，(8.14) 式の $R \to \infty$, $\delta \to 0$ の極限は，$I + \pi i = 2\pi i \times 1$ となり，$I = \pi i$ $(a > 0)$ と (A) と同じ結果を得る．

4] これを示すには以下のように少し工夫が必要である．まず，

$$\int_0^{\pi} e^{-aR\sin\theta} d\theta = \int_0^{\pi/2} e^{-aR\sin\theta} d\theta + \int_{\pi/2}^{\pi} e^{-aR\sin\theta} d\theta = 2\int_0^{\pi/2} e^{-aR\sin\theta} d\theta$$

と書きかえ，さらに，$0 \leqq \theta \leqq \dfrac{\pi}{2}$ のとき $\dfrac{2}{\pi}\theta \leqq \sin\theta$ となる [$y = \sin\theta$ と $y = (2/\pi)\theta$ のグラフを描いてみよ] ことを用いると，

$$\int_0^{\pi/2} e^{-aR\sin\theta} d\theta \leqq \int_0^{\pi/2} e^{-aR(2/\pi)\theta} d\theta = \frac{\pi}{2aR}(1 - e^{-aR})$$

となる．したがって，$a > 0$ のとき $\displaystyle\int_0^{\pi} e^{-aR\sin\theta} d\theta \to 0$ $(R \to \infty)$ となる．

次に $a<0$ の場合を考えよう．この場合，$z=R$ から $z=-R$ に向かう経路として C_6 のように複素平面の下半分 $(\mathrm{Im}\,z<0)$ の領域を通るものを選ばなければならない．この場合も $z=0$ にある 1 位の極をさけるための経路としては C_2 と C_5 の二通りがある．

(C) $a<0$ のときに図 8.5 の (c) に示す経路をとった場合：

このとき，単一閉曲線 $C=C_1+C_5+C_3+C_6$ で囲まれた領域内に極はないので，コーシーの積分定理 (定理 7.5) より，

$$\int_{C_1} f(z)dz+\int_{C_5} f(z)dz+\int_{C_3} f(z)dz+\int_{C_6} f(z)dz=0 \tag{8.15}$$

C_1, C_3, C_5 に沿っての積分の評価は前と同じである．C_6 に沿っての積分 (左辺第 4 項) については，C_4 と同様に $z(\theta)=Re^{i\theta}$ とおいて計算すると，積分範囲に注意して，

$$\int_{C_6} f(z)dz=i\int_{2\pi}^{\pi} e^{iaR\cos\theta}e^{-aR\sin\theta}d\theta$$

となるが，$a<0$ かつ $\pi \leqq \theta \leqq 2\pi$ より $a\sin\theta \geqq 0$ であることに注意すれば，(A) のときと同様の計算により，$R\to\infty$ のとき $\displaystyle\int_{C_6} f(z)dz \to 0$ となる．つまり，$\sin\theta \leqq 0$ となるようにするために積分経路を複素平面の下半分 $(\mathrm{Im}\,z<0)$ を通るようにとったのである．以上より，(8.15) 式の $R\to\infty, \delta\to 0$ の極限は，$I+\pi i=0$ となり，$I=-\pi i\ (a<0)$ となる．

(D) $a<0$ のときに図 8.5 の (d) に示す経路をとった場合：

このとき，単一閉曲線 $C=C_1+C_2+C_3+C_6$ の中に 1 位の極 $z=0$ がある．留数定理を用いると，C の向きが右回りであることに注意して，

$$-\int_{C_1} f(z)dz-\int_{C_2} f(z)dz-\int_{C_3} f(z)dz-\int_{C_6} f(z)dz=2\pi i\,\mathrm{Res}f(0) \tag{8.16}$$

各々の積分経路での積分の評価は前と同様であり，上式での $R\to\infty, \delta\to 0$ の極限は，$-I-(-\pi i)=2\pi i\times 1$ となる．したがって，$I=-\pi i\ (a<0)$ となり，(C) と同じ結果を得る． □

演習問題

問 8.1 $z = e^{i\theta}$ とおくことで $I = \displaystyle\int_0^{2\pi} \frac{d\theta}{2 + \cos\theta}$ を複素積分に書きかえて I の値を求めよ．

COLUMN 複素解析の「美しき」世界

本書ではコーシーの積分定理や留数定理など複素関数が美しい性質をもつことを学んだ．他にも複素関数は興味深い性質をもつが，たとえば，留数定理を用いると，「偏角の原理」や，さらに「ルーシェの定理」といったものが導かれる．これは複素平面上のある領域内にある複素関数 $f(z)$ の零点 ($f(z_0) = 0$ となる z_0) と極の数を求める際に有用となることがある．複素数というのは一見すると直感的理解が難しいものと捉える読者もいるかもしれないが，そこを認めて先に進むと美しい世界が広がっていることが感じられるかもしれない．

第 III 部
フーリエ解析

第9章

周期関数のフーリエ展開

物理学に現れるような性質の良い周期関数ならば，それらはどんなものでもフーリエ (Fourier) 級数と呼ばれる三角関数の和 (無限級数) で表すことができる．そうすると，三角関数の性質は良くわかっているので，もとの周期関数の性質を理解しやすくなるのである．この章では，任意の周期関数をフーリエ級数で表す方法を見ていくことにしよう．

9.1 周期関数

以下では L を正の定数とする．任意の x に対して $f(x+2L)=f(x)$ が成り立つとき，$f(x)$ は周期 $2L$ の**周期関数**という．周期 $2L$ の周期関数は，区間 $-L \leqq x \leqq L$ での値が決まれば，$x \leqq -L$, $L \leqq x$ の任意の x での値が決まる．

関数 $f(x)$ が周期 $2L$ をもつならば，$f(x+4L)=f([x+2L]+2L)=f(x+2L)=f(x)$ となるので，$4L$ も $f(x)$ の周期となる． 同様に，$6L, 8L, \cdots$ も周期となる．周期のうち最も小さいものを**基本周期**という．

例 9.1 $\cos x$ は基本周期 2π をもつ周期関数である．したがって，$f(x)=\cos\dfrac{\pi}{L}x$ は基本周期 $2L$ をもつ周期関数である．実際，

$$f(x+2L)=\cos\left(\frac{\pi}{L}(x+2L)\right)=\cos\left(\frac{\pi x}{L}+2\pi\right)=\cos\frac{\pi x}{L}=f(x)$$

となる．同様に，$\sin\dfrac{\pi}{L}x$ も基本周期 $2L$ をもつ周期関数である．

例題 9.2 自然数 n に対し，周期関数 $\cos\dfrac{n\pi}{L}x, \sin\dfrac{n\pi}{L}x$ の周期を求めよ．

解 $f(x) = \cos \dfrac{n\pi}{L} x$ の周期を T とおくと，

$$f(x+T) = \cos \frac{n\pi}{L}(x+T) = \cos\left(\frac{n\pi}{L}x + \frac{n\pi}{L}T\right)$$

を得る．これが $f(x) = \cos \dfrac{n\pi}{L} x$ に等しいとおくと，$\dfrac{n\pi}{L}T = 2m\pi$ $(m = 1, 2, 3, \cdots)$ となればよい．したがって，周期は $T = (2m/n)L$ となる．特に基本周期は $m = 1$ より $2L/n$ である．$\sin \dfrac{n\pi}{L} x$ についても同様である． □

9.2 フーリエ級数とフーリエ展開

三角関数 $\cos \dfrac{n\pi}{L}x$, $\sin \dfrac{n\pi}{L}x$ $(n = 0, 1, 2, \cdots)$ を用いて以下のような形に表される無限級数を**フーリエ級数**と呼ぶ．

$$\sum_{n=0}^{\infty} \left(a_n \cos \frac{n\pi}{L}x + b_n \sin \frac{n\pi}{L}x\right) \tag{9.1}$$

ここで，係数 a_n, b_n は x に依らず n のみに依る．物理的に言えば，フーリエ級数は波長と振幅の異なる無数の正弦波の重ね合わせ (線形結合) であり，波長 $2L/n$ (n は自然数) をもつ正弦波の振幅が a_n および b_n である．

実は，周期 $2L$ の周期関数 $f(x)$ は，ある一定の条件をみたせば，どんなものでもフーリエ級数で表すことができる (詳細は 9.5 節で触れる)．これがフーリエ解析が物理学においてしばしば強力な解析手法として用いられる理由である．フーリエ級数の $n = 0$ の項は，(9.1) 式に対しては a_0 となるが，これとは異なり，a_0 ではなく $\dfrac{1}{2}a_0$ と書くのが慣例である．これは便宜上のことであり，こうする理由は係数 a_n を求める際に明らかとなる．以上より，周期 $2L$ の周期関数 $f(x)$ は

$$f(x) = \frac{1}{2}a_0 + \sum_{n=1}^{\infty} \left(a_n \cos \frac{n\pi}{L}x + b_n \sin \frac{n\pi}{L}x\right) \tag{9.2}$$

と表される．(9.1) 式の和は $n = 0$ から始まるが (9.2) 式の右辺の和は $n = 1$ から始まることに注意しよう．関数 $f(x)$ が与えられたときに係数 a_n, b_n を求めて (9.2) 式の形で表したとき，これを $f(x)$ の**フーリエ展開**という．

周期 $2L$ の周期関数 $f(x)$ が (9.2) 式のようにフーリエ展開できる場合に，係数 a_n, b_n を求めてみよう．そのための準備として，まず高校数学で習う三角関数の積分公式から始めることにする．自然数 m, n に対し，

$$\int_{-L}^{L} \cos\frac{n\pi}{L}x \cdot \cos\frac{m\pi}{L}x\,dx = L\,\delta_{nm}, \tag{9.3}$$

$$\int_{-L}^{L} \sin\frac{n\pi}{L}x \cdot \sin\frac{m\pi}{L}x\,dx = L\,\delta_{nm}, \tag{9.4}$$

$$\int_{-L}^{L} \cos\frac{n\pi}{L}x \cdot \sin\frac{m\pi}{L}x\,dx = 0 \tag{9.5}$$

が成り立つ．ここで δ_{nm} はクロネッカーのデルタで，

$$\delta_{nm} = \begin{cases} 0 & (n \neq m) \\ 1 & (n = m) \end{cases}$$

である．たとえば (9.3) 式を示すには，三角関数の積和公式

$$\cos\frac{n\pi}{L}x \cdot \cos\frac{m\pi}{L}x = \frac{1}{2}\left\{\cos\frac{(n+m)\pi}{L}x + \cos\frac{(n-m)\pi}{L}x\right\}$$

を用いればよい．積分の際には，$m = n$ のとき上式の左辺は $\cos\frac{2n\pi}{L}x + 1$ となることに注意せよ．(9.4), (9.5) 式についても同様である．

(9.3)–(9.5) 式を用いて (9.2) 式の係数 a_n, b_n を求めよう．まず，(9.2) 式の両辺に $\cos\frac{m\pi}{L}x$ をかけて，さらに区間 $-L \leqq x \leqq L$ で積分すると，

$$\begin{aligned}\int_{-L}^{L} f(x)\cos\frac{m\pi}{L}x\,dx &= \int_{-L}^{L} \frac{1}{2}a_0 \cos\frac{m\pi}{L}x\,dx \\ &\quad + \sum_{n=1}^{\infty}\left[\int_{-L}^{L}\left(a_n\cos\frac{n\pi}{L}x + b_n\sin\frac{n\pi}{L}x\right)\cos\frac{m\pi}{L}x\,dx\right]\end{aligned} \tag{9.6}$$

を得る．右辺第 1 項の積分については，$m = 0$ と $m \neq 0$ で場合分けして計算することに注意すれば $a_0 L\delta_{m0}$ に等しいことがわかる．右辺第 2 項の積分については，(9.3) 式と (9.5) 式より

$$\int_{-L}^{L}\left(a_n\cos\frac{n\pi}{L}x + b_n\sin\frac{n\pi}{L}x\right)\cos\frac{m\pi}{L}x\,dx = a_n L\,\delta_{mn}$$

となる．したがって，(9.6) 式は以下のようになる．

$$\int_{-L}^{L} f(x)\cos\frac{m\pi}{L}x\,dx = a_0 L\,\delta_{m0} + \sum_{n=1}^{\infty} a_n L\,\delta_{mn} \tag{9.7}$$

(9.7) 式に $m = 0$ を代入すると，$n \geqq 1$ に対して $\delta_{0n} = 0$ なので，

$$a_0 = \frac{1}{L}\int_{-L}^{L} f(x)\,dx \tag{9.8}$$

を得る．つまり，a_0 は $f(x)$ の $-L \leqq x \leqq L$ における平均値 (の 2 倍) である．(9.7) 式で $m \geqq 1$ のときは，$\delta_{m0} = 0$ なので以下を得る．

$$a_m = \frac{1}{L}\int_{-L}^{L} f(x)\cos\frac{m\pi}{L}x\,dx \tag{9.9}$$

導出過程からわかるように，(9.9) 式は $m \geqq 1$ のときに得られたものである．ところが，(9.9) 式に $m = 0$ を代入したものは (9.8) 式と一致するため，(9.9) 式は $m = 0$ のときでも成り立つと言うことができる．このように (9.9) 式が (9.8) 式を含むようにするために，わざわざ (9.2) 式の左辺の a_0 の前に $\frac{1}{2}$ をつけたのである．

同様に，b_n を求めるために，(9.2) 式の両辺に $\sin\frac{m\pi}{L}x$ をかけて，さらに $-L \leqq x \leqq L$ で積分すると，

$$\begin{aligned}\int_{-L}^{L} f(x)\sin\frac{m\pi}{L}xdx &= \int_{-L}^{L}\frac{1}{2}a_0\sin\frac{m\pi}{L}xdx \\ &\quad + \sum_{n=1}^{\infty}\left[\int_{-L}^{L}\left(a_n\cos\frac{n\pi}{L}xdx + b_n\sin\frac{n\pi}{L}\right)\sin\frac{m\pi}{L}xdx\right]\end{aligned}$$

を得る．右辺第 1 項は 0 となり，さらに右辺第 2 項については (9.4) 式と (9.5) 式を用いれば，上式は

$$\int_{-L}^{L} f(x)\sin\frac{m\pi}{L}x\,dx = \sum_{n=1}^{\infty} b_n L\,\delta_{mn}$$

となる．したがって，$m \geqq 1$ のとき

$$b_m = \frac{1}{L}\int_{-L}^{L} f(x)\sin\frac{m\pi}{L}x\,dx$$

となる．

以上の結果を次のようにまとめておこう．

[**周期 $2L$ の周期関数 $f(x)$ のフーリエ展開**]

周期 $2L$ の周期関数 $f(x)$ が与えられたとき，

$$a_n = \frac{1}{L}\int_{-L}^{L} f(x)\cos\frac{n\pi}{L}x\,dx \qquad (n \geqq 0), \tag{9.10}$$

$$b_n = \frac{1}{L}\int_{-L}^{L} f(x)\sin\frac{n\pi}{L}x\,dx \qquad (n \geqq 1) \tag{9.11}$$

によって係数 a_n, b_n を求めると，$f(x)$ は

$$f(x) = \frac{1}{2}a_0 + \sum_{n=1}^{\infty}\left(a_n\cos\frac{n\pi}{L}x + b_n\sin\frac{n\pi}{L}x\right) \tag{9.2}$$

とフーリエ展開される．

9.3 直交関数系

フーリエ展開は，線形代数，もっと言えば高校で習うベクトルと基底についての話と類似している[1]．これを以下で見てみよう．まず，簡単な例として，第 1 章で見たように，3 次元数ベクトル $\boldsymbol{A} = (a_1, a_2, a_3)$ を考える．以下の議論を N 次元ベクトルに対して拡張することは容易なので演習問題として読者自ら試みられよ．$\boldsymbol{A}$ を基本ベクトルからなる基底

$$\boldsymbol{e}_1 = (1,0,0), \quad \boldsymbol{e}_2 = (0,1,0), \quad \boldsymbol{e}_3 = (0,0,1)$$

の線形結合で表すと，

$$\begin{aligned}\boldsymbol{A} &= a_1\boldsymbol{e}_1 + a_2\boldsymbol{e}_2 + a_3\boldsymbol{e}_3 \\ &= \sum_{n=1}^{3} a_n\boldsymbol{e}_n \end{aligned} \tag{9.12}$$

となる．1.2 節では 3 次元数ベクトル空間での基本ベクトルからなる基底を $\boldsymbol{i}, \boldsymbol{j}, \boldsymbol{k}$ と表したが，ここでは説明の都合上，1.8 節で用いたように $\boldsymbol{i} = \boldsymbol{e}_1$, $\boldsymbol{j} = \boldsymbol{e}_2$, $\boldsymbol{k} = \boldsymbol{e}_3$ とおいている．では，(9.12) 式が与えられたときに，$\boldsymbol{A}$ の成分 a_n を求めるにはどうしたらよいであろうか．このために，$\boldsymbol{e}_n$ $(n = 1,2,3)$ は正規直交基底であることを思い出そう．つまり，

$$\boldsymbol{e}_1\cdot\boldsymbol{e}_1 = \boldsymbol{e}_2\cdot\boldsymbol{e}_2 = \boldsymbol{e}_3\cdot\boldsymbol{e}_3 = 1$$

1] 厳密には，大学初年度ではおもに有限次元 (n 次元) のベクトル空間についての線形代数を習うのに対して，以下で述べるようにフーリエ展開は無限次元のベクトル空間の線形代数となっている．

$$\boldsymbol{e}_1 \cdot \boldsymbol{e}_2 = \boldsymbol{e}_2 \cdot \boldsymbol{e}_3 = \boldsymbol{e}_3 \cdot \boldsymbol{e}_1 = 0$$

である．これらの式は以下のように一つの式にまとめることができる．

$$\boldsymbol{e}_n \cdot \boldsymbol{e}_m = \delta_{nm} \qquad (n, m = 1, 2, 3) \tag{9.13}$$

すると，(9.12) の両辺で $\boldsymbol{e}_1$ との内積をとると，(9.13) 式より，

$$\boldsymbol{A} \cdot \boldsymbol{e}_1 = (a_1\boldsymbol{e}_1 + a_2\boldsymbol{e}_2 + a_3\boldsymbol{e}_3) \cdot \boldsymbol{e}_1 = a_1$$

となり，成分 a_1 を $\boldsymbol{A}$ を用いて表すことができる．他の成分 a_2, a_3 についても同様に表すことができ，それらは，

$$a_n = \boldsymbol{A} \cdot \boldsymbol{e}_n \qquad (n = 1, 2, 3) \tag{9.14}$$

とまとめることができる．

上で現れた (9.12) 式, (9.13) 式, および (9.14) 式と，9.2 節で現れた (9.2) 式, (9.3)–(9.5) 式，および (9.10), (9.11) 式には以下のような対応がある．

(1)　(9.2) 式と (9.12) 式の比較：

(9.12) 式は「$\boldsymbol{A}$ は基底をなす基本ベクトル $\boldsymbol{e}_n$ で展開できる」ということを表し，(9.2) 式は「周期関数 $f(x)$ は (性質の良くわかっている) 三角関数で展開できる」ということを表す．

(2)　(9.3)–(9.5) 式と (9.13) 式の比較：

まず，(9.3)–(9.5) 式の積分を，二つのベクトルの内積と同様に「二つの関数の内積」と見てみよう．つまり，関数 $f(x)$ と $g(x)$ の内積 (f, g) を

$$(f, g) = \frac{1}{L}\int_{-L}^{L} f(x)g(x)dx \tag{9.15}$$

で定義する．すると，(9.3)–(9.5) 式はそれぞれ

$$\left(\cos\frac{n\pi}{L}x, \cos\frac{m\pi}{L}x\right) = \delta_{nm},$$
$$\left(\sin\frac{n\pi}{L}x, \sin\frac{m\pi}{L}x\right) = \delta_{nm},$$
$$\left(\cos\frac{n\pi}{L}x, \sin\frac{m\pi}{L}x\right) = 0$$

と書き改められる．これらと (9.13) 式を比較しよう．(9.13) 式は「3 次元数ベクトル全体のなす空間 (ベクトル空間) の中で $\boldsymbol{e}_n$ $(n = 1, 2, 3)$ は正規

直交基底をなす」ことを表すが，これと同様に，(9.3)–(9.5) 式は「関数全体のなす空間 (関数空間) の中で関数 $\cos\dfrac{n\pi}{L}x$ $(n=0,1,2,\cdots)$, $\sin\dfrac{n\pi}{L}x$ $(n=1,2,\cdots)$ は正規直交基底をなす」ことを表しているのである．

(3) (9.10), (9.11) 式と (9.14) 式の比較：

(9.15) 式で定義した内積を用いると，(9.10), (9.11) 式は

$$a_n = \left(f(x), \cos\frac{n\pi}{L}x\right) \qquad (n=0,1,2,\cdots),$$
$$b_n = \left(f(x), \sin\frac{n\pi}{L}x\right) \qquad (n=1,2,\cdots)$$

と書き換えることができる．これらと (9.14) 式を比較しよう．「ベクトル $\boldsymbol{A}$ の成分 a_n は $\boldsymbol{A}$ と正規直交基底 $\boldsymbol{e}_n$ の内積によって与えられる」のに対応して，「周期関数 $f(x)$ の展開係数 a_n および b_n は $f(x)$ と正規直交基底 $\cos\dfrac{n\pi}{L}x$ および $\sin\dfrac{n\pi}{L}x$ の内積によって与えられる」と言うことができる．

3 次元数ベクトル空間において，(9.13) 式を満たす正規直交基底は三つのベクトルからなり，任意の 3 次元ベクトルは (9.12) 式のようにこれら三つの重ね合わせ (線形結合) で表すことができた．フーリエ級数についても同様で，任意の周期関数は正規直交基底である $\cos\dfrac{n\pi}{L}x$ と $\sin\dfrac{n\pi}{L}x$ $(n=0,\ 1,\ 2,\ \cdots)$ の重ね合わせで表すことができ，これらの関数以外に必要なものはない．

一般に，二つの関数 $f(x)$, $g(x)$ に対して，ある内積 (f,g) が定義された関数の集合 (関数空間) を考えよう．この関数空間に属する関数系 $\{\varphi_n\} = \{\varphi_1(x), \varphi_2(x), \ldots\}$ に対して，$(\varphi_m, \varphi_n) = \delta_{mn}$ となるとき $\{\varphi_n\}$ を**正規直交系**という．特に，任意の関数 $f(x)$ に対して，適当に選んだ係数 a_n を用いて $f(x) = \sum\limits_{n=1}^{\infty} a_n\varphi_n(x)$ と表すことができるならば，$\{\varphi_n\}$ は**完全**であるという．関数 $f(x)$ を正規直交系 $\{\varphi_n\}$ で展開することを $f(x)$ の**直交展開**という．物理の解析において，複雑な関数を正規直交系を用いて直交展開するとわかりやすくなる例はたくさんある．任意の周期関数を完全な正規直交系をなす三角関数で表すフーリエ展開はその一例なのである．三角関数ではなく，ルジャンドル多項式，エルミート多項式，球面調和関数などといった別の正規直交系で関数を直交展開する方が見通しが良くなる場合もある．状況に応じて最適の正規直交系を選べばよい．

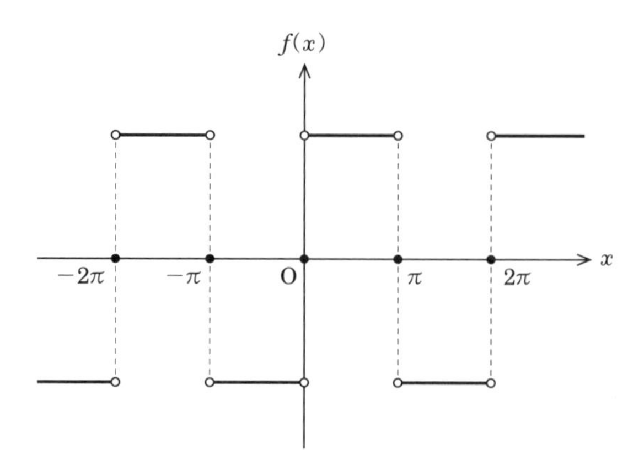

図 9.1 例題 9.3 の周期関数 $f(x)$.

9.4 フーリエ展開の例

例題 9.3 $L=\pi$ ととろう. 周期 2π の周期関数 $f(x)$ が

$$f(x)=\begin{cases} -1 & (-\pi<x<0) \\ 1 & (0<x<\pi) \end{cases} \tag{9.16}$$

と与えられる矩形波 (図 9.1 参照) をフーリエ展開せよ.

解 (9.2), (9.10), (9.11) 式に $L=\pi$ を代入すると,

$$f(x)=\frac{1}{2}a_0+\sum_{n=1}^{\infty}\left(a_n\cos nx+b_n\sin nx\right), \tag{9.17}$$

$$a_n=\frac{1}{\pi}\int_{-\pi}^{\pi}f(x)\cos nx\,dx \qquad (n\geqq 0), \tag{9.18}$$

$$b_n=\frac{1}{\pi}\int_{-\pi}^{\pi}f(x)\sin nx\,dx \qquad (n\geqq 1) \tag{9.19}$$

これらを用いて a_n, b_n を求めよう. まず, $\cos nx$ が偶関数であり, $f(x)$ が奇関数であることから, $f(x)\cos nx$ は奇関数である. したがって, ただちに $a_n=0$ を得る. 同様に b_n $(n\geqq 1)$ も計算すると,

$$b_n=\frac{1}{\pi}\int_{-\pi}^{0}(-1)\cdot\sin nx\,dx+\frac{1}{\pi}\int_{0}^{\pi}1\cdot\sin nx\,dx$$

$$= \frac{2}{n\pi}(1 - \cos n\pi)$$

求めた a_n, b_n を (9.17) 式に代入すると，$\cos n\pi = (-1)^n$ より，

$$\begin{aligned} f(x) &= \frac{2}{\pi}\sum_{n=1}^{\infty}\frac{(1-(-1)^n)}{n}\sin nx \\ &= \frac{2}{n\pi}\left(\frac{2}{1}\sin x + \frac{2}{3}\sin 3x + \frac{2}{5}\sin 5x + \cdots\right) \\ &= \frac{4}{\pi}\sum_{n=1}^{\infty}\frac{1}{2n-1}\sin(2n-1)x \end{aligned} \tag{9.20}$$

を得る． □

図 9.2 は (9.20) 式の初項 ($n = 1$) から N 番目までの項の和を図示したものである．$N = 2, 3, 4, 15, 50, 500$ と N を大きくしていくと，もとの関数 (矩形波) に近づいていくのがわかる．しかし，不連続となる点 ($x = 0, \pm\pi$) のちかくではもとの関数 $f(x)$ に対してふくらみ (オーバーシュート) やへこみ (アンダーシュート) が存在し，もとの関数との差が大きくなっている．また，ふくらみやへこみの位置は N が大きくなるにつれて不連続点に近づいていく．これらのことは図 9.2 の $N = 15$ や $N = 50$ のグラフの $x = 0$ 付近を見るのがわかりやすいであろう．このような現象は N を大きくしていっても決してなくならず，不連続点近くで「トゲ」のようなものとして残る ($N = 500$ のグラフを見よ)．これは**ギブス現象**と呼ばれ，不連続点のまわりでフーリエ級数の収束が遅くなっているために起こるものである (9.5 節を参照)．

例題 9.4 前問と同じく $L = \pi$ としよう．周期 2π の周期関数 $f(x) = x^2$ ($-\pi \leqq x \leqq \pi$) をフーリエ展開せよ．

解 (9.18), (9.19) 式に $f(x) = x^2$ を代入して a_n, b_n を求めると，$n = 0$ のとき，

$$a_0 = \frac{1}{\pi}\int_{-\pi}^{\pi} f(x)dx = \frac{2}{3}\pi^2$$

$n \geqq 1$ のとき

$$a_n = \frac{1}{\pi}\int_{-\pi}^{\pi} f(x)\cos nx\, dx = \frac{4}{n^2}(-1)^n,$$

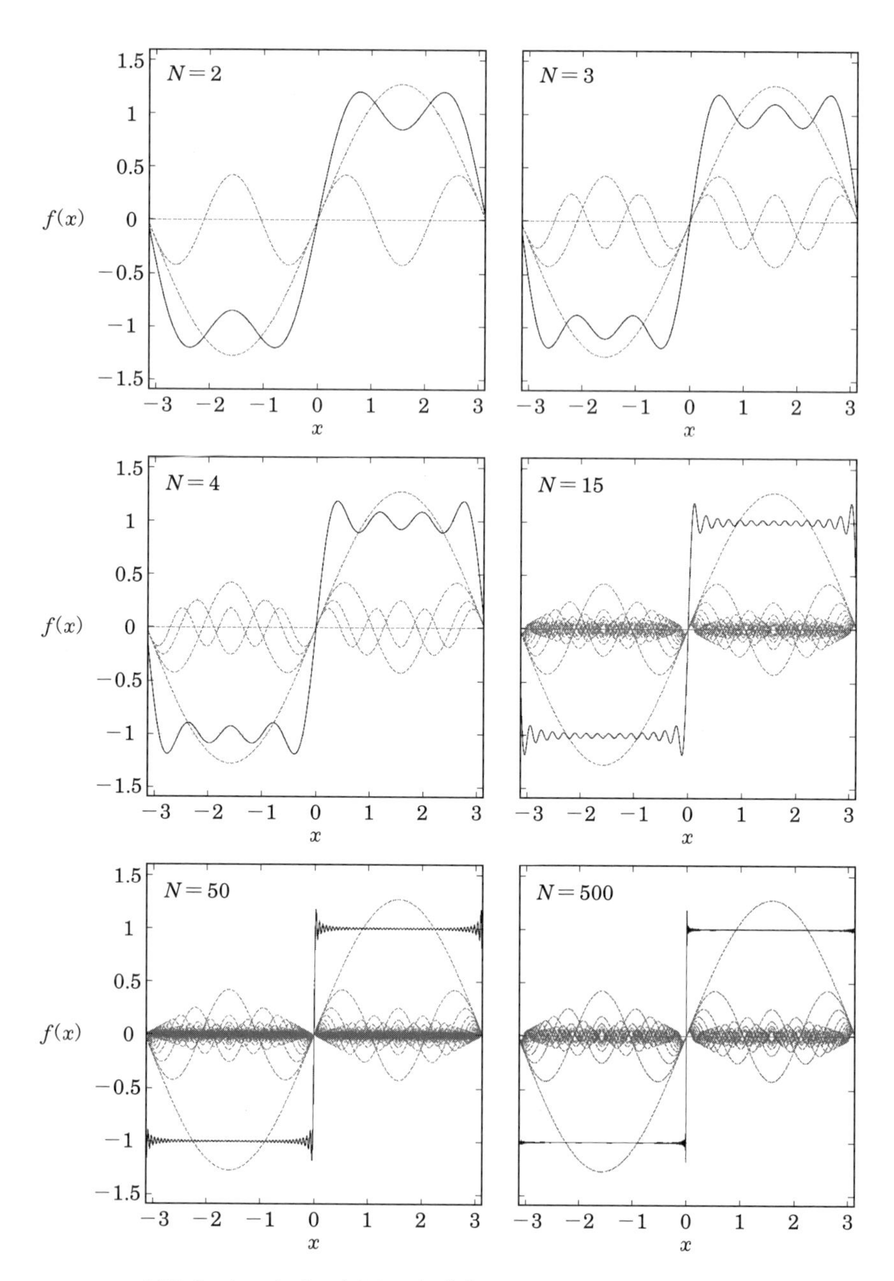

図 9.2　(9.16) 式で表される矩形波のフーリエ展開．(9.20) 式の初項 ($n = 1$) から数えて最初の $N = 2, 3, 4, 15, 50, 500$ 項目までの和を図示した．

$$b_n = \frac{1}{\pi}\int_{-\pi}^{\pi} f(x)\sin nx\,dx = 0$$

となるので，これらを (9.17) 式に代入すると，

$$\begin{aligned} f(x) &= \frac{1}{2}a_0 + \sum_{n=1}^{\infty} a_n \cos nx \\ &= \frac{\pi^2}{3} + 4\sum_{n=1}^{\infty}\frac{(-1)^n}{n^2}\cos nx \end{aligned} \tag{9.21}$$

□

9.5 フーリエ級数の収束定理

この節では，どのような条件を満たす周期関数がフーリエ展開できるのか簡単に触れる．やや発展的な内容を含むので，初学者は飛ばして先に進んでも構わない．

周期 $2L$ をもつ周期関数 $f(x)$ に対して，(9.10), (9.11) 式によって与えられる a_n, b_n を用いて，以下のように関数 $f_N(x)$ を定義する．

$$f_N(x) = \frac{a_0}{2} + \sum_{n=1}^{N}\left(a_n \cos\frac{n\pi}{L}x + b_n \sin\frac{n\pi}{L}x\right) \tag{9.22}$$

フーリエ級数の収束性に関する問題とは，N を大きくしていったときに (9.22) 式の和が収束するのか，また，収束した場合はもとの関数 $f(x)$ に一致するのか，つまり，$\lim_{N\to\infty} f_N(x) = f(x)$ となるのか，という問題である．これに対しては以下の定理が成り立つことが知られている．

定理9.5（フーリエ級数の収束定理） 周期 $2L$ をもつ周期関数 $f(x)$ が区分的になめらかであるとき，$f_N(x)$ は各点で収束する．その極限値は連続な点 x_0 では $f(x_0)$ に，不連続な点 x_1 では $f(x)$ の右からの極限値 $f(x_1+0)$ と左からの極限値 $f(x_1-0)$ の平均

$$\frac{f(x_1+0)+f(x_1-0)}{2}$$

に等しい．ただし，$\varepsilon > 0$ に対し，$f(x_1 \pm 0) = \lim_{\varepsilon\to 0} f(x_1 \pm \varepsilon)$ である．

上の定理中で $f(x)$ が「区分的になめらか」であるとは，$f(x)$ はたかだか有限個の点を除いて連続かつ微分可能であって，導関数 $\dfrac{df}{dx}$ が不連続点以外で連続であり，かつ不連続な点 x_1 では右からの極限 $f(x_1+0)$ と左からの極限 $f(x_1-0)$ を持つことを言う．フーリエ級数の収束定理の厳密な証明は他書にゆずるが，直感的理解のためには演習問題 10.1 が有用となろう[2]．

定理 9.5 に関して注意すべきことは「各点で収束」の意味である．この定理は，$N\to\infty$ のとき各々の x の値で $f_N(x)$ が $f(x)$ に収束することを保証するだけであって，収束の速さは各点で異なる場合がある．これを**各点収束**という．特に，もとの周期関数 $f(x)$ が不連続点を持つ場合，不連続点に近づくほど，そこでのフーリエ展開の収束が遅くなる．つまり，いろいろな N の値に対する $f_N(x)$ ともとの関数 $f(x)$ を図示して比較すると，$f(x)$ に収束したように見える N が不連続点に近づくほど極端に大きくなっていくのである．これがギブス現象の起こる原因である．たとえば 9.4 節の図 9.2 の例題では，不連続点 ($x=0,\ \pm\pi$) 以外の点では $N=15$ くらいでも十分もとの関数に収束しているように見えるが，不連続点付近では $N=500$ でも「トゲ」が残ってしまっている．

各点収束に対し，もっと厳しい収束の概念として**一様収束**というものがある．関数 $f_N(x)$ が

$$\max_{|x|\leqq L}|f_N(x)-f(x)|\to 0 \qquad (N\to\infty)$$

を満たすとき，$f_N(x)$ は $f(x)$ に一様収束するという[3]．このとき，すべての x において収束の速さが同じになり，ギブス現象は起こらない．たとえば，周期 $2L$ をもつ周期関数 $f(x)$ とその導関数 $\dfrac{df}{dx}$ がともに連続であれば，$f_N(x)$ は $f(x)$ に一様収束することが知られている．一般に，$f_N(x)$ が $f(x)$ に一様収束するなら

2] ただし，演習問題 10.1 を解くにあたっては 10.2 節で述べるディラックのデルタ関数の知識が必要となる．

3] 各点収束の定義を (連続な点 x_0 に対して) 厳密に書くと，
「任意の正の数 ε に対して，ある M が決まり，$N>M$ ならば $|f_N(x_0)-f(x_0)|<\varepsilon$ となるとき，$f_N(x)$ は $N\to\infty$ で $f(x)$ に各点収束するという」
となる．これに対して，一様収束の定義は，
「任意の正の数 ε と任意の x に対して，ε だけに依存する M が決まり，$N>M$ ならば $|f_N(x)-f(x)|<\varepsilon$ となるとき，$f_N(x)$ は $N\to\infty$ で $f(x)$ に一様収束するという」
とも書ける．両者の違いに注目されたい．

ば，各点収束する．しかし逆は成り立たない (演習問題 9.1 を参照のこと).

各点収束や一様収束の他にもうひとつ，**平均収束**という別の収束の概念がある．関数 $f_N(x)$ が

$$\int_{-L}^{L} |f_N(x) - f(x)|^2 dx \to 0 \qquad (N \to \infty)$$

を満たすとき，$f_N(x)$ は $f(x)$ に平均収束するという．一般に，周期 $2L$ の周期関数 $f(x)$ が **2 乗可積分**であるとき，すなわち，$\int_{-L}^{L} |f(x)|^2 dx$ が有限の値をもつとき，$f_N(x)$ は $f(x)$ に平均収束することが知られている．このことを厳密に証明するためには，高校や大学初年時の微積分学で習う積分（リーマン積分という）を拡張したルベーグ積分を用いる必要がある．しかし，応用上はリーマン積分とルベーグ積分の差異についてあまり気にする必要はない．

平均収束の例を見てみよう．以下で表される関数 $f_N(x)$ (図 9.3 (左) を参照) を考える．

$$f_N(x) = \begin{cases} 1 - N|x| & \left(|x| \leqq \dfrac{1}{N}\right) \\ 0 & \left(|x| > \dfrac{1}{N}\right) \end{cases}$$

関数 $f_N(x)$ は $f(x) = 0$ に平均収束する．なぜならば，

$$\int_{-\infty}^{\infty} |f_N(x) - f(x)|^2 dx = 2\int_{0}^{\frac{1}{N}} (1 - Nx)^2 dx = \frac{2}{3N} \to 0 \qquad (N \to \infty)$$

となるからである．しかし，$x = 0$ では，$f_N(0)$ は 1 に収束するので，$f(x) = 0$ には各点収束しない．このことを直感的に言うと，$N \to \infty$ のとき，$x = 0$ という 1 点だけで被積分関数が 0 でない値をとっても，0 でない値をとる区間の長さが 0 なので積分に寄与しないのである．

上の例をみると，平均収束は各点収束よりもゆるい条件を与えるように思われるかもしれないが，それは誤りである．一般には平均収束しても各点収束するとは限らないし，各点収束しても平均収束するとは限らない (演習問題 9.2 を参照のこと)．一方，一様収束は平均収束よりもつねに強い収束の概念である．つまり，関数列 $f_N(x)$ がもとの関数 $f(x)$ に一様収束するならば，かならず平均収束もする．しかし逆は成り立たない．このように，$f(x)$ のもつ性質 (区分的になめ

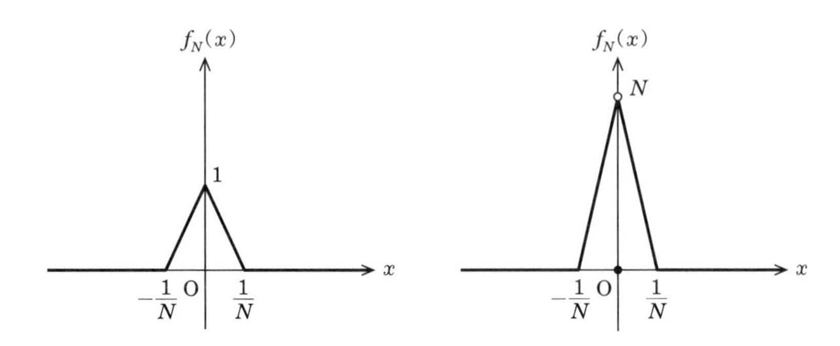

図9.3　(左) 平均収束するが各点収束しない関数の例．(右) 各点収束するが平均収束しない関数の例 (演習問題 9.2 参照).

らかなのか，2乗可積分なのか，など) によってフーリエ級数の収束の仕方が異なるのである．解析の目的に応じてどのような収束が必要なのか見極め，フーリエ級数が収束するための $f(x)$ の条件を考察すればよい．

9.6　フーリエ級数の複素表示

三角関数を指数関数で表す (6.28), (6.29) 式を用いると，フーリエ級数を指数関数を用いた形で書き直すことができる．まず，(9.2) 式に (6.28), (6.29) 式を代入すると，

$$\begin{aligned} f(x) &= \frac{a_0}{2} + \sum_{n=1}^{\infty} \left[a_n \left(\frac{e^{i\frac{n\pi}{L}x} + e^{-i\frac{n\pi}{L}x}}{2} \right) + b_n \left(\frac{e^{i\frac{n\pi}{L}x} - e^{-i\frac{n\pi}{L}x}}{2i} \right) \right] \\ &= \frac{a_0}{2} + \sum_{n=1}^{\infty} \left[\frac{1}{2}(a_n - ib_n)e^{i\frac{n\pi}{L}x} + \frac{1}{2}(a_n + ib_n)e^{-i\frac{n\pi}{L}x} \right] \end{aligned} \tag{9.23}$$

を得る．ここで，$f(x)$ は実関数 (実数値をとる関数) であることに注意しよう．つまり，(9.10), (9.11) 式で計算される a_n, b_n はともに実数となり，(9.23) 式において $a_n - ib_n$ と $a_n + ib_n$ は互いに共役な複素数となる．したがって，

$$C_0 = \frac{a_0}{2}, \tag{9.24}$$

$$C_n = \frac{1}{2}(a_n - ib_n) \qquad (n \geqq 1) \tag{9.25}$$

とおくと (9.23) 式は

$$f(x) = C_0 + \sum_{n=1}^{\infty} \left(C_n e^{i\frac{n\pi}{L}x} + C_n^* e^{-i\frac{n\pi}{L}x} \right) \tag{9.26}$$

上式の右辺には複素関数が現れているが，それは見かけ上のことであって実数値をとることを確認せよ[4]．さらに (9.26) 式を変形するために，

$$C_{-n} = C_n^* \qquad (n \geqq 1) \tag{9.27}$$

とおいてみよう．すると，(9.26) 式は

$$\begin{aligned} f(x) &= C_0 + \sum_{n=1}^{\infty} C_n e^{i\frac{n\pi}{L}x} + \sum_{n=1}^{\infty} C_{-n} e^{i\frac{(-n)\pi}{L}x} \\ &= C_0 + \left[C_1 e^{i\frac{\pi}{L}x} + C_2 e^{i\frac{2\pi}{L}x} + C_3 e^{i\frac{3\pi}{L}x} + \cdots \right] \\ &\quad + \left[C_{-1} e^{i\frac{(-1)\pi}{L}x} + C_{-2} e^{i\frac{(-2)\pi}{L}x} + C_{-3} e^{i\frac{(-3)\pi}{L}x} + \cdots \right] \\ &= \sum_{n=-\infty}^{\infty} C_n e^{i\frac{n\pi}{L}x} \end{aligned}$$

とシンプルな形にまとめられることがわかった．

次に C_n を計算してみよう．まず，$n \geqq 1$ のとき C_n は (9.25) 式で定義されていたので，(9.25) 式に (9.10), (9.11) 式を代入することにより，

$$\begin{aligned} C_n &= \frac{1}{2}(a_n - ib_n) \\ &= \frac{1}{2L}\int_{-L}^{L} f(x)\cos\frac{n\pi}{L}x\,dx - \frac{i}{2L}\int_{-L}^{L} f(x)\sin\frac{n\pi}{L}x\,dx \\ &= \frac{1}{2L}\int_{-L}^{L} f(x)\left(\cos\frac{n\pi}{L}x - i\sin\frac{n\pi}{L}x\right)dx \\ &= \frac{1}{2L}\int_{-L}^{L} f(x)\,e^{-i\frac{n\pi}{L}x}dx \end{aligned} \tag{9.28}$$

となる．最後の変形ではオイラーの公式 (6.25) を用いた．これを用いると，(9.27) 式で定義される C_{-n} $(n \geqq 1)$ は

$$C_{-n} = C_n^*$$

4] (9.26) 式で $C_n e^{i\frac{n\pi}{L}x}$ と $C_n^* e^{-i\frac{n\pi}{L}x}$ は互いに共役な複素数である．一般に，複素数 z に対して $z + z^*$ はつねに実数になることに注意．

$$= \frac{1}{2L}\int_{-L}^{L} f(x)\, e^{i\frac{n\pi}{L}x} dx$$

$$= \frac{1}{2L}\int_{-L}^{L} f(x)\, e^{-i\frac{(-n)\pi}{L}x} dx$$

となる．したがって，(9.28) 式は $n \geqq 1$ のときに得られた式であるが，形式上は $n \leqq -1$ の場合も成り立つことがわかる．最後に，(9.24) 式で定義される C_0 は，(9.8) 式を用いて

$$C_0 = \frac{a_0}{2} = \frac{1}{2L}\int_{-L}^{L} f(x)\, dx$$

となり，(9.28) 式は $n = 0$ に対しても成り立つ．結局，(9.28) 式はすべての整数 n に対して成り立つことがわかった．

以上の結果を次のようにまとめておこう．

[周期 $2L$ の周期関数 $f(x)$ のフーリエ展開の複素表示]

周期 $2L$ の周期関数 $f(x)$ が与えられたとき，整数 $n = 0, \pm 1, \pm 2, \cdots$ に対して

$$C_n = \frac{1}{2L}\int_{-L}^{L} f(x)\, e^{-i\frac{n\pi}{L}x} dx \tag{9.28}$$

によって係数 C_n を求めると，$f(x)$ は

$$f(x) = \sum_{n=-\infty}^{\infty} C_n\, e^{i\frac{n\pi}{L}x} \tag{9.29}$$

とフーリエ展開される．

9.3 節の表現を用いれば，整数 n に対して，$\left\{e^{i\frac{n\pi}{L}x}\right\}$ という関数系は完全な正規直交系になる．つまり，関数 $f(x)$ と $g(x)$ の内積 (f, g) を

$$(f, g) = \frac{1}{2L}\int_{-L}^{L} f(x) g(x) dx \tag{9.30}$$

で定義すると，

$$\left(e^{i\frac{n\pi}{L}x}, e^{i\frac{m\pi}{L}x}\right) = \delta_{nm}$$

であり，展開係数 C_n は (9.28) 式を書き改めて

$$C_n = \left(f(x), e^{-i\frac{n\pi}{L}x}\right) \tag{9.31}$$

で与えられる．(9.30) 式の右辺の係数は (9.15) 式のものとは 2 倍異なることに注意しよう．また，(9.31) 式を示すには，オイラーの公式 (6.25) と (9.3)–(9.5) 式を用いればよい．

例題 9.6 $L = \pi$ ととろう．周期 2π の周期関数 $f(x)$ が

$$f(x) = \begin{cases} -1 & (-\pi < x < 0) \\ 1 & (0 < x < \pi) \end{cases}$$

と与えられる矩形波を複素表示のフーリエ展開せよ．

解 (9.28), (9.29) 式に $L = \pi$ を代入すると，

$$C_n = \frac{1}{2\pi}\int_{-\pi}^{\pi} f(x)e^{-inx}dx, \tag{9.32}$$

$$f(x) = \sum_{n=-\infty}^{\infty} C_n e^{inx} \tag{9.33}$$

となる．C_n を計算すると，$n = 0$ のとき，

$$C_0 = \frac{1}{2\pi}\int_{-\pi}^{0}(-1)dx + \frac{1}{2\pi}\int_{0}^{\pi} 1 \cdot e^{-inx}dx = 0$$

であり，$n \neq 0$ のとき

$$C_n = \frac{1}{2\pi}\int_{-\pi}^{0} e^{-inx}dx + \frac{1}{2\pi}\int_{0}^{\pi} e^{-inx}dx = \frac{1 - e^{-in\pi}}{\pi in} \tag{9.34}$$

となる．ここで，$e^{in\pi} = e^{-in\pi} = \cos n\pi = (-1)^n$ より，上式は

$$C_n = \frac{1 - (-1)^n}{\pi in}$$

となる．したがって，(9.33) 式より，

$$\begin{aligned}
f(x) &= \sum_{\substack{n=-\infty \\ (n\neq 0)}}^{\infty} \frac{1 - (-1)^n}{\pi in} e^{inx} \\
&= \frac{1}{\pi i}\left(\frac{2}{(-1)}e^{i(-1)x} + \frac{2}{(-3)}e^{i(-3)x} + \frac{2}{(-5)}e^{i(-5)x} + \cdots\right) \\
&\quad + \frac{1}{\pi i}\left(\frac{2}{1}e^{ix} + \frac{2}{3}e^{i3x} + \frac{2}{5}e^{i5x} + \cdots\right) \\
&= \frac{2}{\pi i}\sum_{n=-\infty}^{\infty} \frac{1}{2n-1} e^{i(2n-1)x}
\end{aligned} \tag{9.35}$$

となる．(9.35) 式と (9.20) 式は，もとは同じ関数 (矩形波) を異なる表現で表したものにすぎず，当然ながら，両者は一致する．実際，(9.35) 式をオイラーの公式 (6.25) を用いて変形すれば (9.20) 式に一致することを確認してみよ．□

例題 9.7　前問と同じく $L=\pi$ としよう．周期 2π の周期関数 $f(x)=x^2$ $(-\pi \leqq x \leqq \pi)$ を複素表示のフーリエ展開をせよ．

解　前問と同様に，(9.32) 式を用いて C_n を求めると，

$$C_n = \frac{1}{2\pi}\int_{-\pi}^{\pi} x^2 e^{-inx}dx = \begin{cases} \dfrac{\pi^2}{3} & (n=0) \\ \dfrac{2}{n^2}(-1)^n & (n \neq 0) \end{cases}$$

これを (9.33) 式に代入すると，

$$\begin{aligned} f(x) &= \frac{\pi^2}{3} + \sum_{\substack{n=-\infty \\ (n\neq 0)}}^{\infty} \frac{2}{n^2}(-1)^n e^{inx} \\ &= \frac{\pi^2}{3} + 2\sum_{n=1}^{\infty} \frac{(-1)^n}{n^2}\left(e^{inx}+e^{-inx}\right) \end{aligned} \tag{9.36}$$

を得る．(6.28) 式に注意すれば，(9.21) 式と (9.36) 式が一致することが確認できよう．□

問 9.1　周期 2 をもつ周期関数 $f_N(x)=|x|^N$ $(-1 \leqq x \leqq 1)$ を考えよう ((9.22) 式で $L=1$ とおくことに相当)．このとき $f_N(x)$ は以下の関数 $f(x)$ に各点収束するが一様収束はしないことを示せ．

$$f(x) = \begin{cases} 0 & (-1 < x < 1) \\ 1 & (x = \pm 1) \end{cases}$$

問 9.2 図 9.3 (右) に表す関数

$$f_N(x) = \begin{cases} N(1 - N|x|) & \left(|x| < \dfrac{1}{N} \text{ かつ } x \neq 0\right) \\ 0 & \left(|x| > \dfrac{1}{N} \text{ または } x = 0\right) \end{cases}$$

は $N \longrightarrow \infty$ で $f(x) = 0$ に各点収束するが平均収束しないことを示せ.

第 10 章
フーリエ変換

第 9 章では，周期 $2L$ の周期関数が三角関数 $\cos \dfrac{n\pi}{L}x, \sin \dfrac{n\pi}{L}x$ $(n = 0, 1, 2, \cdots)$ や指数関数 $e^{i\frac{n\pi}{L}x}$ $(n = 0, \pm 1, \pm 2, \cdots)$ の和で書けることを見た．周期的でない関数に対してもフーリエ展開と良く似た表式を得ることができる．そのためには，周期を持たない一般の関数は無限大の周期を持つと考えて，第 9 章で得たフーリエ展開の結果の $L \to \infty$ の極限を考えればよい．

10.1　フーリエ変換の導出

有限の周期 $2L$ をもつ周期関数 $f(x)$ に対する複素表示のフーリエ展開を与える (9.28), (9.29) 式から出発しよう．これらの式の $L \to \infty$ の極限を考えることにする．以下で定義される $\Delta\omega$ を用いると式変形の見通しが良くなる．

$$\Delta\omega = \frac{\pi}{L}$$

すると，$L \to \infty$ のとき $\Delta\omega \to 0$ となる．

一般に，関数 $P(\omega)$ に対して，$\Delta\omega \to 0$ のときの和の極限と積分の関係：

$$\sum_{n=-\infty}^{\infty} P(n\Delta\omega)\,\Delta\omega \xrightarrow[\Delta\omega\to 0]{} \int_{-\infty}^{\infty} P(\omega)\,d\omega \tag{10.1}$$

を思い出そう．この関係が使える形に (9.28), (9.29) 式を変形していく．

まず，(9.29) 式に $\dfrac{\pi}{L} = \Delta\omega$ を代入し，

$$f(x) = \sum_{n=-\infty}^{\infty} \Delta\omega \left(\frac{C_n}{\Delta\omega}\right) e^{i(n\Delta\omega)x}$$

と変形する．すると，

$$\frac{C_n}{\Delta\omega} = \frac{1}{2\pi}\int_{-L}^{L} f(y)e^{-i(n\Delta\omega)y}dy$$

なので，

$$f(x) = \frac{1}{2\pi}\sum_{n=-\infty}^{\infty}\left[\int_{-L}^{L} f(y)e^{-i(n\Delta\omega)y}dy\right]e^{i(n\Delta\omega)x}\Delta\omega$$

となる．ここで $\Delta\omega \to 0$ $(L \to \infty)$ とすると，(10.1) 式の関係より

$$f(x) = \frac{1}{2\pi}\int_{-\infty}^{\infty}\left[\int_{-\infty}^{\infty} f(y)e^{-i\omega y}dy\right]e^{i\omega x}d\omega$$

を得る．したがって，

$$F(\omega) = \int_{-\infty}^{\infty} f(y)e^{-i\omega y}dy \tag{10.2}$$

とおくと

$$f(x) = \frac{1}{2\pi}\int_{-\infty}^{\infty} F(\omega)e^{i\omega x}d\omega \tag{10.3}$$

となる．(10.2) 式を用いて $f(x)$ から $F(\omega)$ を求めることを「$f(x)$ を**フーリエ変換**する」といい，(10.3) 式を用いて $F(\omega)$ から $f(x)$ を求めることを「$F(\omega)$ を**フーリエ逆変換**する」という．関数 $F(\omega)$ を $f(x)$ の**フーリエ成分**という．

(10.2) 式と (10.3) 式はそれぞれ (9.28) 式と (9.29) 式と類似していることに注目しよう．フーリエ級数と同様に，$f(x)$ は無数の波の重ね合わせで表せることを (10.3) 式は示し，さらにそれぞれの波の振幅 $F(\omega)$ は (10.2) 式で与えられる．

上述のように本書ではフーリエ級数から出発して (10.2), (10.3) 式を導出したが，すべての関数に対してフーリエ変換が可能なわけではないことに注意しよう．9.5 節では，周期関数のフーリエ展開に対するフーリエ級数の収束定理について触れたが，フーリエ変換・フーリエ逆変換に対しても，フーリエ級数の収束定理に類似した以下の定理が成り立つ (証明はフーリエ級数の収束定理とよく似ており，ここでは結果の紹介だけにとどめる).

定理 10.1 (フーリエの積分定理) 関数 $f(x)$ が $-\infty < x < \infty$ で区分的になめらかで，かつ，絶対可積分ならば，(10.2) 式で与えられる $F(\omega)$ が存在し，さらにその $F(\omega)$ を用いて $\dfrac{1}{2\pi}\displaystyle\int_{-\infty}^{\infty} F(\omega)e^{i\omega x}d\omega$ (つまり (10.3) 式の右辺) を計算すると，それは関数 $f(x)$ の連続な点 x_0 では $f(x_0)$ に，不連続な点 x_1 では $\dfrac{1}{2}[f(x_1+0)+f(x_1-0)]$ に等しくなる．

ここで $f(x)$ が**絶対可積分**であるとは，積分 $\displaystyle\int_{-\infty}^{\infty} |f(x)|dx$ が有限の値をとることを言う．

特に $f(x)$ が実関数 (実数値をもつ関数) のとき，つまり，

$$f(x) = f(x)^*$$

となるとき，(10.2) 式の複素共役をとると，

$$F(\omega)^* = \int_{-\infty}^{\infty} f(y)^* e^{i\omega y}dy = \int_{-\infty}^{\infty} f(y)e^{i\omega y}dy = F(-\omega)$$

となる．これは複素表示のフーリエ級数の展開係数 C_n に対する (9.27) 式に対応するものである．

関数 $f(x)$ に対して $|F(\omega)|^2$ をスペクトルと呼ぶときがある．具体例として，電磁波を考えよう．電磁波は電場と磁場の変動が波として空間を伝わっているものである．一般に，白色光とは，さまざまな波長 (したがって，さまざまな振動数) の単色光 (正弦波) の重ね合わせである．たとえば太陽光も白色光の一種である．白色光をガラスでできたプリズムに通すと，空気に対するガラスの屈折率が波長により異なるため，光の分散が起こる．プリズムを通した光をスクリーンに映すと，白色光が赤・橙・黄・緑・青・藍・紫といった色を持つ単色光に分かれる様子を観察できる．プリズムに白色光が入射する場所付近での電場または磁場の変位は時間の関数であり，それを $A(t)$ と書くことにする[1]．すると，$A(t)$ とそのフーリエ成分 $F(\omega)$ は (10.2), (10.3) 式と同様に，

1] 電場は一般には 3 次元ベクトルであるが，ここでは簡単のために 1 次元量として扱っている．たとえば，直線偏波を考えて $A(t)$ を電場ベクトルの x 成分等としたと思っていただきたい．

$$F(\omega) = \int_{-\infty}^{\infty} A(t) e^{-i\omega t} dt,$$
$$A(t) = \frac{1}{2\pi} \int_{-\infty}^{\infty} F(\omega) e^{i\omega t} d\omega$$

という関係で結ばれる．スクリーンに映る七色の光の強度を測定するということは，$|F(\omega)|^2$ を求める作業なのである．

同様に，我々が音楽をきいて，ド・ミ・ソなどの音程をききとる過程もフーリエ変換をしていることと同じである．音波は空気中を伝わって人間の耳に届き，耳の鼓膜を振動させ変位 $A(t)$ を生む．我々は，関数 $A(t)$ をフーリエ変換してスペクトル $|F(\omega)|^2$ を求め，その値が大きくなる角振動数 ω を測定し，たとえばそれが $f = \dfrac{\omega}{2\pi} \approx 440$ Hz ならば「ラ」の音であるというように音の高さを判別しているのである．

例題 10.2 関数 $f(x)$, $g(x)$ を (10.2) 式にしたがってフーリエ変換したものをそれぞれ $F(\omega)$, $G(\omega)$ とするとき，以下をフーリエ変換したものを F, G, ω 等を用いて表せ．

(1) $af(x) + bg(x)$ (a, b は定数)

(2) $f(x+a)$ (a は定数)

(3) $f(ax)$ ($a > 0$ は定数)

(4) $f(x)^*$

(5) $e^{iax} f(x)$ (a は定数)

(6) $\dfrac{df}{dx}$ (ただし $\displaystyle\lim_{x\to\pm\infty} f(x) = 0$)

(7) $\dfrac{d^n f}{dx^n}$ (ただし $k = 0, 1, \cdots, n-1$ に対して $\displaystyle\lim_{x\to\pm\infty} \frac{d^k f}{dx^k} = 0$)

解 (10.2) 式より，

$$F(\omega) = \int_{-\infty}^{\infty} f(x) e^{-i\omega x} dx,$$
$$G(\omega) = \int_{-\infty}^{\infty} g(x) e^{-i\omega x} dx$$

である．これらを用いて，与えられた式をフーリエ変換する．

(1) $$\int_{-\infty}^{\infty} \{af(x) + bg(x)\} e^{-i\omega x} dx = a \int_{-\infty}^{\infty} f(x) e^{-i\omega x} dx + b \int_{-\infty}^{\infty} g(x) e^{-i\omega x} dx$$

となるが，$F(\omega)$, $G(\omega)$ の定義より，

$$\int_{-\infty}^{\infty} \{af(x)+bg(x)\}\, e^{-i\omega x}dx = aF(\omega)+bG(\omega)$$

(2)　$x+a=y$ と変数変換すると，

$$\begin{aligned}\int_{-\infty}^{\infty} f(x+a)e^{-i\omega x}dx &= \int_{-\infty}^{\infty} f(y)e^{-i\omega(y-a)}dy \\ &= e^{i\omega a}\int_{-\infty}^{\infty} f(y)e^{-i\omega y}dy \\ &= e^{i\omega a}F(\omega)\end{aligned}$$

(3)　$ax=y$ と変数変換すると，

$$\begin{aligned}\int_{-\infty}^{\infty} f(ax)e^{-i\omega x}dx &= \int_{-\infty}^{\infty} f(y)e^{-i\omega(y/a)}\frac{1}{a}dy \\ &= \frac{1}{a}\int_{-\infty}^{\infty} f(y)e^{-i(\omega/a)y}dy \\ &= \frac{1}{a}F\left(\frac{\omega}{a}\right)\end{aligned}$$

(4)　$\displaystyle\int_{-\infty}^{\infty} f(x)^* e^{-i\omega x}dx = \left(\int_{-\infty}^{\infty} f(x)e^{i\omega x}dx\right)^* = F(-\omega)^*$

(5)　$\displaystyle\int_{-\infty}^{\infty} e^{iax}f(x)e^{-i\omega x}dx = \int_{-\infty}^{\infty} f(x)e^{-i(\omega-a)x}dx = F(\omega-a)$

(6)　微分積分学で習った部分積分の公式より，

$$\int_{-\infty}^{\infty}\frac{df}{dx}e^{-i\omega x}dx = \left[f(x)e^{-i\omega x}\right]_{x=-\infty}^{x=\infty} - \int_{-\infty}^{\infty} f(x)(-i\omega)e^{-i\omega x}dx$$

右辺第1項は条件 $\displaystyle\lim_{x\to\pm\infty} f(x)=0$ より 0 である．したがって，

$$\int_{-\infty}^{\infty}\frac{df}{dx}e^{-i\omega x}dx = i\omega\int_{-\infty}^{\infty} f(x)e^{-i\omega x}dx = i\omega F(\omega)$$

(7)　(6) と同様の計算を繰り返すことにより，

$$\int_{-\infty}^{\infty}\frac{d^n f}{dx^n}e^{-i\omega x}dx = (i\omega)^n F(\omega)$$

□

10.2 ディラックのデルタ関数

ある関数 $f(x)$ が与えられたとき，そのフーリエ成分 $F(\omega)$ をフーリエ逆変換するともとの関数 $f(x)$ に戻らなければならない．このことを式で表してみよう．すなわち，(10.3) 式に (10.2) 式を代入すると，

$$\begin{aligned} f(x) &= \frac{1}{2\pi}\int_{-\infty}^{\infty}\left(\int_{-\infty}^{\infty} f(y)e^{-i\omega y}dy\right)e^{i\omega x}d\omega \\ &= \frac{1}{2\pi}\int_{-\infty}^{\infty}\left[\int_{-\infty}^{\infty} f(y)e^{i\omega(x-y)}dy\right]d\omega \end{aligned}$$

を得る．ここで，y 積分と ω 積分の順序を入れかえると，

$$\begin{aligned} f(x) &= \frac{1}{2\pi}\int_{-\infty}^{\infty}\left[\int_{-\infty}^{\infty} f(y)e^{i\omega(x-y)}d\omega\right]dy \\ &= \int_{-\infty}^{\infty} f(y)\left[\frac{1}{2\pi}\int_{-\infty}^{\infty} e^{i\omega(x-y)}d\omega\right]dy \end{aligned} \tag{10.4}$$

となる．ここで，

$$\delta(x) = \frac{1}{2\pi}\int_{-\infty}^{\infty} e^{i\omega x}d\omega \tag{10.5}$$

とおいてみよう．すると，(10.4) 式は

$$f(x) = \int_{-\infty}^{\infty} f(y)\delta(x-y)dy \tag{10.6}$$

となる．これは任意の関数 $f(x)$ に対して成り立ち，フーリエ変換 (10.2) とフーリエ逆変換 (10.3) が無矛盾であることを示すものである．

ところが，(10.5) 式の右辺の積分は値をもたないことがすぐにわかる．まず $x \neq 0$ のとき，(10.5) 式の右辺の積分は

$$\frac{1}{2\pi}\int_{-\infty}^{\infty}(\cos\omega x + i\sin\omega x)d\omega = \frac{1}{2\pi x}\Big[\sin\omega x - i\cos\omega x\Big]_{\omega=-\infty}^{\omega=\infty}$$

となり，$-\infty \leqq \omega \leqq \infty$ での積分の値は定まらない[2]．また $x = 0$ のとき，$\dfrac{1}{2\pi}\displaystyle\int_{-\infty}^{\infty} d\omega = \infty$ と発散する．さらに，$x = 0$ で $\delta(x)$ は明らかに不連続である．このように，$\delta(x)$ は普通の関数ではないことがわかる．

実は，$\delta(x)$ は以下に示すように普通の関数への作用として積分形で定義され

る．そのために，(10.6) 式が任意の関数 $f(x)$ に対して成り立つことを用いて，$\delta(x)$ に対して成り立つ条件を積分形で求めよう．まず，(10.6) 式で $f(x) \equiv 1$ とすると，

$$1 = \int_{-\infty}^{\infty} \delta(x-y)dy$$

ここで，y から t へ $x-y=t$ と変数変換すると，$-dy = dt$ であることに注意して，

$$\int_{-\infty}^{\infty} \delta(t)dt = 1$$

積分変数を t から x へ改めると，

$$\int_{-\infty}^{\infty} \delta(x)dx = 1 \tag{10.7}$$

次に (10.6) で $f(x) = g(-x)$ と置き換えると，

$$g(-x) = \int_{-\infty}^{\infty} g(-y)\delta(x-y)dy$$

先ほどと同様に $x-y=t$ と変数変換すると，

$$g(-x) = \int_{-\infty}^{\infty} g(t-x)\delta(t)dt$$

上式に $x=0$ を代入すると，

$$\int_{-\infty}^{\infty} g(t)\delta(t)dt = g(0)$$

積分変数を t から x へ改めて，

$$\int_{-\infty}^{\infty} g(x)\delta(x)dx = g(0) \tag{10.8}$$

2] (p.179) にもかかわらず，自然数 n に対して積分範囲を $-\frac{2n\pi}{x} \leqq \omega \leqq \frac{2n\pi}{x}$ として積分すると，

$$\frac{1}{2\pi}\int_{-\frac{2n\pi}{x}}^{\frac{2n\pi}{x}} e^{i\omega x}d\omega = \frac{1}{2\pi x}\Big[\sin\omega x - i\cos\omega x\Big]_{\omega=-\frac{2n\pi}{x}}^{\omega=\frac{2n\pi}{x}} = 0$$

となることに注目しよう．すると，$n \to \infty$ の極限より，(10.5) 式の右辺の積分は 0 になる．つまり，$x \neq 0$ で $\delta(x) = 0$ となる．この計算は積分範囲を都合良く制限しているため，正確性に欠ける危ない議論であるが，直感的理解のためには有益であろう．

これは任意の関数 $g(x)$ に対して成り立つことに注意しよう．以降では，(10.7), (10.8) 式を満たす関数として $\delta(x)$ を定義し，これを**ディラックのデルタ関数**と呼ぶ．

このように，ディラックのデルタ関数の定義には (10.5) 式は必要ない．しかし，実用上は，(10.5) 式が有用になるときがある．つまり，計算途中で $\int_{-\infty}^{\infty} e^{i\omega x}d\omega$ という積分が現れた場合はこれを $2\pi\delta(x)$ と置き替えてやればよい．

ディラックのデルタ関数はフーリエ解析とも密接な関係にあるが，物理学のいろいろな場面で登場する．たとえば，電磁気学において，原点 $x=y=z=0$ に点電荷 Q がある場合，電荷密度 $\rho(x,y,z)$ は

$$\rho(x,y,z) = Q\delta(x)\delta(y)\delta(z)$$

と表される．一般に，空間内の電荷の総量は電荷密度の体積積分で与えられるが，いまの場合，

$$\begin{aligned}
&\int_{-\infty}^{\infty}\int_{-\infty}^{\infty}\int_{-\infty}^{\infty}\rho(x,y,z)dxdydz \\
&= Q\left(\int_{-\infty}^{\infty}\delta(x)dx\right)\left(\int_{-\infty}^{\infty}\delta(y)dy\right)\left(\int_{-\infty}^{\infty}\delta(z)dz\right) \\
&= Q
\end{aligned}$$

となり，原点においた点電荷の電荷に等しくなる．

ディラックのデルタ関数は以下の性質をもつ．

(i) $a \neq 0$ に対し，

$$\delta(ax) = \frac{1}{|a|}\delta(x) \tag{10.9}$$

が成り立つ．ただし，この式は，

$$\int_{-\infty}^{\infty} f(x)\delta(ax)dx = \int_{-\infty}^{\infty} f(x)\frac{1}{|a|}\delta(x)dx$$

の被積分関数に成り立つものと解釈すべきである．なぜならば，ディラックのデルタ関数を含む計算はすべて積分形で現れるからである．この積分の関係式を示すのは容易である．$ax=t$ と変数変換をして (10.8) 式を用いれば，

$$(\text{左辺}) = \int_{-\infty}^{\infty} f(x)\delta(ax)dx = \int_{-\infty}^{\infty} f\left(\frac{t}{a}\right)\delta(t)\frac{dt}{|a|} = \frac{1}{|a|}f(0) = (\text{右辺})$$

となる.

(ii) (10.9) 式に $a=-1$ を代入すると $\delta(-x)=\delta(x)$

$$\delta(-x)=\delta(x) \tag{10.10}$$

となる. つまり, $\delta(x)$ は「偶関数」である.

(iii) 定数 a と任意の関数 $f(x)$ に対し,

$$f(x)\delta(x-a)=f(a)\delta(x-a) \tag{10.11}$$

が成り立つ. ただし, これも (i) と同様に,

$$\int_{-\infty}^{\infty} f(x)\delta(x-a)dx=\int_{-\infty}^{\infty} f(a)\delta(x-a)dx$$

の被積分関数に対して成り立つものという意味である. この式を示すのも容易である. $x-a=t$ と変数変換をして, (10.7), (10.8) 式を用いれば,

$$(\text{左辺})=\int_{-\infty}^{\infty} f(t+a)\delta(t)dt=f(a)=(\text{右辺})$$

となる.

例題 10.3 図 10.1 に示す階段関数 $\theta(x)$ は以下のように与えられる.

$$\theta(x)=\begin{cases} 1 & (x>0) \\ 0 & (x<0) \end{cases}$$

このとき $\dfrac{d\theta}{dx}$ はディラックのデルタ関数に等しいことを示せ.

解 $\dfrac{d\theta}{dx}$ がデルタ関数の定義式 (10.7), (10.8) を満たす, つまり,

$$\int_{-\infty}^{\infty} \frac{d\theta}{dx}dx=1,$$

$$\int_{-\infty}^{\infty} g(x)\frac{d\theta}{dx}dx=g(0)$$

を満たすことを示せばよい. (10.7) 式を満たすことは,

$$\int_{-\infty}^{\infty} \frac{d\theta}{dx}dx=\Big[\theta(x)\Big]_{-\infty}^{\infty}=\theta(\infty)-\theta(-\infty)=1$$

と示せる. (10.8) 式を満たすことは, なめらかで有界な任意の関数 $g(x)$ に対し,

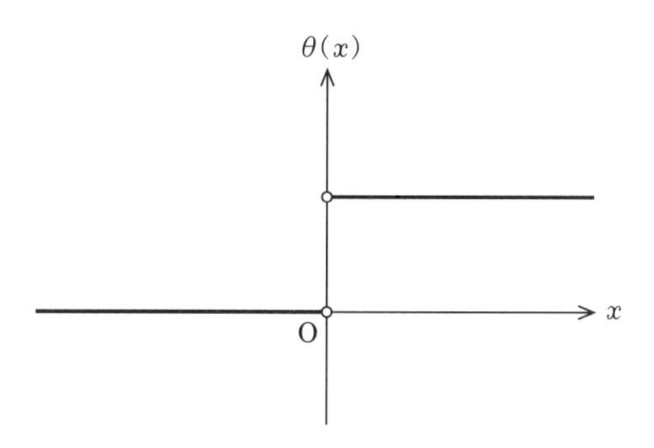

図 10.1　階段関数 $\theta(x)$.

$$\begin{aligned}\int_{-\infty}^{\infty} g(x)\frac{d\theta}{dx}dx &= \Big[g(x)\theta(x)\Big]_{-\infty}^{\infty} - \int_{-\infty}^{\infty}\frac{dg}{dx}\theta(x)dx \\ &= g(\infty) - \int_{0}^{\infty}\frac{dg}{dx}dx \\ &= g(0)\end{aligned}$$

と示すことができる．図 10.1 からもわかるように，$\theta(x)$ の「微分」を考えると，$x \neq 0$ で $\delta(x) = \dfrac{d\theta}{dx} = 0$ であり，$x = 0$ で $\delta(x) = \dfrac{d\theta}{dx} = \infty$ となっていることが確認できる．□

10.3 フーリエ変換の例

例題 10.4 以下で与えられる関数 $f(x)$ をフーリエ変換してフーリエ成分 $F(\omega)$ を求めよ．

(1) $f(x) = 1$

(2) $f(x) = \delta(x)$

(3) $f(x) = \begin{cases} 1 & (|x| \leqq a) \\ 0 & (|x| > a) \end{cases}$　(a は正の定数)

(4) $f(x) = e^{-a|x|}$　(a は正の定数)

(5) $f(x) = e^{-ax^2}$　(a は正の定数)

解 フーリエ変換を与える (10.3) 式に従って $F(\omega)$ を計算すればよい．

(1) (10.5), (10.10) 式より，

$$F(\omega)=\int_{-\infty}^{\infty}1\cdot e^{-i\omega x}dx=2\pi\delta(-\omega)=2\pi\delta(\omega)$$

(2) (10.8) 式より，

$$F(\omega)=\int_{-\infty}^{\infty}\delta(x)e^{-i\omega x}dx=1$$

(3) (6.29) 式より，

$$F(\omega)=\int_{-a}^{a}1\cdot e^{-i\omega x}dx=-\frac{1}{i\omega}\left(e^{-i\omega a}-e^{i\omega a}\right)=\frac{2\sin(\omega a)}{\omega}$$

(4) 絶対値の記号をはずすために積分区間を二つに分ければよい．

$$\begin{aligned}F(\omega)&=\int_{-\infty}^{\infty}e^{-a|x|}e^{-i\omega x}dx\\&=\int_{-\infty}^{0}e^{(a-i\omega)x}dx+\int_{0}^{\infty}e^{-(a+i\omega)x}dx\\&=\frac{1}{a-i\omega}+\frac{1}{a+i\omega}\\&=\frac{2a}{a^2+\omega^2}\end{aligned}$$

(5) 複素積分の手法を用いて計算してみよう．まず，指数関数の引数の部分を平方完成させ，

$$\begin{aligned}F(\omega)&=\int_{-\infty}^{\infty}e^{-ax^2}e^{-i\omega x}dx\\&=\int_{-\infty}^{\infty}e^{-a(x+\frac{i\omega}{2a})^2}e^{-\frac{\omega^2}{4a}}dx\end{aligned}$$

と変形する．さらに，$z=x+\dfrac{i\omega}{2a}$ と変数変換すると，$F(\omega)$ は複素積分

$$I=\int_{-\infty+\frac{i\omega}{2a}}^{\infty+\frac{i\omega}{2a}}e^{-az^2}dz$$

を用いて

$$F(\omega)=Ie^{-\frac{\omega^2}{4a}}$$

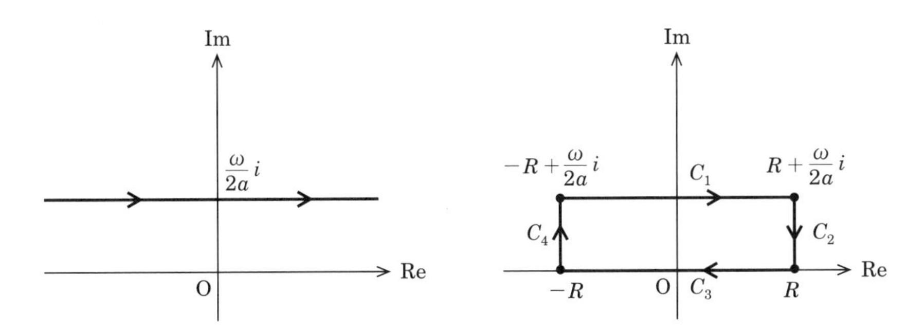

図 10.2 左：$\omega > 0$ のときの複素平面上での例題 10.4 の (5) の積分 I の経路．右：I を計算するための経路 ($\omega > 0$)．C_1 は $z = -R + \frac{i\omega}{2a}$ から $z = R + \frac{i\omega}{2a}$ までの直線，C_2 は $z = R + \frac{i\omega}{2a}$ から $z = R$ までの直線，C_3 は $z = R$ から $z = -R$ までの直線，C_4 は $z = -R$ から $z = -R + \frac{i\omega}{2a}$ までの直線である．

と書ける．以下では $\omega > 0$ のときを考える．積分 I の積分経路は図 10.2 左に示す直線である．積分 I を計算するためには，図 10.2 (右) に示す単一閉曲線 $C = C_1 + C_2 + C_3 + C_4$ をとり，あとで $R \to \infty$ の極限を考えればよい．

被積分関数は正則なので，コーシーの積分定理 (定理 7.5) より，

$$\int_{C_1} e^{-az^2} dz + \int_{C_2} e^{-az^2} dz + \int_{C_3} e^{-az^2} dz + \int_{C_4} e^{-az^2} dz = 0 \qquad (10.12)$$

上式において，左辺第 1 項は $R \to \infty$ で I に等しくなる．

$$\int_{C_1} e^{-az^2} dz \xrightarrow[R\to\infty]{} I$$

第 2 項については，経路 C_2 を $z(s) = R - si \left(-\frac{\omega}{2a} \leqq s \leqq 0\right)$ と表すと，(7.4) 式より，$a > 0$ であることに注意すれば，

$$\int_{C_2} e^{-az^2} dz = \int_{-\frac{\omega}{2a}}^{0} e^{-a(R-si)^2} (-i)\, ds \xrightarrow[R\to\infty]{} 0$$

第 4 項についても第 2 項と同様に評価できる．経路 C_4 を $z(s) = -R + si \left(0 \leqq s \leqq \frac{\omega}{2a}\right)$ と表すと，$a > 0$ より

$$\int_{C_4} e^{-az^2} dz = \int_0^{\frac{\omega}{2a}} e^{-a(-R+si)^2} i\,ds \xrightarrow[R\to\infty]{} 0$$

第 3 項は，実軸に沿っての積分であり，

$$\int_{C_3} e^{-az^2} dz = -\int_{-R}^{R} e^{-az^2} dz \xrightarrow[R\to\infty]{} -\int_{-\infty}^{\infty} e^{-ax^2} dx \tag{10.13}$$

という「ガウス積分」と呼ばれる正規分布の積分に帰着し，その値は

$$\int_{-\infty}^{\infty} e^{-ax^2} dx = \sqrt{\frac{\pi}{a}}$$

となることが良く知られている[3]．以上より (10.12) 式の $R \to 0$ での極限は，$0 = I - \sqrt{\frac{\pi}{a}}$ となり，$I = \sqrt{\frac{\pi}{a}}$．したがって，

$$F(\omega) = \sqrt{\frac{\pi}{a}}\, e^{-\frac{\omega^2}{4a}}$$

($\omega \leqq 0$ のときも同様の計算により同じ結果を得る．)　□

上の例題の (5) が示すように，正規分布 (ガウシアン, ガウス関数) のフーリエ変換はやはり正規分布になる．

また，上の例題で (3)–(5) の $f(x)$ とそのフーリエ成分 $F(\omega)$ のグラフを読者自ら描いてみるとよいであろう．すると以下のことに気づくであろう．

まず，(3) の $f(x)$ から見てみよう．この $f(x)$ が 0 でない値をとる範囲は $-a \leqq x \leqq a$ であり，その長さは $2a$ である．これを関数 $f(x)$ の「幅」と呼ぶことにしよう．多少荒っぽいと思うかもしれないが，数係数の 2 を無視して「$f(x)$

3] ガウス積分の値の計算の仕方は幾通りもあるが，シンプルな導出は以下である．求める積分を K とすると，

$$K^2 = \left(\int_{-\infty}^{\infty} e^{-ax^2} dx\right)\left(\int_{-\infty}^{\infty} e^{-ay^2} dy\right) = \int_{-\infty}^{\infty}\int_{-\infty}^{\infty} e^{-a(x^2+y^2)} dxdy$$

を得る．これは 2 次元平面上での面積分である．そして，直交座標 (x, y) から極座標 (r, θ) へ $x = r\cos\theta$, $y = r\sin\theta$ により座標変換すると，$dxdy = rdrd\theta$ より

$$K^2 = 2\pi \int_0^{\infty} e^{-ar^2} rdr$$

となるが，$r^2 = t$ と変数変換すると $2rdr = dt$ より積分が実行できて，$K^2 = \frac{\pi}{a}$ となる．したがって，$K = \sqrt{\frac{\pi}{a}}$ となる．

の幅は a 程度」と言うことができる．a が $a \ll 1$ から $a \gg 1$ と増大するにつれて，$f(x)$ のグラフの形は「幅」の狭い縦長の長方形から「幅」の広い横長の長方形へと変化していく．$f(x)$ のフーリエ成分は $F(\omega) \propto \dfrac{\sin a\omega}{\omega}$ であるが，この関数は $|\omega| \gg a^{-1}$ で 0 に減衰していくため，オーダー 1 の定数を無視して $F(\omega)$ の幅は a^{-1} 程度となり，これは $f(x)$ の幅の逆数に等しい．したがって，a が大きくなるにつれ，$F(\omega)$ のピークは鋭くなる．

以上で述べた $f(x)$ とそのフーリエ成分 $F(\omega)$ の対応関係については同じことが (4) や (5) についても言える．(4) の $f(x) = e^{-a|x|}$ は $|x| \gg a^{-1}$ で指数関数のために急激に減衰するため，$f(x)$ は a^{-1} 程度の幅をもつ．このとき，$F(\omega) = \dfrac{2a}{\omega^2 + a^2}$ という関数は $|\omega| \ll a$ では $F(\omega) \approx \dfrac{2}{a}$ となるが，$|\omega| \gg a$ では $F(\omega) \propto \omega^{-2}$ となって 0 に漸近する．したがって，$F(\omega)$ の幅は a 程度となり，$f(x)$ の幅の逆数に等しい．(5) についても，$f(x)$ は $a^{-1/2}$ 程度の幅を持つのに対し，$F(\omega) \propto e^{-\frac{\omega^2}{4a}}$ は $a^{1/2}$ 程度の幅をもち，これは $f(x)$ の幅の逆数に等しい．さらに (1) や (2) では $f(x)$ や $F(\omega)$ は一定値をとる定数関数やディラックのデルタ関数だが，これらについても (3)–(5) の場合の拡張として理解することができる．ディラックのデルタ関数は直感的には幅が 0 の鋭敏なピークをもつ関数であると思ってよい．定数関数の幅は無限大とみなせる．つまり，(1) は幅が無限大の定数関数をフーリエ変換すると幅が 0 のディラックのデルタ関数になることを示し，(2) は幅が 0 の定数関数をフーリエ変換すると幅が無限大の定数関数になることを示す．

フーリエ変換の持つ上記の性質によって量子力学の不確定性関係が理解できることを見てみよう．x 軸上を運動する粒子の波動関数 $\psi(x,t)$ は無限個の波の重ね合わせとして表される．

$$\psi(x,t) = \int_{-\infty}^{\infty} F(k,t) e^{ikx} dk$$

ここで k は波数であり，それぞれの波の波長は $2\pi/k$ で与えられる．これはまさに空間座標 x についてのフーリエ変換である．以下では，ある時刻における波動関数 $\psi(x)$ が以下のようなガウス関数で与えられる「ガウス型波束」について考えよう．

$$\psi(x) \propto e^{-\frac{x^2}{4(\Delta x)^2}}$$

Δx は $x=0$ 付近に局在する粒子についての位置の不確定性を表す．いまの場合，Δx は 2 乗期待値に等しい．つまり，

$$\int_{-\infty}^{\infty} x^2|\psi(x)|^2 dx = \Delta x$$

である．ここで波動関数は規格化条件 $\displaystyle\int_{-\infty}^{\infty} |\psi(x)|^2 dx = 1$ を満たしているとする．量子力学では，波数 k をもつ波は運動量 $p=\hbar k$ をもつ．ここで $\hbar$ はプランク定数 h を用いて $\hbar = \dfrac{h}{2\pi}$ と与えられる．上の例題 (5) の結果から，ガウス型波束 $\psi(x)$ のフーリエ成分は

$$F(k) \propto e^{-\frac{k^2}{4(\Delta k)^2}}, \quad \Delta k = \frac{1}{2\Delta x}$$

で与えられることがわかる．今の場合，Δk は波数の不確定性を示し，運動量の不確定性 $\Delta p = \hbar\Delta k$ と Δx の関係 (不確定性関係) は

$$(\Delta x)(\Delta p) = \hbar(\Delta x)(\Delta k) = \frac{\hbar}{2}$$

となる．つまり，Δx を小さくしようとすると Δp は大きくなり，反対に Δp を小さくしようとすると Δx は大きくなる．このことは，幅 Δ をもつ関数 $f(x)$ のフーリエ成分 $F(k)$ が Δ^{-1} 程度の幅をもつというフーリエ変換についての一般的性質からも即座に導かれるものである．また，ここではガウス型波束のみを考えたが，それ以外の一般の波束に対しては，$(\Delta x)(\Delta k) \geqq 1/2$ (したがって $(\Delta x)(\Delta p) \geqq \hbar/2$) となることを 11.3 節で示す．つまり，ガウス型波束に対して $(\Delta x)(\Delta k)$ は最小値 $\dfrac{1}{2}$ をとるのである．

例題 10.5　a を 0 でない定数とする．関数 $f(x) = \cos ax$ および $\sin ax$ をフーリエ変換してフーリエ成分 $F(\omega)$ を求めよ．

解　$f(x) = \cos ax$ については，(6.28) 式より $f(x) = \cos ax = (e^{iax} + e^{-iax})/2$ と変形し，さらに (10.5) 式を用いれば

$$\begin{aligned} F(\omega) &= \int_{-\infty}^{\infty} \left(\frac{e^{iax} + e^{-iax}}{2}\right) e^{-i\omega x} dx \\ &= \frac{1}{2}\int_{-\infty}^{\infty} e^{-i(\omega-a)x} dx + \frac{1}{2}\int_{-\infty}^{\infty} e^{-i(\omega+a)x} dx \end{aligned}$$

$$= \pi[\delta(\omega - a) + \delta(\omega + a)]$$

$f(x) = \sin ax$ についても (6.29) 式より $f(x) = \sin ax = (e^{iax} - e^{-iax})/2i$ と変形すれば，上と同様に計算できて以下を得る．

$$F(\omega) = \pi i[\delta(\omega + a) - \delta(\omega - a)]$$

□

10.4 フーリエ逆変換の例

前節の例題の結果として得られた $F(\omega)$ のフーリエ逆変換を行うともとの関数 $f(x)$ に戻ることを確認するのは教育的である．以下の例題でそれを見てみよう．

例題 10.6 以下で与えられる関数 $F(\omega)$ をフーリエ逆変換して $f(x)$ を求めよ．

(1) $F(\omega) = 2\pi\delta(\omega)$

(2) $F(\omega) = 1$

(3) $F(\omega) = \dfrac{2\sin(a\omega)}{\omega}$ (a は正の定数)

(4) $F(\omega) = \dfrac{2a}{a^2 + \omega^2}$ (a は正の定数)

(5) $F(\omega) = \sqrt{\dfrac{\pi}{a}} e^{-\frac{\omega^2}{4a}}$ (a は正の定数)

解 フーリエ逆変換を与える (10.3) 式に従って $f(x)$ を計算すればよい．(1), (2) については，例題 10.4 の (1), (2) と同様の計算により，それぞれ，(1) $f(x) = 1$, (2) $f(x) = \delta(x)$ となることは容易にわかるであろう．(5) についても，

$$\begin{aligned} f(x) &= \frac{1}{2\pi} \int_{-\infty}^{\infty} \sqrt{\frac{\pi}{a}} e^{-\frac{\omega^2}{4a}} e^{i\omega x} d\omega \\ &= e^{-ax^2} \underline{\frac{1}{\sqrt{4\pi a}} \int_{-\infty}^{\infty} e^{-\frac{1}{4a}(\omega - 2axi)^2} d\omega} \end{aligned}$$

と変形すれば，下線部分は例題 10.4 の (5) と同様の計算により 1 に等しくなることがわかる．したがって (5) の答えは $f(x) = e^{-ax^2}$ となる．以下では (3) と (4) について見てみよう．

(3) まず，(6.29) 式を用いて，$F(\omega) = \dfrac{e^{ia\omega} - e^{-ia\omega}}{i\omega}$ と変形すると，

$$f(x)=\frac{1}{2\pi i}\int_{-\infty}^{\infty}\frac{e^{i(x+a)\omega}-e^{i(x-a)\omega}}{\omega}d\omega$$

を得る．$x\neq\pm a$ のときは，(8.11) 式を用いると，

$$\begin{aligned}f(x)&=\frac{1}{2}\Big[\mathrm{sgn}\,(x+a)-\mathrm{sgn}\,(x-a)\Big]\\&=\begin{cases}1 & (-a<x<a)\\0 & (x<-a\text{ または }a<x)\end{cases}\end{aligned}$$

となる．$x=a$ のときは，オイラーの公式 (6.25) を用いると，

$$\begin{aligned}f(a)&=\frac{1}{2\pi i}\int_{-\infty}^{\infty}\frac{e^{2ai\omega}-1}{\omega}d\omega\\&=\frac{1}{2\pi}\int_{-\infty}^{\infty}\frac{\sin 2a\omega}{\omega}d\omega+\frac{1}{2\pi i}\int_{-\infty}^{\infty}\frac{\cos 2a\omega-1}{\omega}d\omega\end{aligned}$$

となる．右辺第2項の被積分関数は奇関数であり，さらに，$\omega\to 0$ のときの極限値は0であり有限である．したがって，(右辺第2項) $=0$ である．また，右辺第1項については，積分公式 (8.12) を用いればよい．したがって，$f(a)=\dfrac{1}{2}$ となる．これと同様にして $x=-a$ の場合も計算でき，$f(-a)=\dfrac{1}{2}$ となる．

(4) ω から y へ $\omega=ay$ と変数変換すると，$d\omega=ady$ $(a>0)$ より，

$$\begin{aligned}f(x)&=\frac{1}{2\pi}\int_{-\infty}^{\infty}\frac{2a}{a^2+\omega^2}e^{i\omega x}d\omega\\&=\frac{1}{\pi}\int_{-\infty}^{\infty}\frac{e^{iaxy}}{1+y^2}dy\end{aligned}$$

となる．

$x=0$ のとき，

$$f(x)=\frac{1}{\pi}\int_{-\infty}^{\infty}\frac{dy}{1+y^2}=1$$

となる．

$x\neq 0$ のとき，複素関数 $g(z)=\dfrac{e^{iaxz}}{1+z^2}$ の複素積分を考えることで，積分 $I=\displaystyle\int_{-\infty}^{\infty}g(y)dy$ を計算することを考えよう．まず，複素関数 $g(z)$ は $z=\pm i$ で1位の極を持ち，それらにおける留数は

$$\mathrm{Res}\ g(i) = \frac{e^{-ax}}{2i}, \quad \mathrm{Res}\ g(-i) = -\frac{e^{ax}}{2i}$$

と計算される．I を求めるためには，留数定理 (8.2 節の定理 8.9) を用いて 8.3 節の例題 8.12 と同様の計算を行えばよいが，以下のように x の符号によって経路の取り方が異なることに注意しよう．

(i) $x > 0$ のとき

図 10.3 (左) のように経路 $C = C_1 + C_2$ をとると，C で囲まれた領域内に極 $z = i$ がある．留数定理より，

$$\int_{C_1} g(z)dz + \int_{C_2} g(z)dz = 2\pi i\,\mathrm{Res}\,g(i) \tag{10.14}$$

上式の右辺は $2\pi i \times \dfrac{e^{-ax}}{2i} = \pi e^{-ax}$ となる．左辺第 1 項は $R \to \infty$ で求める積分 I に等しい．

$$\int_{C_1} g(z)dz \xrightarrow[R\to\infty]{} I$$

(10.14) 式の左辺第 2 項については，$z(\theta) = Re^{i\theta}$ $(0 \leqq \theta \leqq \pi)$ とおくと，$\dfrac{dz}{d\theta} = Rie^{i\theta}$, $e^{iaxz(\theta)} = e^{iaxR\cos\theta}e^{-axR\sin\theta}$ より，

$$\int_{C_2} g(z)dz = \int_0^{\pi} g\left(z(\theta)\right)\frac{dz}{d\theta}d\theta = \int_0^{\pi} \frac{e^{iaxR\cos\theta}e^{-axR\sin\theta}}{1+(Re^{i\theta})^2}Rie^{i\theta}d\theta$$

となるが，$x > 0$ かつ $0 \leqq \theta \leqq \pi$ のとき $x\sin\theta \geqq 0$ なので，$R \to \infty$ のとき (左辺第 2 項) $\to 0$ となる．したがって，$R \to \infty$ のとき (10.14) 式は $I = \pi e^{-ax}$ となり，

$$f(x) = \frac{I}{\pi} = e^{-ax} \qquad (x > 0)$$

となる．

(ii) $x < 0$ のとき

図 10.3 (右) のように経路 $C = (-C_1) + C_3$ をとると，C で囲まれた領域内には極 $z = -i$ がある．したがって，留数定理より

$$\int_{-C_1} g(z)dz + \int_{C_3} g(z)dz = 2\pi i\,\mathrm{Res}\,g(-i) \tag{10.15}$$

上式の右辺は $2\pi i \times \left(-\dfrac{e^{ax}}{2i}\right) = -\pi e^{ax}$ となる．左辺第 1 項は $R \to \infty$ で求める積

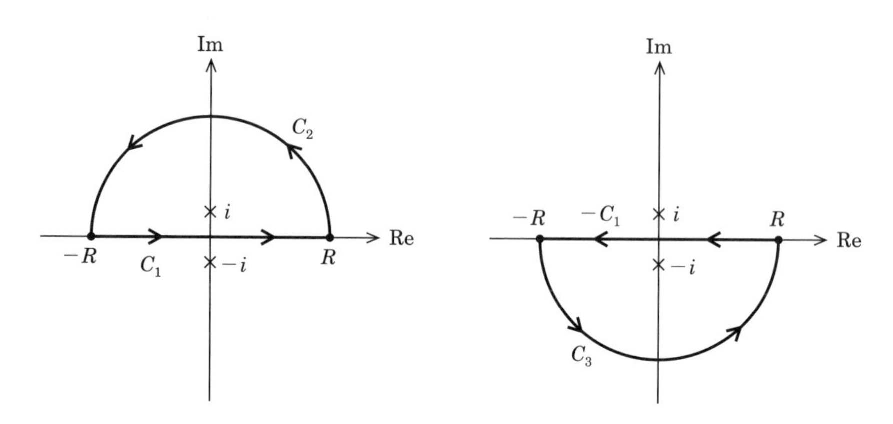

図 10.3　左： $x > 0$ のときの積分経路．右： $x < 0$ のときの積分経路．

分 $-I$ に等しい．左辺第 2 項については，(i) と同様に計算すると，積分範囲に注意して，

$$\int_{C_2} g(z)dz = \int_{\pi}^{2\pi} \frac{e^{iaxR\cos\theta}e^{-axR\sin\theta}}{1+(Re^{i\theta})^2} Rie^{i\theta}d\theta$$

となるが，$x < 0$ かつ $\pi \leqq \theta \leqq 2\pi$ のとき $x\sin\theta \geqq 0$ なので，$R \to \infty$ のとき (左辺第 2 項) $\to 0$ となる．したがって，$R \to \infty$ のとき (10.15) 式は $-I = -\pi e^{ax}$ となり，$I = \pi e^{ax}$ を得る．したがって，

$$f(x) = \frac{I}{\pi} = e^{ax} \qquad (x < 0)$$

となる．

以上の結果は，($x = 0$ を含む) 任意の x に対して $f(x) = e^{-a|x|}$ とまとめられる．□

演習問題

問 10.1　周期 $2L$ をもつ周期関数 $f(x)$ に対し，(9.22) 式で定義された $f_N(x)$ は以下のように表されることを示せ．

$$f_N(x) = \int_{-L}^{L} K_N(z) f(z+x) dz,$$

$$K_N(z) = \frac{\sin\left\{(2N+1)\dfrac{\pi z}{2L}\right\}}{2L \sin \dfrac{\pi z}{2L}}$$

さらに，$N \to \infty$ の極限操作と積分の順序が交換可能であると仮定して $\lim_{N\to\infty} K_N(z) = \delta(z)$ であること，および，$\lim_{N\to\infty} f_N(x) = f(x)$ を示せ．ここで $\delta(z)$ はディラックのデルタ関数である．

問 10.2　関数 $f(x)$ はなめらかで単調増加または単調減少をするものとする．このとき，$f(x_0) = 0$ なる x_0 に対し，$f'(x_0) \neq 0$ ならば

$$\delta[f(x)] = \frac{\delta(x - x_0)}{f'(x_0)}$$

となることを示せ．

問 10.3　ディラックのデルタ関数 $\delta(x)$ の「導関数」として $\delta'(x)$ を $\int_{-\infty}^{\infty} \delta'(x) dx = \delta(x)$ で定義するとき，$x\delta'(x) = \delta(x)$ を示せ．

第 11 章

フーリエ変換の性質

11.1　たたみ込み定理

二つの関数 $f(x)$ と $g(x)$ に対して，新しい関数

$$(f * g)(x) = \int_{-\infty}^{\infty} f(y)g(x-y)dy \tag{11.1}$$

を定義する．これを $f(x)$ と $g(x)$ の**たたみ込み** (または**合成積**) といい，$g(x)$ を**たたみ込み核**という．ここで x は実数であるが，f と g は一般に複素数値をとるものとしてよいことに注意しよう．たたみ込みという操作は理工学のさまざまな場面で現れる．たたみ込み核 g の物理的意味についてはいろいろな場面でわかりやすい例とともに紹介されている．そのためここでは g の詳細には触れないが，物理学においてそれは**グリーン関数**や伝播関数 (12 章参照) と言われるものであり，点 x に点 y の影響がどの程度及ぶかという割合を決める役割をする．

関数 $f(x)$, $g(x)$ のフーリエ成分をそれぞれ $F(\omega)$, $G(\omega)$ とするとき，以下の**たたみ込み定理**が成り立つ．

$$F(\omega)G(\omega) = \int_{-\infty}^{\infty} (f * g)(x)e^{-i\omega x}dx$$

つまり，f と g のたたみ込み $f * g$ のフーリエ成分は，それぞれのフーリエ成分 F と G の積で与えられる．たたみ込み定理は，フーリエ変換 (10.2) とフーリエ逆変換 (10.3) の関係より以下のようにも書くこともできる．

$$(f * g)(x) = \frac{1}{2\pi} \int_{-\infty}^{\infty} F(\omega)G(\omega)e^{i\omega x}d\omega \tag{11.2}$$

ここでは (11.2) 式が成り立つことを示してみよう．そのためには，フーリエ変換とフーリエ逆変換を定義する (10.2), (10.3) 式および積分の順序の入れかえ操作を用いればよい．まず，フーリエ成分の定義式 (10.2) そのもの

$$F(\omega) = \int_{-\infty}^{\infty} f(y) e^{-i\omega y} dy$$

を (11.2) 式の右辺に代入すると，

$$[(11.2)\text{ 式の右辺}] = \frac{1}{2\pi} \int_{-\infty}^{\infty} \left[\int_{-\infty}^{\infty} f(y) e^{i\omega(x-y)} dy \right] G(\omega) d\omega$$

積分の順序を入れかえて，

$$[(11.2)\text{ 式の右辺}] = \frac{1}{2\pi} \int_{-\infty}^{\infty} f(y) \left[\int_{-\infty}^{\infty} G(\omega) e^{i\omega(x-y)} d\omega \right] dy \tag{11.3}$$

$G(\omega)$ は $g(x)$ のフーリエ成分なので，(10.3) 式より

$$\int_{-\infty}^{\infty} G(\omega) e^{i\omega(x-y)} d\omega = 2\pi g(x-y)$$

これを (11.3) 式に代入すれば (11.2) 式の左辺に一致する．

たたみ込み定理を用いて**ヒルベルト変換**を与えてみよう．ヒルベルト変換を用いて，以下のように実数 x を引数とする実関数 $f(x)$ を複素数値をとる関数 $h(x)$ になめらかに変換する[1]操作を考えよう．

$$h(x) = f(x) + \frac{i}{\pi} \int_{-\infty}^{\infty} \frac{f(y)}{x-y} dy \tag{11.4}$$

上式からわかるように，$h(x)$ の実部は $f(x)$ である．$h(x)$ の虚部を与える右辺第 2 項の積分を f のヒルベルト変換といい，$f(x)$ とたたみ込み核 $g(x) = \dfrac{1}{x}$ のたたみ込みで与えられている．実は，関数 $h(x)$ は $f(x)$ のフーリエ成分 $F(\omega)$ の $\omega > 0$ の成分 (の 2 倍) のみをフーリエ逆変換したものに等しい．つまり，

$$H(\omega) = \begin{cases} 2F(\omega) & (\omega > 0) \\ F(\omega) & (\omega = 0) \\ 0 & (\omega < 0) \end{cases}$$

とするとき，

1] 正確には「複素平面上に解析接続する」という．

$$h(x) = \frac{1}{2\pi}\int_{-\infty}^{\infty} H(\omega)e^{i\omega x}d\omega \tag{11.5}$$

となる．以下では，(11.5) 式から (11.4) 式が導出されることを示してみよう．まず，符号関数

$$\mathrm{sgn}(\omega) = \begin{cases} 1 & (\omega > 0) \\ 0 & (\omega = 0) \\ -1 & (\omega < 0) \end{cases}$$

を用いて $H(\omega)$ を書きかえると，

$$H(\omega) = F(\omega)\Big[1 + \mathrm{sgn}(\omega)\Big]$$

となる．これを (11.5) 式に代入すると，

$$\begin{aligned} h(x) &= \frac{1}{2\pi}\int_{-\infty}^{\infty} F(\omega)\Big[1 + \mathrm{sgn}(\omega)\Big]e^{i\omega x}d\omega \\ &= f(x) + \frac{1}{2\pi}\int_{-\infty}^{\infty} F(\omega)\,\mathrm{sgn}(\omega)\,e^{i\omega x}d\omega \end{aligned} \tag{11.6}$$

を得る．ここで例題 8.13 で与えられた (8.11) 式を変形すると

$$\begin{aligned} \mathrm{sgn}(\omega) &= \int_{-\infty}^{\infty} \frac{e^{i\omega x'}}{\pi i x'}dx' \\ &= \int_{-\infty}^{\infty} \left(\frac{i}{\pi x}\right) e^{-i\omega x}dx \end{aligned}$$

を得るので，$\mathrm{sgn}(\omega)$ は $g(x) = \dfrac{i}{\pi x}$ という関数のフーリエ成分であることがわかる．したがって，(11.2) 式を用いると，$F(\omega)$ と $\mathrm{sgn}(\omega)$ の積のフーリエ逆変換は $f(x)$ と $g(x)$ のたたみ込みで与えられるので，

$$\begin{aligned} h(x) &= f(x) + f * g(x) \\ &= f(x) + \int_{-\infty}^{\infty} f(y)\left[\frac{i}{\pi(x-y)}\right]dy \end{aligned}$$

となって (11.4) 式が導かれた．

ヒルベルト変換は，たとえば時間変動する信号の解析等に用いられる．典型例として以下の例題を考えてみよう．

例題 11.1 角振動数 $\Omega_0(> 0)$ を持つ正弦波 $f(t) = \cos\Omega_0 t$ に対して，(11.4) 式

と同様に

$$h(t) = \cos \Omega_0 t + \frac{i}{\pi} \int_{-\infty}^{\infty} \frac{\cos \Omega_0 y}{t-y} dy$$

を計算せよ．

解 上式の右辺第 2 項の積分を I とおくと，積分変数を y から s へ $t-y=s$ と変数変換して，

$$\begin{aligned} I &= \int_{-\infty}^{\infty} \frac{\cos \Omega_0 (t-s)}{s} ds \\ &= (\cos \Omega_0 t) \int_{-\infty}^{\infty} \frac{\cos \Omega_0 s}{s} ds + (\sin \Omega_0 t) \int_{-\infty}^{\infty} \frac{\sin \Omega_0 s}{s} ds \end{aligned}$$

を得る．上式の最後の変形では三角関数の加法定理を用いた．さらに積分公式 (8.12) を用いると，$I = \pi \sin \Omega_0 t$ を得る．したがって，

$$h(t) = \cos \Omega_0 t + \frac{i}{\pi} I = e^{i\Omega_0 t}$$

この例題からわかるように，正弦波 $f(t) = \cos \Omega_0 t$ に対して $h(t)$ は指数関数 $e^{i\Omega_0 t}$ となることがわかった．この場合，$h(t)$ の偏角の時刻 t による微分を計算すると，

$$\frac{d}{dt}[\arg h(t)] = \Omega_0$$

となる．したがって，与えられた信号 $f(t)$ に対して $\frac{d}{dt}[\arg h(t)]$ を求めると，もしこれが一定値をとれば $f(t)$ が正弦波だとわかり，さらにその値が正弦波の角振動数に一致することがわかる．この原理はノイズの混じった離散的な信号から正弦波を取り出す際に有用となることがある． □

11.2 ウィーナー–ヒンチンの定理とパーセバルの公式

この節では実数 t を時間変数とする．実関数 $f(t)$ の**自己相関関数** $r(t)$ を

$$r(t) = \int_{-\infty}^{\infty} f(y) f(y+t) dy \tag{11.7}$$

で定義する．これは t だけずれた自分自身との積の平均である．自己相関関数 $r(t)$ は，ある時刻の自分とそれから t だけたった時刻の自分に一定の関係があるとき (相関があるとき) のみに有限の値をもつ．自己相関関数 $r(t)$ のフーリエ成分

$$R(\omega) = \int_{-\infty}^{\infty} r(t) e^{-i\omega t} dt$$

を計算してみよう．(11.7) 式より，

$$R(\omega) = \int_{-\infty}^{\infty} \left[\int_{-\infty}^{\infty} f(y) f(y+t) dy \right] e^{-i\omega t} dt$$

となるが，積分の順序を入れ替えると，

$$R(\omega) = \int_{-\infty}^{\infty} f(y) \left[\int_{-\infty}^{\infty} f(t+y) e^{-i\omega t} dt \right] dy$$

関数 $f(t)$ のフーリエ成分を $F(\omega)$ とすると，例題 10.2 (2) で見たように

$$\int_{-\infty}^{\infty} f(t+y) e^{-i\omega t} dt = e^{i\omega y} F(\omega)$$

となる．したがって，

$$R(\omega) = \int_{-\infty}^{\infty} f(y) \left[e^{i\omega y} F(\omega) \right] dy = F(\omega) \int_{-\infty}^{\infty} f(y) e^{i\omega y} dy = F(\omega) F(-\omega)$$

を得る．ここで，$f(t)$ が実関数より $F(-\omega) = F(\omega)^*$ となる (10.1 節参照) ので，

$$R(\omega) = F(\omega) F(\omega)^* = |F(\omega)|^2$$

となる．つまり，自己相関関数のフーリエ成分はスペクトルに等しい．いいかえれば，スペクトル $|F(\omega)|^2$ をフーリエ変換すると自己相関関数 $r(t)$ になる．これを式で書くと，

$$\int_{-\infty}^{\infty} f(y) f(y+t) dy = \frac{1}{2\pi} \int_{-\infty}^{\infty} |F(\omega)|^2 e^{i\omega t} d\omega \tag{11.8}$$

となる．これは**ウィーナー–ヒンチンの定理**と呼ばれ，統計解析における基礎事項の一つである．

(11.8) 式に $t = 0$ を代入すると，以下の**パーセバルの公式**が得られる．

$$\int_{-\infty}^{\infty} [f(y)]^2 dy = \frac{1}{2\pi} \int_{-\infty}^{\infty} |F(\omega)|^2 d\omega \tag{11.9}$$

例題 11.2 関数 $f(t) = e^{-|t|}$ のフーリエ成分が $F(\omega) = \dfrac{2}{1+\omega^2}$ となること (例題 10.4 の (4) を参照) とパーセバルの公式 (11.9) を用いて以下の積分

$$I = \int_{-\infty}^{\infty} \frac{d\omega}{(1+\omega^2)^2}$$

の値を求めよ．比較のために 8.3 節の例題 8.11 の解法も参考のこと．

解 $I = \dfrac{1}{4}\displaystyle\int_{-\infty}^{\infty} F(\omega)^2 d\omega$ となるので，パーセバルの公式 (11.9) より，

$$I = \frac{1}{4} \times 2\pi \int_{-\infty}^{\infty} [f(t)]^2 dt = \pi \int_0^{\infty} e^{-2t} dt = \frac{\pi}{2}$$

□

パーセバルの公式は，実数 x に対して複素数値をもつ関数 $f(x)$ についても拡張することができる．そのために，$f(x)$, $g(x)$ とそれらのフーリエ成分 $F(\omega)$, $G(\omega)$ に対して，

$$\int_{-\infty}^{\infty} f(x)g(x)^* dx = \frac{1}{2\pi} \int_{-\infty}^{\infty} F(\omega)G(\omega)^* d\omega \tag{11.10}$$

が成り立つことを示そう．まず，

$$g(x) = \frac{1}{2\pi} \int_{-\infty}^{\infty} G(\omega) e^{i\omega x} d\omega$$

の複素共役をとると，

$$g(x)^* = \frac{1}{2\pi} \int_{-\infty}^{\infty} G(\omega)^* e^{-i\omega x} d\omega$$

を得る．したがって，

$$[(11.10) \text{ 式の左辺}] = \int_{-\infty}^{\infty} f(x) \left[\frac{1}{2\pi} \int_{-\infty}^{\infty} G(\omega)^* e^{-i\omega x} d\omega \right] dx$$

となるが，ここで積分の順序を入れ替えると，

$$\begin{aligned}[(11.10) \text{ 式の左辺}] &= \frac{1}{2\pi} \int_{-\infty}^{\infty} G(\omega)^* \left[\int_{-\infty}^{\infty} f(x) e^{-i\omega x} dx \right] d\omega \\ &= [(11.10) \text{ 式の右辺}]\end{aligned}$$

となり，(11.10) 式が成り立つことが示された．

(11.10) 式で $f(x) = g(x)$, したがって，$F(\omega) = G(\omega)$ とすると，複素数値をとる

関数 $f(x)$ に対するパーセバルの公式

$$\int_{-\infty}^{\infty} |f(y)|^2 dy = \frac{1}{2\pi} \int_{-\infty}^{\infty} |F(\omega)|^2 d\omega \tag{11.11}$$

が得られる.

量子力学で見ることのできるパーセバルの公式の利用例を見てみよう. x 軸上を運動する粒子のある時刻における波動関数を $\psi(x)$ とする. $|\psi(x)|^2$ は粒子の存在確率密度を与え,

$$\int_{-\infty}^{\infty} |\psi(x)|^2 dx = 1$$

である. 波動関数 $\psi(x)$ のフーリエ成分は波数 k の関数として

$$F(k) = \int_{-\infty}^{\infty} \psi(x) e^{-ikx} dx$$

で与えられる. このとき, $\phi(k) = \dfrac{1}{\sqrt{2\pi}} F(k)$ は波数空間での運動量表示の波動関数と呼ばれる. パーセバルの公式 (11.11) より,

$$\int_{-\infty}^{\infty} |\phi(k)|^2 dk = \frac{1}{2\pi} \int_{-\infty}^{\infty} |F(k)|^2 dk = \int_{-\infty}^{\infty} |\psi(x)|^2 dx = 1$$

となる. つまり, パーセバルの公式は $\phi(k)$ が規格化されることを保証しているのである.

11.3 不確定性関係

パーセバルの公式を用いて不確定性関係を示そう. 関数 $f(x)$ は実数 x を引数として複素数値をとるものとし, $f(x)$ のフーリエ成分を $F(\omega)$ とする. $f(x)$ と $F(\omega)$, さらに, $xf(x)$ と $\omega F(\omega)$ は 2 乗可積分であるとする. このとき Δx, $\Delta\omega$ を以下のように定義する.

$$(\Delta x)^2 = \frac{\displaystyle\int_{-\infty}^{\infty} x^2 |f(x)|^2 dx}{\displaystyle\int_{-\infty}^{\infty} |f(x)|^2 dx}, \quad (\Delta\omega)^2 = \frac{\displaystyle\int_{-\infty}^{\infty} \omega^2 |F(\omega)|^2 d\omega}{\displaystyle\int_{-\infty}^{\infty} |F(\omega)|^2 d\omega} \tag{11.12}$$

Δx および $\Delta\omega$ は，それぞれ 10.3 節で考察した $f(x)$ および $F(\omega)$ の「幅」を表すものと思ってよい．このとき，Δx と $\Delta\omega$ の間には以下の不確定性関係が成り立つ．

$$(\Delta x)(\Delta\omega) \geqq \frac{1}{2} \tag{11.13}$$

以下でこれを示してみよう．

まずは，パーセバルの公式 (11.11) を用いて $(\Delta\omega)^2$ を $f(x)$ で表してみよう．(11.11) 式より，

$$\int_{-\infty}^{\infty} |F(\omega)|^2 d\omega = 2\pi \int_{-\infty}^{\infty} |f(x)|^2 dx$$

である．また，例題 10.2 (6) で見たように，$f(x)$ の導関数 $f'(x)$ のフーリエ成分は $i\omega F(\omega)$ であるから，これらの間にもパーセバルの公式で表される関係

$$\int_{-\infty}^{\infty} |f'(x)|^2 dx = \frac{1}{2\pi} \int_{-\infty}^{\infty} |i\omega F(\omega)|^2 d\omega$$

が成り立つ．したがって，以下を得る．

$$(\Delta\omega)^2 = \frac{\displaystyle\int_{-\infty}^{\infty} |f'(x)|^2 dx}{\displaystyle\int_{-\infty}^{\infty} |f(x)|^2 dx}$$

すると，$(\Delta x)^2$ と $(\Delta\omega)^2$ の積は，以下のようになる．

$$(\Delta x)^2 (\Delta\omega)^2 = \frac{\displaystyle\int_{-\infty}^{\infty} |xf(x)|^2 dx \int_{-\infty}^{\infty} |f'(x)|^2 dx}{\left[\displaystyle\int_{-\infty}^{\infty} |f(x)|^2 dx\right]^2}$$

ここで，複素数値をとる任意の関数 $p(x)$, $q(x)$ に対して，**シュワルツの不等式**

$$\int_{-\infty}^{\infty} |p(x)|^2 dx \int_{-\infty}^{\infty} |q(x)|^2 dx \geqq \left| \int_{-\infty}^{\infty} p(x)^* q(x) dx \right|^2$$

が成り立つことを思い出そう[2]．また，シュワルツの不等式において等号が成立するのは，$p(x)$ と $q(x)$ がある複素定数 α を用いて $\alpha p(x) = q(x)$ となるときである．すると，

$$(\Delta x)^2(\Delta\omega)^2 \geqq \frac{\left|\displaystyle\int_{-\infty}^{\infty} xf(x)^* f'(x)dx\right|^2}{\left[\displaystyle\int_{-\infty}^{\infty} |f(x)|^2 dx\right]^2} \tag{11.14}$$

となる．上式の右辺の分子の被積分関数は

$$xf(x)^* f'(x) = \frac{x}{2}\frac{d}{dx}\Big[f(x)^* f(x)\Big] = \frac{x}{2}\frac{d}{dx}\Big[|f(x)|^2\Big]$$

となることから，(11.14) 式の右辺の分子の積分について部分積分をすると，

$$\begin{aligned}\int_{-\infty}^{\infty} xf(x)^* f'(x)dx &= \frac{1}{2}\int_{-\infty}^{\infty} x\frac{d}{dx}\Big[|f(x)|^2\Big] \\ &= \frac{1}{2}\Big[x|f(x)|^2\Big]_{x=-\infty}^{x=\infty} - \frac{1}{2}\int_{-\infty}^{\infty} |f(x)|^2 dx\end{aligned}$$

を得る． $f(x)$ は 2 乗可積分であることから，$x \to \pm\infty$ のとき $f \to 0$ である．したがって，上式の右辺第 1 項は 0 になり，

$$\left|\int_{-\infty}^{\infty} xf(x)^* f'(x)dx\right|^2 = \frac{1}{4}\left[\int_{-\infty}^{\infty} |f(x)|^2 dx\right]^2$$

これを (11.14) 式に代入すると，

2] (p.201) いろいろな証明の仕方があるが，直接的に示すには以下が簡明であろう．まず，任意の実数 x, y と複素数値を取る関数 $p(x)$, $q(x)$ に対して以下が成り立つ．

$$|p(x)q(y) - p(y)q(x)|^2 = |p(x)|^2|q(y)|^2 - 2\mathrm{Re}[p^*(x)q(x)p(y)q^*(y)] + |p(y)|^2|q(x)|^2$$

これを用いると，

$$\begin{aligned}0 &\leqq \frac{1}{2}\int_{-\infty}^{\infty}\int_{-\infty}^{\infty} |p(x)q(y) - p(y)q(x)|^2 dxdy \\ &= \frac{1}{2}\int_{-\infty}^{\infty} |p(x)|^2 dx \int_{-\infty}^{\infty} |q(y)|^2 dy - \mathrm{Re}\left[\left(\int_{-\infty}^{\infty} p^*(x)q(x)dx\right)\left(\int_{-\infty}^{\infty} p(y)q(y)^* dy\right)\right] \\ &\quad + \frac{1}{2}\int_{-\infty}^{\infty} |p(y)|^2 dy \int_{-\infty}^{\infty} |q(x)|^2 dx \\ &= \int_{-\infty}^{\infty} |p(x)|^2 dx \int_{-\infty}^{\infty} |q(x)|^2 dx - \mathrm{Re}\left[\left(\int_{-\infty}^{\infty} p^*(x)q(x)dx\right)\left(\int_{-\infty}^{\infty} p^*(x)q(x)dx\right)^*\right] \\ &= \int_{-\infty}^{\infty} |p(x)|^2 dx \int_{-\infty}^{\infty} |q(x)|^2 dx - \left|\int_{-\infty}^{\infty} p^*(x)q(x)dx\right|^2\end{aligned}$$

となり，シュワルツの不等式が成り立つことが示される．なお，等号が成り立つのは $p(x)q(y) - p(y)q(x) = 0$ となるとき，つまり，$q(x)/p(x) = q(y)/p(y) = \alpha$ (α は複素定数) となるときである．

$$(\Delta x)^2(\Delta\omega)^2 \geqq \frac{1}{4}$$

したがって，(11.13) 式が成り立つ．

(11.13) 式の等号が成立するのはシュワルツの不等式の等号が成立するとき，つまり，複素定数 α を用いて

$$f'(x) = \alpha x f(x)$$

となるときである．これは常微分方程式であり，変数分離をすれば容易に解ける．

$$f(x) = Ce^{-ax^2}$$

となる (C は積分定数)．ここで $\alpha/2$ を $-a$ とおきなおしており，$x \to \pm\infty$ のとき $f \to 0$ という境界条件より $\mathrm{Re}\, a > 0$ である．したがって，$f(x)$ が正規分布 (ガウシアン，ガウス関数) のときに $(\Delta x)(\Delta\omega)$ は最小値 $\dfrac{1}{2}$ をとる．

演習問題

問 11.1　関数 $f(x)$ のフーリエ成分を $F(\omega)$ とする．極限値 $\lim_{x\to 0} f(x)$ および $\lim_{\omega\to 0} F(\omega)$ が存在するとき，以下を示せ．

$$\left(\int_{-\infty}^{\infty} f(x)dx\right)\left(\int_{-\infty}^{\infty} F(\omega)d\omega\right) = 2\pi\left[\lim_{x\to 0} f(x)\right]\left[\lim_{\omega\to 0} F(\omega)\right]$$

簡単のため，積分と極限操作の順序は交換可能だと仮定せよ．この等式を用いると，面倒な複素積分を考えることなく積分を求めることができる場合がある．たとえば，例題 10.4 の (3) の結果を用いて $\displaystyle\int_{-\infty}^{\infty} \frac{\sin(\omega a)}{\omega} d\omega$ $(a > 0)$ の値を求めてみよ．例題 8.13 の解法も参照のこと．

第 12 章
フーリエ変換を用いた微分方程式の解法

フーリエ変換は 12.2 節で見るように偏微分方程式を解く際に有用となることが多く，そこでは**グリーン関数**が登場することがある．グリーン関数は物理学への応用上重要なものであるが，その定義にはデイラックのデルタ関数 $\delta(x)$ も現れるため初学者にはハードルが高いという印象を持たれがちである．しかし本書のここまでの内容を理解していれば，グリーン関数を用いた微分方程式の解法についてもスムーズに理解することができると思う．そのための準備として，まずは常微分方程式に現れるグリーン関数を見てみることにしよう．

12.1 常微分方程式とグリーン関数

ウォーミングアップとして，以下の例題からはじめよう．

例題 12.1 実関数 $f(x)$ に対する常微分方程式

$$\frac{d^2 f}{dx^2} - 4f(x) = e^{-|x|} \tag{12.1}$$

を以下の境界条件のもとで解け．

$$f(x) \text{ は } x = 0 \text{ で連続かつ有界 (つまり } |f(0)| < \infty) .$$

$$x \to \pm\infty \text{ のとき } f \to 0 \text{ かつ } \frac{df}{dx} \to 0 .$$

もちろん，この程度の常微分方程式ならばフーリエ変換の手法を用いずに実関数の微積分の範囲内で解くことができる[1]．まずは比較のためにフーリエ解析の手法を用いずに (12.1) 式を解き，その上で，(解) に示すフーリエ変換を用いた解法を学んでほしい．

解 関数 $f(x)$ のフーリエ成分を $F(\omega)$ とする．つまり，$f(x)$ と $F(\omega)$ の間には (10.2), (10.3) 式の関係が成り立つ．(12.1) 式をフーリエ変換すると $F(\omega)$ についての方程式を求めることができる．まず左辺については，例題 10.2 の (7) の結果より，

$$\int_{-\infty}^{\infty}\left[\frac{d^2f}{dx^2}-4f(x)\right]e^{-i\omega x}dx=-\omega^2F(\omega)-4F(\omega)$$

を得る．右辺については，例題 10.4 の (4) の結果より，

$$\int_{-\infty}^{\infty}e^{-|x|}e^{-i\omega x}dx=\frac{2}{\omega^2+1}$$

したがって，$F(\omega)$ の満たす方程式は

$$-\omega^2F(\omega)-4F(\omega)=\frac{2}{\omega^2+1}$$

となり，これは代数方程式なのですぐに解ける．ω は実数であり，$\omega^2+4\neq 0$ なので，

$$F(\omega)=-\frac{2}{(\omega^2+1)(\omega^2+4)}$$

1] その概略は以下である．まず $x=0$ での f の導関数 $f'(x)$ に対する境界条件を求めるために，(12.1) 式を微小区間 $-\varepsilon\leqq x\leqq\varepsilon$ (ただし $\varepsilon>0$) で積分すると，

$$[f'(\varepsilon)-f'(-\varepsilon)]-4\int_{-\varepsilon}^{\varepsilon}f(x)dx=2(1-e^{-\varepsilon})$$

ここで $\varepsilon\to 0$ とすると，$f(x)$ は $x=0$ で連続かつ有界なので左辺の積分は 0 に収束し，$f'(+0)=f'(-0)$ となる．つまり，$f'(x)$ は $x=0$ で連続である．

$x>0$ のとき (右辺) $=0$ とおいた方程式の斉次解は $x\to\infty$ での境界条件を考慮して Ae^{-2x} (A は定数) となる．また，特解を Ke^{-x} とおいて定数 K を求めると $K=-1/3$．したがって，$x>0$ のときの一般解は $f(x)=Ae^{-2x}-e^{-x}/3$．同様に $x<0$ のときの一般解は，$x\to-\infty$ での境界条件を考慮すると $f(x)=Be^{2x}-e^{x}/3$ (B は定数)．$x=0$ で f と f' が連続であることから定数 A, B の値を求めると，$A=B=1/6$．したがって，

$$f(x)=\frac{1}{6}\times\begin{cases} e^{-2x}-2e^{-x} & (x\geqq 0)\\ e^{2x}-2e^{x} & (x<0)\end{cases}=\frac{1}{6}\left[e^{-2|x|}-2e^{-|x|}\right]$$

となる．このように $F(\omega)$ についての方程式がもとの常微分方程式よりもはるかに簡単になるのが，フーリエ変換を用いた方法の旨味である．

得られた $F(\omega)$ をフーリエ逆変換すれば $f(x)$ を求めることができる．今の場合，

$$F(\omega) = \frac{2}{3}\left[\frac{1}{\omega^2+1} - \frac{1}{\omega^2+4}\right]$$

と変形すれば，(10.3) 式より

$$f(x) = \frac{1}{2\pi}\int_{-\infty}^{\infty} \frac{2}{3}\left[\frac{1}{\omega^2+1} - \frac{1}{\omega^2+4}\right] e^{i\omega x} d\omega$$

ここで，例題 10.6 の (4) の結果を用いると，

$$\frac{1}{2\pi}\int_{-\infty}^{\infty} \frac{e^{i\omega x}}{\omega^2+4} d\omega = \frac{1}{4}e^{-2|x|}, \quad \frac{1}{2\pi}\int_{-\infty}^{\infty} \frac{e^{i\omega x}}{\omega^2+1} d\omega = \frac{1}{2}e^{-|x|}$$

となるので，与えられた常微分方程式の境界値問題の解は

$$f(x) = \frac{1}{6}\left[e^{-2|x|} - 2e^{-|x|}\right]$$

となる． □

この例で見たように，第 10 章で導出してきた例題の結果を用いると簡単に常微分方程式の解を得ることができる．さまざまな関数について，フーリエ変換やフーリエ逆変換の結果を公式として一覧にまとめた文献は多数ある（たとえば『数学公式 II』(岩波書店) など）．それらを用いることで，この例題と同じ方法で常微分方程式を解くことができる．

さて，いよいよグリーン関数の現れる例を見ていくことにしよう．(12.1) 式を一般化した形をもつ次の 2 階の常微分方程式を考えよう．

$$\frac{d^2 f}{dx^2} - \ell^2 f(x) = j(x) \tag{12.2}$$

ここで ℓ は正の定数，$j(x)$ はある与えられた関数であり有界である ($|j(x)| < \infty$) とする．さらに，$x \to \pm\infty$ のとき $f \to 0$ かつ $\dfrac{df}{dx} \to 0$ という境界条件を課す．

(12.2) 式の形の常微分方程式に対して，右辺の $j(x)$ の代わりにディラックのデルタ関数 $\delta(x)$ に置き換えた方程式の解を $G(x)$ としよう．つまり，

$$\frac{d^2}{dx^2}G(x) - \ell^2 G(x) = \delta(x) \tag{12.3}$$

である．$G(x)$ を (12.2) 式の**グリーン関数**という．$G(x)$ が求まると (12.2) 式の解は $j(x)$ と $G(x)$ のたたみ込み (11.1 節参照)

$$f(x) = \int_{-\infty}^{\infty} j(y)G(x-y)dy \tag{12.4}$$

で与えられることを示してみよう．まず，

$$\frac{d^2 f}{dx^2} = \int_{-\infty}^{\infty} j(y)\frac{\partial^2}{\partial x^2}G(x-y)dy \tag{12.5}$$

ここで $G(x)$ の定義式 (12.3) の x を $x-y$ に置きかえると

$$\frac{\partial^2}{\partial x^2}G(x-y) = \ell^2 G(x-y) + \delta(x-y)$$

これを (12.5) 式に代入すると，

$$\frac{d^2 f}{dx^2} = \ell^2 \int_{-\infty}^{\infty} j(y)G(x-y)dy + \int_{-\infty}^{\infty} j(y)\delta(x-y)dy$$

を得るが，(12.4) 式より右辺第 1 項は $\ell^2 f(x)$ に等しく，また第 2 項は (10.11) 式等のデルタ関数の性質により $j(x)$ に等しい．したがって，(12.4) 式は (12.2) 式の解になっていることが示された．このように，グリーン関数 $G(x)$ を求めさえすれば，(12.2) 式の解を得ることができるのである．

次に例題 12.1 と同様にフーリエ変換の手法を用いて $G(x)$ を求めてみよう．特にディラックのデルタ関数の現れる微分方程式に対してはフーリエ変換を用いた解法が有用である．関数 $G(x)$ のフーリエ成分を $g(\omega)$ とする．つまり，

$$g(\omega) = \int_{-\infty}^{\infty} G(x)e^{-i\omega x}dx,$$

$$G(x) = \frac{1}{2\pi}\int_{-\infty}^{\infty} g(\omega)e^{i\omega x}dx$$

グリーン関数の定義式 (12.3) をフーリエ変換すると，左辺についてはこの節の冒頭の例題と同様に

$$\int_{-\infty}^{\infty}\left[\frac{d^2 G}{dx^2} - \ell^2 G(x)\right]e^{-i\omega x}dx = -(\omega^2 + \ell^2)g(\omega)$$

となり，右辺については $\delta(x)$ の定義式 (10.8) より，

$$\int_{-\infty}^{\infty} \delta(x) e^{-i\omega x} dx = 1$$

となる．したがって $g(\omega)$ の満たすべき方程式は

$$-(\omega^2 + \ell^2) g(\omega) = 1$$

となる．ω は実数なので $\omega^2 + \ell^2 \neq 0$ より，

$$g(\omega) = -\frac{1}{\omega^2 + \ell^2}$$

これをフーリエ逆変換すれば $G(x)$ が求まる．例題 10.6 の (4) の結果より，

$$\begin{aligned} G(x) &= \frac{1}{2\pi} \int_{-\infty}^{\infty} \left(-\frac{1}{\omega^2 + \ell^2} \right) e^{i\omega x} d\omega \\ &= -\frac{1}{2\ell} e^{-\ell|x|} \end{aligned}$$

このようにして得られたグリーン関数 $G(x)$ を (12.4) 式に代入して，(12.2) 式の解は

$$f(x) = -\frac{1}{2\ell} \int_{-\infty}^{\infty} j(y) e^{-\ell|x-y|} dy \tag{12.6}$$

となる．得られた解 (12.6) に $\ell = 2$, $j(x) = e^{-|x|}$ を代入すると

$$f(x) = -\frac{1}{4} \int_{-\infty}^{\infty} e^{-|y|} e^{-2|x-y|} dy$$

となるが，これが例題 12.1 の解に一致することを確認するのは教育的であろう．つまり，$x > 0$ のとき

$$f(x) = -\frac{1}{4} \left[\int_{-\infty}^{0} e^{y} e^{-2(x-y)} dy + \int_{0}^{x} e^{-y} e^{-2(x-y)} dy + \int_{x}^{\infty} e^{-y} e^{2(x-y)} dy \right]$$

であり，$x < 0$ のとき

$$f(x) = -\frac{1}{4} \left[\int_{-\infty}^{x} e^{y} e^{-2(x-y)} dy + \int_{x}^{0} e^{y} e^{2(x-y)} dy + \int_{0}^{\infty} e^{-y} e^{2(x-y)} dy \right]$$

である．この続きは読者自ら計算されよ．

12.2 波動方程式の解法

以下の形の波動方程式は物理学のさまざまな場面で現れる．

$$\frac{1}{c^2}\frac{\partial^2 f}{\partial t^2} - \nabla^2 f = j(t,x,y,z) \tag{12.7}$$

ここで，t は時刻，(x,y,z) は 3 次元空間座標であり，c は速度の次元をもつ定数とする．ラプラシアン ∇^2 は

$$\nabla^2 = \frac{\partial^2}{\partial x^2} + \frac{\partial^2}{\partial y^2} + \frac{\partial^2}{\partial z^2}$$

で定義される．波源の強さを表す関数 $j(t,x,y,z)$ が与えられたとき，適当な境界条件のもとで (12.7) 式を解くことを考えよう．

(12.7) 式は四つの変数の偏微分方程式であるが，これを解く場合もフーリエ変換や 12.1 節で学んだグリーン関数を用いた解法が有用となる．変数が多いため一見すると数式が煩雑に見えるが，12.1 節の計算との共通点が多いので落ち着いて以下の計算を追ってもらいたい．

まず以下のようにグリーン関数 $G(t,x,y,z)$ を定義する．

$$\frac{1}{c^2}\frac{\partial^2 G}{\partial t^2} - \nabla^2 G = \delta(t)\,\delta(x)\,\delta(y)\,\delta(z) \tag{12.8}$$

すると，波動方程式 (12.7) の解は

$$\begin{aligned} f(t,x,y,z) = &\int_{-\infty}^{\infty} dt' \int_{-\infty}^{\infty} dx' \int_{-\infty}^{\infty} dy' \int_{-\infty}^{\infty} dz' \\ &\times j(t',x',y',z')\,G(t-t',x-x',y-y',z-z') \end{aligned} \tag{12.9}$$

と与えられる．なぜならば，(12.9) 式より

$$\begin{aligned} \frac{1}{c^2}\frac{\partial^2 f}{\partial t^2} &= \int_{-\infty}^{\infty} dt' \int_{-\infty}^{\infty} dx' \int_{-\infty}^{\infty} dy' \int_{-\infty}^{\infty} dz' \\ &\qquad \times j(t',x',y',z')\,\frac{1}{c^2}\frac{\partial^2}{\partial t^2}G(t-t',x-x',y-y',z-z') \\ \frac{\partial^2 f}{\partial x^2} &= \int_{-\infty}^{\infty} dt' \int_{-\infty}^{\infty} dx' \int_{-\infty}^{\infty} dy' \int_{-\infty}^{\infty} dz' \\ &\qquad \times j(t',x',y',z')\,\frac{\partial^2}{\partial x^2}G(t-t',x-x',y-y',z-z') \end{aligned} \tag{12.10}$$

となるので (y や z の 2 階偏微分についても同様)，

$$\frac{1}{c^2}\frac{\partial^2 f}{\partial t^2} - \nabla^2 f = \int_{-\infty}^{\infty} dt' \int_{-\infty}^{\infty} dx' \int_{-\infty}^{\infty} dy' \int_{-\infty}^{\infty} dz'\, j(t',x',y',z')$$

$$
\begin{aligned}
&\times \left(\frac{1}{c^2}\frac{\partial^2}{\partial t^2} - \nabla^2\right) G(t-t', x-x', y-y', z-z') \\
&= \int_{-\infty}^{\infty} dt' \int_{-\infty}^{\infty} dx' \int_{-\infty}^{\infty} dy' \int_{-\infty}^{\infty} dz' j(t', x', y', z') \\
&\times \delta(t-t')\,\delta(x-x')\,\delta(y-y')\,\delta(z-z') \\
&= j(t, x, y, z)
\end{aligned}
$$

となり，(12.9) 式で与えられる $f(t,x,y,z)$ は (12.7) 式を満たすからである．

関数 $j(t,x,y,z)$ と $G(t,x,y,z)$ のたたみ込みの形で与えられる (12.9) 式は，(12.7) 式の解が時刻 t' に (x',y',z') に置かれた強度 $j(t',x',y',z')$ の波源から作られて広がっていく球面波の重ね合わせで表されることを示す．グリーン関数 G のことを**伝播関数** (または伝搬関数) ともいう．

多次元空間でのフーリエ変換もこれまでやってきたことの拡張である．グリーン関数 $G(t,x,y,z)$ のフーリエ成分を $g(\omega,k_x,k_y,k_z)$ とすると，両者は以下の関係で結ばれる．

$$
\begin{aligned}
G(t,x,y,z) &= \frac{1}{(2\pi)^4}\int_{-\infty}^{\infty} d\omega \int_{-\infty}^{\infty} dk_x \int_{-\infty}^{\infty} dk_y \int_{-\infty}^{\infty} dk_z \\
&\quad \times g(\omega,k_x,k_y,k_z)\, e^{i(k_x x + k_y y + k_z z - \omega t)}, \qquad (12.11) \\
g(\omega,k_x,k_y,k_z) &= \int_{-\infty}^{\infty} dt \int_{-\infty}^{\infty} dx \int_{-\infty}^{\infty} dy \int_{-\infty}^{\infty} dz \\
&\quad \times G(t,x,y,z)\, e^{-i(k_x x + k_y y + k_z z - \omega t)} \qquad (12.12)
\end{aligned}
$$

12.1 節と同様に 4 次元空間でのフーリエ変換の関係式 (12.11), (12.12) を用いてグリーン関数を求めてみよう．境界条件として，$t \to \pm\infty$ のとき $G \to 0$ かつ $\dfrac{\partial G}{\partial t} \to 0$，さらに $|\boldsymbol{x}| = \sqrt{x^2+y^2+z^2} \to \infty$ のとき $G \to 0$ かつ $\dfrac{\partial G}{\partial x} \to 0$, $\dfrac{\partial G}{\partial y} \to 0$, $\dfrac{\partial G}{\partial z} \to 0$ を課す．このとき，(12.8) 式をフーリエ変換すると，左辺の G の t による 2 階偏微分の項については例題 10.2 の (7) の結果より，

$$
\begin{aligned}
&\int_{-\infty}^{\infty} dt \int_{-\infty}^{\infty} dx \int_{-\infty}^{\infty} dy \int_{-\infty}^{\infty} dz \left(\frac{1}{c^2}\frac{\partial^2 G}{\partial t^2}\right) e^{-i(k_x x + k_y y + k_z z - \omega t)} \\
&= \frac{1}{c^2}\int_{-\infty}^{\infty} dx \int_{-\infty}^{\infty} dy \int_{-\infty}^{\infty} dz\, e^{-i(k_x x + k_y y + k_z z)} \left[\int_{-\infty}^{\infty} \frac{\partial^2 G}{\partial t^2} e^{i\omega t} dt\right]
\end{aligned}
$$

$$= \frac{1}{c^2}\int_{-\infty}^{\infty} dx \int_{-\infty}^{\infty} dy \int_{-\infty}^{\infty} dz\, e^{-i(k_x x + k_y y + k_z z)} \left[(-\omega^2)\int_{-\infty}^{\infty} G(t,x,y,z)\, e^{i\omega t} dt\right]$$
$$= -\frac{\omega^2}{c^2} g(\omega, k_x, k_y, k_z)$$

同様に，左辺のラプラシアンを含む項のフーリエ変換は，

$$\int_{-\infty}^{\infty} dt \int_{-\infty}^{\infty} dx \int_{-\infty}^{\infty} dy \int_{-\infty}^{\infty} dz\, (\nabla^2 G)\, e^{-i(k_x x + k_y y + k_z z - \omega t)}$$
$$= -(k_x^2 + k_y^2 + k_z^2)\, g(\omega, k_x, k_y, k_z)$$

となり，右辺のフーリエ変換は以下のようになる．

$$\int_{-\infty}^{\infty} dt \int_{-\infty}^{\infty} dx \int_{-\infty}^{\infty} dy \int_{-\infty}^{\infty} dz\, \delta(t)\,\delta(x)\,\delta(y)\,\delta(z)\, e^{-i(k_x x + k_y y + k_z z - \omega t)}$$
$$= \left[\int_{-\infty}^{\infty} dt\delta(t) e^{i\omega t}\right]$$
$$\times \left[\int_{-\infty}^{\infty} dx\delta(x) e^{-ik_x x}\right]\left[\int_{-\infty}^{\infty} dy\delta(y) e^{-ik_y y}\right]\left[\int_{-\infty}^{\infty} dz\delta(z) e^{-ik_z z}\right]$$
$$= 1$$

したがって，G のフーリエ成分 g の満たすべき方程式は，

$$\left[-\frac{\omega^2}{c^2} + (k_x^2 + k_y^2 + k_z^2)\right] g(\omega, k_x, k_y, k_z) = 1$$

ここで，$k^2 = k_x^2 + k_y^2 + k_z^2$ とおくと以下を得る．

$$g(\omega, k_x, k_y, k_z) = -\frac{c^2}{\omega^2 - c^2 k^2}$$

これを (12.11) 式に代入すれば $G(t, x, y, z)$ が得られる．

$$G(t,x,y,z) = -\frac{c^2}{(2\pi)^4}\int_{-\infty}^{\infty} d\omega \int_{-\infty}^{\infty} dk_x \int_{-\infty}^{\infty} dk_y \int_{-\infty}^{\infty} dk_z$$
$$\times \frac{e^{i(k_x x + k_y y + k_z z - \omega t)}}{\omega^2 - c^2 k^2}$$
$$= -\frac{c^2}{(2\pi)^4}\int_{-\infty}^{\infty} dk_x \int_{-\infty}^{\infty} dk_y \int_{-\infty}^{\infty} dk_z$$
$$\times e^{i(k_x x + k_y y + k_z z)} \left[\int_{-\infty}^{\infty} \frac{e^{-i\omega t}}{\omega^2 - c^2 k^2} d\omega\right] \tag{12.13}$$

上式の ω 積分をこれまでと同様に複素関数 $h(z) = \dfrac{e^{-itz}}{z^2 - c^2k^2}$ の実軸にそった積分 $I(k,t) = \displaystyle\int_{-\infty}^{\infty} h(x)dx$ だと考えて求めようとすると，実軸上に 1 位の極が二つあるため ($z = \pm ck$) 直接的には積分 $I(k,t)$ を計算できない．このような場合，極の位置をわずかだけずらし，実軸上で正則になるように被積分関数の形をかえて計算するのが常套手段である．つまり，ε を十分小さな実数 ($|\varepsilon| \ll 1$) として，複素関数 $h_\varepsilon(z)$ を

$$h_\varepsilon(z) = \frac{e^{-itz}}{(z - \varepsilon i)^2 - c^2k^2}$$

とおき，複素積分

$$I_\varepsilon(k,t) = \int_{-\infty}^{\infty} h_\varepsilon(x)dx$$

を求め，最後に $\varepsilon \to 0$ として積分 $I(k,t)$ を求める．複素関数 $h_\varepsilon(z)$ の極は $z = \pm ck + \varepsilon i$ であり，それらにおける留数は以下のようになる．

$$\mathrm{Res}\, h_\varepsilon(ck + \varepsilon i) = \frac{e^{-itck}}{2ck} e^{\varepsilon t},$$
$$\mathrm{Res}\, h_\varepsilon(-ck + \varepsilon i) = -\frac{e^{itck}}{2ck} e^{\varepsilon t}$$

例題 8.11–8.13 で見たように，コーシーの積分定理や留数定理を適用して複素積分 $I_\varepsilon(k,t)$ を求めるためには積分経路を閉じさせる必要がある．そこで，図 12.1 に示すように実軸上の点 $z = R$ から $z = -R$ までを上半平面 ($\mathrm{Im}\, z > 0$) を通る半円の経路 C_2 と下半平面 ($\mathrm{Im}\, z < 0$) を通る半円の経路 C_3 のどちらかをとり，C_1 とつなげた単一閉曲線を考えることになる．なお，図 12.1 では $\varepsilon < 0$ ととっている．これは後で述べる境界条件から要請されることである．

二つの経路 C_2 と C_3 のうちのどちらを選択すべきか考えてみよう．半径 R の半円を表す式を $z(\theta) = Re^{i\theta}$ とおく．その半円に沿っての複素積分は，(7.4) 式より，

$$\int h_\varepsilon(z)dz = \int h_\varepsilon\Big(z(\theta)\Big)\frac{dz}{d\theta}dz$$

となる．右辺の被積分関数については，オイラーの公式 (6.25) を用いて変形すれば，

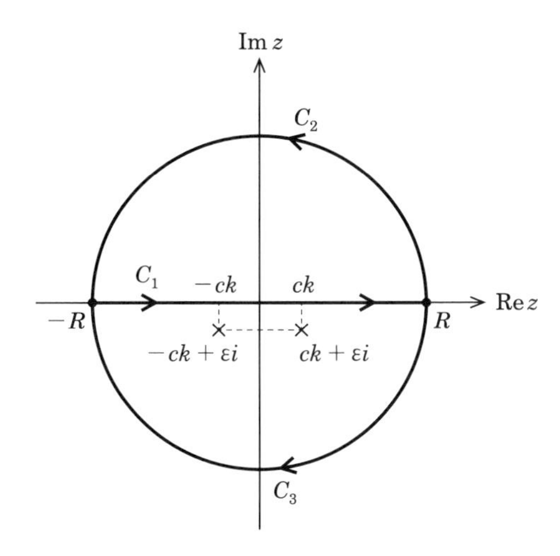

図 12.1 複素積分 $I_\varepsilon(k,t)$ を計算する際の経路．遅延条件を満たすように $\varepsilon<0$ ととっている．最終的に $R\to\infty, \varepsilon\to 0$ の極限をとる．

$$\left|h_\varepsilon\Big(z(\theta)\Big)\frac{dz}{d\theta}\right| = \left|\frac{Re^{tR\sin\theta}}{(Re^{i\theta}-\varepsilon i)^2-c^2k^2}\right|$$

を得る．分子の指数関数に注目しよう．$t<0$ のときは半円上の点に対して $\sin\theta>0$ となるように C_2 を選択し，$t>0$ のときは半円上の点に対して $\sin\theta<0$ となるように C_3 を選択すると，$R\to\infty$ の極限では半円に沿った積分は 0 になることがわかる．

ここで，グリーン関数 $G(t,x,y,z)$ に対して，物理的に意味のある解を求めるために，遅延条件と呼ばれる境界条件を課すことにしよう．これは原因が結果よりも先に起こるという因果律を満たすための条件である．時刻 t における波動 f は，それよりも過去の時刻 $t'(<t)$ での波源 j の影響を受ける．時刻 t の未来の時刻 $t'(>t)$ の影響は受けない．そうなるためには，(12.9) 式より $t'>t$ のとき $G(t-t',x-x',y-y',z-z')=0$ とならなければならない．これを書き換えて以下の遅延条件を得る．

$$G(t,x,y,z)\begin{cases}=0 & (t<0)\\ \neq 0 & (t>0)\end{cases} \tag{12.14}$$

$t<0$ のとき，$G=0$ となるようにするためには，図 12.1 に示すように $\varepsilon<0$ とすればよい．実際，単一閉曲線 $C=C_1+C_2$ をとると，C 上とその内部で $h_\varepsilon(z)$ は正則なのでコーシーの積分定理 (定理 7.5) より

$$\int_{C_1} h_\varepsilon(z)dz+\int_{C_2} h_\varepsilon(z)dz=0$$

となるが，$R\to\infty$ のとき (左辺第 1 項) $\to I_\varepsilon(k,t)$, (左辺第 2 項) $\to 0$ となる．したがって，$I_\varepsilon(k,t)=0$ を得る．

続いて $t>0$ のときの $I_\varepsilon(k,t)$ を求めよう．$\varepsilon<0$ より，単一閉曲線 $C=(-C_1)+(-C_3)$ に囲まれた領域内には二つの極 $z=\pm ck+\varepsilon i$ が存在する．したがって，留数定理より，

$$\int_{-C_1} h_\varepsilon(z)dz+\int_{-C_3} h_\varepsilon(z)dz=2\pi i\left[\mathrm{Res}\, h_\varepsilon(-ck+\varepsilon i)+\mathrm{Res}\, h_\varepsilon(ck+\varepsilon i)\right]$$

となるが，$R\to\infty$ のとき (左辺第 1 項) $\to -I_\varepsilon(k,t)$, (左辺第 2 項) $\to 0$ となる．したがって，

$$I_\varepsilon(k,t)=\frac{\pi i}{ck}(e^{itck}-e^{-itck})e^{\varepsilon t}$$

以上より，

$$I(k,t)=\lim_{\varepsilon\to 0} I_\varepsilon(k,t)=\begin{cases} 0 & (t<0) \\ \dfrac{\pi i}{ck}(e^{itck}-e^{-itck}) & (t>0) \end{cases}$$

このようにして求めた $I(k,t)$ を (12.13) 式の右辺の ω 積分の項に代入して $G(t,x,y,z)$ を求めよう．まず，$t<0$ のとき，$G(t,x,y,z)=0$ となって，たしかに遅延条件 (12.14) 式を満たしていることが確認できる．$t>0$ のとき，$G(t,x,y,z)$ は以下のようになる．

$$\begin{aligned} G(t,x,y,z)=&-\frac{c^2}{(2\pi)^4}\int_{-\infty}^{\infty} dk_x\int_{-\infty}^{\infty} dk_y\int_{-\infty}^{\infty} dk_z\, e^{i(k_x x+k_y y+k_z z)} \\ &\times\frac{\pi i}{ck}(e^{itck}-e^{-itck}) \end{aligned}$$

この積分を計算する際は，$\boldsymbol{x}=(x,y,z)$ は与えられた量であることに注意し，3 次元 k 空間の直交座標 (k_x,k_y,k_z) から $\boldsymbol{x}$ を極軸とする極座標 (k,ϑ,φ) へ座標変換すると見通しがよくなる．ここで，$k=\sqrt{k_x^2+k_y^2+k_z^2}$ であり，ϑ は $\boldsymbol{x}$ と $\boldsymbol{k}=$

(k_x, k_y, k_z) のなす角である．つまり，

$$\cos\vartheta = \frac{\boldsymbol{k}\cdot\boldsymbol{x}}{|\boldsymbol{k}|\,|\boldsymbol{x}|} = \frac{k_x x + k_y y + k_z z}{k|\boldsymbol{x}|}$$

である．また，φ は $\boldsymbol{x}$ のまわりの方位角である．すると体積要素は

$$dk_x\,dk_y\,dk_z = k^2 \sin\vartheta\,dk\,d\vartheta\,d\varphi$$

となるので，

$$\begin{aligned} G(t,x,y,z) = -\frac{c^2}{(2\pi)^4}\int_0^{2\pi} d\varphi \int_0^{\infty} dk\,k^2 \times \frac{\pi i}{ck}(e^{itck} - e^{-itck}) \\ \times \int_0^{\pi} d\vartheta\,\sin\vartheta\,e^{ik|\boldsymbol{x}|\cos\vartheta} \end{aligned}$$

上式において被積分関数は φ に依らないので φ の積分は 2π になる．ϑ の積分は $\cos\vartheta = \mu$ と変数変換すると実行できて，

$$\int_0^{\pi} d\vartheta\,\sin\vartheta\,e^{ik|\boldsymbol{x}|\cos\vartheta} = \int_{-1}^{1} e^{ik|\boldsymbol{x}|\mu} d\mu = \frac{e^{ik|\boldsymbol{x}|} - e^{-ik|\boldsymbol{x}|}}{ik|\boldsymbol{x}|}$$

となる．したがって，

$$\begin{aligned} &G(t,x,y,z) \\ &\quad = \frac{c}{8\pi^2|\boldsymbol{x}|}\int_0^{\infty} dk\,(e^{-itck} - e^{itck})\,(e^{ik|\boldsymbol{x}|} - e^{-ik|\boldsymbol{x}|}) \\ &\quad = \frac{c}{8\pi^2|\boldsymbol{x}|}\int_0^{\infty} dk\,\left[e^{ik(ct-|\boldsymbol{x}|)} + e^{-ik(ct-|\boldsymbol{x}|)} - e^{ik(ct+|\boldsymbol{x}|)} - e^{-ik(ct+|\boldsymbol{x}|)}\right] \end{aligned}$$

上式の被積分関数の第 2 項と第 4 項についてのみ k から $-k$ と変数変換することにより，

$$G(t,x,y,z) = \frac{c}{8\pi^2|\boldsymbol{x}|}\int_{-\infty}^{\infty} dk\,\left[e^{ik(ct-|\boldsymbol{x}|)} - e^{ik(ct+|\boldsymbol{x}|)}\right]$$

となるが，ここで (10.5) 式と (10.9) 式を順に用いると，

$$\begin{aligned} G(t,x,y,z) &= \frac{c}{4\pi|\boldsymbol{x}|}\left[\delta(ct-|\boldsymbol{x}|) - \delta(ct+|\boldsymbol{x}|)\right] \\ &= \frac{1}{4\pi|\boldsymbol{x}|}\,\delta\left(t - \frac{|\boldsymbol{x}|}{c}\right) \end{aligned} \tag{12.15}$$

となる．ただし，2 番目の変形の際には，$t > 0$ かつ $|\boldsymbol{x}| > 0$ より $\delta(ct + |\boldsymbol{x}|)$ は落とせることを用いた．グリーン関数 G は $|\boldsymbol{x}| = ct$ となる点 (x, y, z) でのみ値を持

つことがわかる．これは $t=0$ に原点 $\boldsymbol{x}=0$ で波源が発した情報が速さ c で等方的に伝播していくことを示す．

こうして得られたグリーン関数を (12.9) 式に代入すれば波動方程式 (12.7) の解が得られる．

$$\begin{aligned}
&\boldsymbol{x}' = (x', y', z'),\\
&|\boldsymbol{x}-\boldsymbol{x}'| = \sqrt{(x-x')^2+(y-y')^2+(z-z')^2}
\end{aligned}$$

とおくと，

$$\begin{aligned}
f(t,x,y,z) = &\int_{-\infty}^{\infty} dt' \int_{-\infty}^{\infty} dx' \int_{-\infty}^{\infty} dy' \int_{-\infty}^{\infty} dz' \\
&\times \frac{j(t',x',y',z')}{4\pi|\boldsymbol{x}-\boldsymbol{x}'|}\,\delta\left(t-t'-\frac{|\boldsymbol{x}-\boldsymbol{x}'|}{c}\right)
\end{aligned}$$

ここで，以下のように遅延時間 t_{ret} を定義する．

$$t_{\mathrm{ret}} = t - \frac{|\boldsymbol{x}-\boldsymbol{x}'|}{c}$$

すると，被積分関数内のディラックのデルタ関数は $\delta(t'-t_{\mathrm{ret}})$ と書き換えられるので，

$$f(t,x,y,z) = \int_{-\infty}^{\infty} dx' \int_{-\infty}^{\infty} dy' \int_{-\infty}^{\infty} dz'\, \frac{j(t_{\mathrm{ret}},x',y',z')}{4\pi|\boldsymbol{x}-\boldsymbol{x}'|} \tag{12.16}$$

を得る．つまり，伝わる情報の速さ c は有限なので，時刻 t での波動 f はそれよりも過去の時刻 $t=t_{\mathrm{ret}}$ の波源から出た信号の重ね合わせになっている．

演習問題

問 12.1　遅延条件 (12.15) のかわりに $G(t,x,y,z)=0\ (t>0)$, $G(t,x,y,z)\neq 0\ (t<0)$ という先進条件を課して波動方程式 (12.7) の解を求めよ．

COLUMN 高速フーリエ変換

もとの関数 $f(x)$ よりも，そのフーリエ成分 (スペクトル) $F(\omega)$ を取り扱う方がわかりやすいという事例は物理学の研究において枚挙にいとまがない．そのため，読者もデータをフーリエ変換するという場面に多く出会うであろう．実際に取り扱うデータは連続関数ではなく N 個の離散的なものであるが，そのスペクトルは離散フーリエ変換によって求められる．しかし，N の値が多いとスペクトルを計算するのに莫大な時間を要するようになってしまう．こんなとき，特殊な N に限られるが，高速フーリエ変換というアルゴリズムが開発されていて，計算時間を驚くほど短縮できることが知られている．筆者らも自前で計算プログラムを作り，高速フーリエ変換を用いた場合と用いない場合で計算速度が著しく異なることを実体験し，高速フーリエ変換の有用性に感動したことがある．

参考文献

[1] 薩摩順吉『物理の数学』, 岩波基礎物理シリーズ 10, 岩波書店, 1995
— 物理学の勉強に必要な，大学初年時に習う微分積分・線形代数ならびに簡単な常微分方程式の解法についての復習によい．

[2] 安達忠次 『ベクトル解析』, 培風館，1961
— 古いが理工学としてベクトル解析の基礎を学ぶのに最適な教科書．本書では触れなかったが，ベクトルポテンシャルについてわかりやすく説明がなされている．

[3] 伊理正夫・韓太舜『ベクトル解析』, シリーズ新しい応用の数学第 1 巻，教育出版，1977
— 抽象的な解説も多いが，一方で，空間における曲面では，計量テンソルを定義していて，解説も非常にわかりやすい．特に一般相対論を学ぶ諸君に薦めたい．

[4] 矢野健太郎・石原繁『大学演習ベクトル解析』, 裳華房，1964
— ベクトル解析の演習書は数多くあるが，この本は考えられるすべての演習問題をカバーしている．絶版であったが，近年復刊を果たした．

[5] 谷口健二・時弘哲治『複素解析』, 裳華房，2013
— 本書では触れることのできなかった調和解析，解析接続，常微分方程式の解法の詳細についてわかりやすい解説がある．

[6] 辻正次・小松勇作編『大学演習 函数論』, 裳華房，1959
— 複素解析の演習書でありさまざまな難易度の問題と解答が掲載されている．絶版になっているので大学の図書館等で探してほしい．

[7] 江沢洋『フーリエ解析』シリーズ物理数学 1, 朝倉書店，2009
— 物理学への応用も念頭におきながらフーリエ解析の丁寧な解説をしている．演習問題も多く，演習書としても役立つであろう．本書では触れることができなかった放物型偏微分方程式 (拡散方程式または熱伝導方程式) の解法やラプラス変換とその応用についても解説がなされている．

[8] 船越満明『キーポイント フーリエ解析』, 理工系数学のキーポイント・9, 岩波書店，2014
— フーリエ級数の収束に関する解説，およびフーリエ変換の具体例を勉強したいなら役に立つであろう．

[9] 太田浩一『電磁気学の基礎 II』, シュプリンガー・ジャパン，2007
— 電磁気学で現れる波動方程式の導出およびその解法と解の物理的意味について解説がなされている．

演習問題の解答

第1章の解答

問 1.1　図 S.1 (左) のように三角形の 3 辺を大きさにもつベクトルを $\boldsymbol{A}, \boldsymbol{B}, \boldsymbol{A}-\boldsymbol{B}$ とする．三角形の各辺の中点と，それぞれの中点が向かいあう頂点を結ぶ線は，ベクトルを用いて，それぞれ

$$\frac{\boldsymbol{B}}{2}-\boldsymbol{A}, \quad \frac{\boldsymbol{A}+\boldsymbol{B}}{2}, \quad \frac{\boldsymbol{A}}{2}-\boldsymbol{B}$$

である．ここで，これらには，

$$\left(\frac{\boldsymbol{B}}{2}-\boldsymbol{A}\right)+\left(\frac{\boldsymbol{A}+\boldsymbol{B}}{2}\right)+\left(\frac{\boldsymbol{A}}{2}-\boldsymbol{B}\right)=0$$

の関係があり，これは三つのベクトルが三角形をつくる条件である (図 S.1 (右))．よって上記の三つの線を 3 辺とする三角形ができる．

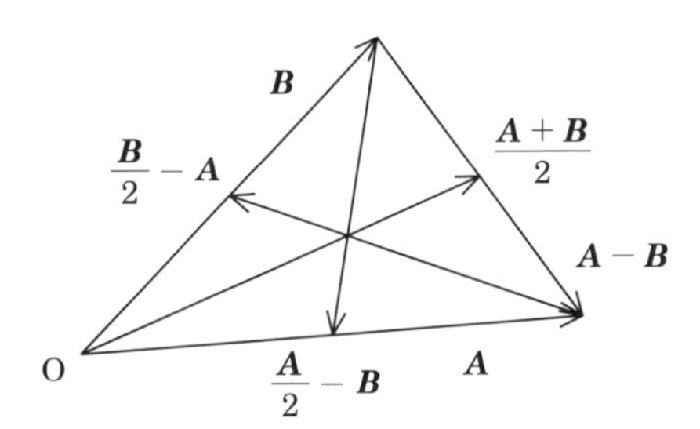

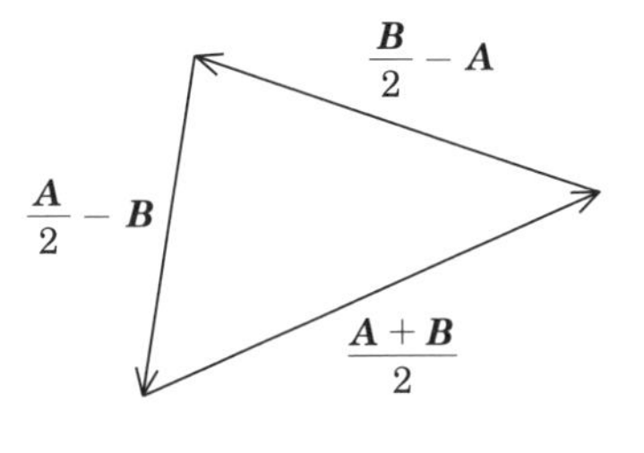

図 S.1

問 1.2　$\boldsymbol{B}$ と同じ向きをもつ単位ベクトルは $\boldsymbol{n}_B=\frac{1}{\sqrt{3}}(\boldsymbol{i}+\boldsymbol{j}+\boldsymbol{k})$ である．これより $\boldsymbol{B}_{||}$ は (1.13) 式より，

$$\boldsymbol{B}_{||}=(\boldsymbol{A}\cdot\boldsymbol{n}_B)\,\boldsymbol{n}_B=\frac{6}{\sqrt{3}}\frac{1}{\sqrt{3}}(\boldsymbol{i}+\boldsymbol{j}+\boldsymbol{k})=2\boldsymbol{i}+2\boldsymbol{j}+2\boldsymbol{k}$$

$\boldsymbol{B}_{\perp}$ は，$\boldsymbol{A}=\boldsymbol{B}_{||}+\boldsymbol{B}_{\perp}$ と書けるので，$\mathbf{B}_{\perp}=-\boldsymbol{i}+\boldsymbol{k}$ となる．

問 1.3　この球面上の点 A において，球面と垂直なベクトルは，球面の中心である点 C から点 A の向きをもつ．よって点 A を通り，$\overrightarrow{\mathrm{CA}}=\boldsymbol{A}-\boldsymbol{C}$ に垂直な面のベクトル方程式は (1.11) 式より，

$$(\boldsymbol{A}-\boldsymbol{C})\cdot(\boldsymbol{r}-\boldsymbol{A})=0$$

と書ける.

問 1.4 $(x,y,z),(a,0,0),(0,b,0),(0,0,c)$ の位置ベクトルをそれぞれ, $\boldsymbol{X},\boldsymbol{A},\boldsymbol{B},\boldsymbol{C}$ とおく. 四面体の体積は, $\boldsymbol{X}-\boldsymbol{A},\boldsymbol{B}-\boldsymbol{A},\boldsymbol{C}-\boldsymbol{A}$ を 3 辺とする平行六面体の体積の 1/6 である. 平行六面体の体積はスカラー三重積の大きさとなるから (1.20) 式より,

$$\begin{aligned}\frac{1}{6}\left|(\boldsymbol{X}-\boldsymbol{A})\cdot\{(\boldsymbol{B}-\boldsymbol{A})\times(\boldsymbol{C}-\boldsymbol{A})\}\right| &= \frac{1}{6}\begin{vmatrix}x-a & y & z\\ -a & b & 0\\ -a & 0 & c\end{vmatrix}\\ &= \frac{1}{6}\left|bc(x-a)+acy+abz\right| = \frac{1}{6}\left|abc\left(\frac{x}{a}+\frac{y}{b}+\frac{z}{c}-1\right)\right|\end{aligned}$$

第2章の解答

問 2.1 質点を終点とするベクトルを $\boldsymbol{r}(t)$ とする. 質点の速度 $\boldsymbol{v}$ は

$$\boldsymbol{v}=\frac{d\boldsymbol{r}}{dt}=\frac{d\boldsymbol{r}}{ds}\frac{ds}{dt}=|\boldsymbol{v}|\,\boldsymbol{t}=v\boldsymbol{t}$$

と書ける. $\boldsymbol{t}$ は曲線の単位接線ベクトルで, 速度の向きをもつ. これより加速度 $\boldsymbol{a}$ は

$$\boldsymbol{a}=\frac{d\boldsymbol{v}}{dt}=\frac{d\,(v\boldsymbol{t})}{dt}=\frac{dv}{dt}\boldsymbol{t}+v\frac{d\boldsymbol{t}}{ds}\frac{ds}{dt}=\frac{dv}{dt}\boldsymbol{t}+v^2\kappa\boldsymbol{n}$$

と書ける. 右辺の第 1 項は接線方向の加速度で, 第 2 項は主法線方向 (求心方向) の加速度である. 曲線の曲率半径 ρ は $\kappa=\dfrac{1}{\rho}$ より主法線方向の大きさは $\dfrac{v^2}{\rho}$ と表せる.

問 2.2 等速運動をすることから, 問 2.1 の第 1 項である, $\dfrac{dv}{dt}\boldsymbol{t}$ は 0 である. よって,

$$\boldsymbol{a}=\frac{d\boldsymbol{v}}{dt}=\frac{d\,(v\boldsymbol{t})}{dt}=\frac{dv}{dt}\boldsymbol{t}+v\frac{d\boldsymbol{t}}{ds}\frac{ds}{dt}=\frac{dv}{dt}\boldsymbol{t}+v^2\kappa\boldsymbol{n}$$

また, 円運動をすることから, $|\boldsymbol{r}|$ は一定である. また, 等速運動をすることから $|\boldsymbol{v}|$ も一定である. これより, それぞれ (2.10) 式を満たす. よって, $\boldsymbol{r}\cdot\boldsymbol{v}=0$ かつ, $\boldsymbol{v}\cdot\boldsymbol{a}=0$ であり, 同一平面内で, $\boldsymbol{v}$ と直交する $\boldsymbol{r}$ と $\boldsymbol{a}$ は, 互いに平行である. つまり, ここで, 加速度の向きを示す単位法線ベクトル $\boldsymbol{n}$ は円運動の中心を向き,

$$\boldsymbol{a}=\frac{v^2}{\rho}\boldsymbol{n}$$

と書ける. これは力学において, 求心力の向きを与える求心加速度である.

問 2.3 (1) 例題 2.7 で, らせんを表すベクトルについて説明し, 曲線を表す三つの単位ベ

クトルと，曲率，れい率について求めた．この問題では，この例題における，$A=3, B=4$ の場合である．よって $\boldsymbol{r}(t)$ の単位接線ベクトルは，

$$\boldsymbol{t}=\frac{\frac{d\boldsymbol{r}(t)}{dt}}{\frac{ds}{dt}}=\frac{\frac{d\boldsymbol{r}(t)}{dt}}{\left|\frac{d\boldsymbol{r}(t)}{dt}\right|}=\frac{-3\sin t\boldsymbol{i}+3\cos t\boldsymbol{j}+4\boldsymbol{k}}{\sqrt{3^2+4^2}}=\frac{-3\sin t\boldsymbol{i}+3\cos t\boldsymbol{j}+4\boldsymbol{k}}{5}$$

曲率は $\dfrac{d\boldsymbol{t}}{ds}=\kappa\boldsymbol{n}$ より，

$$\frac{d\boldsymbol{t}}{ds}=\frac{\frac{d\boldsymbol{t}(t)}{dt}}{\frac{ds}{dt}}=\frac{\frac{-3\cos t\boldsymbol{i}-3\sin t\boldsymbol{j}}{5}}{5}=\frac{-3\cos t\boldsymbol{i}-3\sin t\boldsymbol{j}}{25}=\frac{3}{25}(-\cos t\boldsymbol{i}-\sin t\boldsymbol{j})$$

これより，単位主法線ベクトルは，$\boldsymbol{n}=-\cos t\boldsymbol{i}-\sin t\boldsymbol{j},\ \kappa=\dfrac{3}{25}$.

単位従主法線ベクトルは，$\boldsymbol{b}=\boldsymbol{t}\times\boldsymbol{n}$ より

$$\boldsymbol{b}=\boldsymbol{t}\times\boldsymbol{n}=\frac{-3\sin t\boldsymbol{i}+3\cos t\boldsymbol{j}+4\boldsymbol{k}}{5}\times(-\cos t\boldsymbol{i}-\sin t\boldsymbol{j})=\frac{1}{5}(4\sin t\boldsymbol{i}-4\cos t\boldsymbol{j}+3\boldsymbol{k})$$

れい率は，$\dfrac{d\boldsymbol{b}}{ds}=-\tau\boldsymbol{n}$ より，$\dfrac{d\boldsymbol{b}}{ds}=\dfrac{\frac{d\boldsymbol{b}(t)}{dt}}{\frac{ds}{dt}}=\dfrac{\frac{4\cos t\boldsymbol{i}+4\sin t\boldsymbol{j}}{5}}{5}=\dfrac{4\cos t\boldsymbol{i}+4\sin t\boldsymbol{j}}{25}$

よって，$\tau=\dfrac{-4}{25}$．これより，このらせん曲線の曲率とれい率はそれぞれ $\kappa=\dfrac{3}{25}, \tau=\dfrac{-4}{25}$ である．

(2) $t=2\pi$ のときに $z=8\pi$ になる．よって，$\boldsymbol{t}=\dfrac{3\boldsymbol{j}+4\boldsymbol{k}}{5}, \boldsymbol{n}=-\boldsymbol{i}, \boldsymbol{b}=\dfrac{-4\boldsymbol{j}+3\boldsymbol{k}}{5}$.

第3章の解答

問 3.1

$$(1)\ \nabla\cdot\left(\frac{\boldsymbol{r}}{r^3}\right)=\nabla\left(\frac{1}{r^3}\right)\cdot\boldsymbol{r}+\frac{1}{r^3}\nabla\cdot\boldsymbol{r}=-\frac{3}{r^4}(\nabla r)\cdot\boldsymbol{r}+\frac{1}{r^3}\nabla\cdot\boldsymbol{r}=-\frac{3}{r^4}\left(\frac{\boldsymbol{r}}{r}\right)\cdot\boldsymbol{r}+\frac{3}{r^3}$$
$$=-\frac{3r^2}{r^5}+\frac{3}{r^3}=0$$

ここで，例題 3.5 で解いた $\nabla r=\dfrac{\boldsymbol{r}}{r}, \nabla\dfrac{1}{r}=-\dfrac{1}{r^2}\dfrac{\boldsymbol{r}}{|r|}, \nabla\cdot\boldsymbol{r}=3$ を用いた.

$$(2)\ \nabla^2\left(\frac{1}{r}\right)=\nabla\cdot\left(\nabla\frac{1}{r}\right)=\nabla\cdot\left(-\frac{\boldsymbol{r}}{r^3}\right)=-\nabla\cdot\left(\frac{\boldsymbol{r}}{r^3}\right)=0\qquad((1)\text{ より})$$

(3)

$$\nabla \times \boldsymbol{r} = \begin{vmatrix} \boldsymbol{i} & \boldsymbol{j} & \boldsymbol{k} \\ \dfrac{\partial}{\partial x} & \dfrac{\partial}{\partial y} & \dfrac{\partial}{\partial z} \\ x & y & z \end{vmatrix} = 0$$

(4) $\nabla \times (r^n \boldsymbol{r}) = \nabla r^n \times \boldsymbol{r} + r^n \nabla \times \boldsymbol{r} = nr^{n-1} \nabla r \times \boldsymbol{r} + 0 = nr^{n-1} \left(\dfrac{1}{r} \right) \boldsymbol{r} \times \boldsymbol{r}$

$= 0$

問 3.2

(1)

$$\mathrm{rot}\,\mathrm{grad}\varphi = \nabla \times \nabla\varphi = \nabla \times \left(\frac{\partial \varphi}{\partial x}\boldsymbol{i} + \frac{\partial \varphi}{\partial y}\boldsymbol{j} + \frac{\partial \varphi}{\partial z}\boldsymbol{k} \right) = \begin{vmatrix} \boldsymbol{i} & \boldsymbol{j} & \boldsymbol{k} \\ \dfrac{\partial}{\partial x} & \dfrac{\partial}{\partial y} & \dfrac{\partial}{\partial z} \\ \dfrac{\partial \varphi}{\partial x} & \dfrac{\partial \varphi}{\partial y} & \dfrac{\partial \varphi}{\partial z} \end{vmatrix}$$

$$= \left(\frac{\partial^2 \varphi}{\partial y \partial z} - \frac{\partial^2 \varphi}{\partial z \partial y} \right) \boldsymbol{i} + \left(\frac{\partial^2 \varphi}{\partial z \partial x} - \frac{\partial^2 \varphi}{\partial x \partial z} \right) \boldsymbol{j} + \left(\frac{\partial^2 \varphi}{\partial x \partial y} - \frac{\partial^2 \varphi}{\partial y \partial x} \right) \boldsymbol{k} = 0$$

(2) 左辺は,

$$\mathrm{rot}\,\mathrm{rot}\boldsymbol{A} = \begin{vmatrix} \boldsymbol{i} & \boldsymbol{j} & \boldsymbol{k} \\ \dfrac{\partial}{\partial x} & \dfrac{\partial}{\partial y} & \dfrac{\partial}{\partial z} \\ \dfrac{\partial A_z}{\partial y} - \dfrac{\partial A_y}{\partial z} & \dfrac{\partial A_x}{\partial z} - \dfrac{\partial A_z}{\partial x} & \dfrac{\partial A_y}{\partial x} - \dfrac{\partial A_x}{\partial y} \end{vmatrix}$$

この x 成分は,

$$\frac{\partial}{\partial y} \left(\frac{\partial A_y}{\partial x} - \frac{\partial A_x}{\partial y} \right) - \frac{\partial}{\partial z} \left(\frac{\partial A_x}{\partial z} - \frac{\partial A_z}{\partial x} \right) = \frac{\partial^2 A_y}{\partial y \partial x} - \frac{\partial^2 A_x}{\partial y^2} - \frac{\partial^2 A_x}{\partial z^2} + \frac{\partial^2 A_z}{\partial z \partial x}$$

また, 右辺の x 成分は,

$$\frac{\partial}{\partial x} \left(\frac{\partial A_x}{\partial x} + \frac{\partial A_y}{\partial y} + \frac{\partial A_z}{\partial z} \right) - \frac{\partial^2 A_x}{\partial x^2} - \frac{\partial^2 A_x}{\partial y^2} - \frac{\partial^2 A_x}{\partial z^2}$$

$$= \frac{\partial^2 A_x}{\partial x^2} + \frac{\partial^2 A_y}{\partial x \partial y} + \frac{\partial^2 A_z}{\partial x \partial z} - \frac{\partial^2 A_x}{\partial x^2} - \frac{\partial^2 A_x}{\partial y^2} - \frac{\partial^2 A_x}{\partial z^2}$$

$$= \frac{\partial^2 A_y}{\partial x \partial y} + \frac{\partial^2 A_z}{\partial x \partial z} - \frac{\partial^2 A_x}{\partial y^2} - \frac{\partial^2 A_x}{\partial z^2} = \frac{\partial^2 A_y}{\partial y \partial x} + \frac{\partial^2 A_z}{\partial z \partial x} - \frac{\partial^2 A_x}{\partial y^2} - \frac{\partial^2 A_x}{\partial z^2}$$

ここで, $\dfrac{\partial^2 A_y}{\partial x \partial y} = \dfrac{\partial^2 A_y}{\partial y \partial x}$ を用いた.

よって, 両辺の x 成分は等しい. これより y, z 成分についても同様に等しいといえる.

(3) $\mathrm{div}\,\mathrm{rot}\boldsymbol{A} = \nabla \cdot (\nabla \times \boldsymbol{r})$

$$= \nabla \cdot \left[\left(\frac{\partial A_z}{\partial y} - \frac{\partial A_y}{\partial z} \right) \boldsymbol{i} + \left(\frac{\partial A_x}{\partial z} - \frac{\partial A_z}{\partial x} \right) \boldsymbol{j} + \left(\frac{\partial A_y}{\partial x} - \frac{\partial A_x}{\partial y} \right) \boldsymbol{k} \right]$$

$$= \left(\frac{\partial^2 A_z}{\partial x \partial y} - \frac{\partial^2 A_y}{\partial x \partial z} \right) + \left(\frac{\partial^2 A_x}{\partial y \partial z} - \frac{\partial^2 A_z}{\partial y \partial x} \right) + \left(\frac{\partial^2 A_y}{\partial z \partial x} - \frac{\partial^2 A_x}{\partial z \partial y} \right) = 0$$

問 3.3

$$\begin{aligned}
\mathrm{div}(\boldsymbol{A} \times \boldsymbol{B}) &= \mathrm{div}\,\{(A_y B_z - A_z B_y)\boldsymbol{i} + (A_z B_x - A_x B_z)\boldsymbol{j} + (A_x B_y - A_y B_x)\boldsymbol{k}\} \\
&= \frac{\partial}{\partial x}(A_y B_z - A_z B_y) + \frac{\partial}{\partial y}(A_z B_x - A_x B_z) + \frac{\partial}{\partial z}(A_x B_y - A_y B_x) \\
&= A_y \frac{\partial B_z}{\partial x} + B_z \frac{\partial A_y}{\partial x} - A_z \frac{\partial B_y}{\partial x} - B_y \frac{\partial A_z}{\partial x} + A_z \frac{\partial B_x}{\partial y} + B_x \frac{\partial A_z}{\partial y} \\
&\quad - A_x \frac{\partial B_z}{\partial y} - B_z \frac{\partial A_x}{\partial y} + A_x \frac{\partial B_y}{\partial z} + B_y \frac{\partial A_x}{\partial z} - A_y \frac{\partial B_x}{\partial z} - B_x \frac{\partial A_y}{\partial z} \\
&= B_x \left(\frac{\partial A_z}{\partial y} - \frac{\partial A_y}{\partial z} \right) + B_y \left(\frac{\partial A_x}{\partial z} - \frac{\partial A_z}{\partial x} \right) + B_z \left(\frac{\partial A_y}{\partial x} - \frac{\partial A_x}{\partial y} \right) \\
&\quad - A_x \left(\frac{\partial B_y}{\partial z} - \frac{\partial B_z}{\partial y} \right) - A_y \left(\frac{\partial B_x}{\partial z} - \frac{\partial B_z}{\partial x} \right) - A_z \left(\frac{\partial B_y}{\partial x} - \frac{\partial B_x}{\partial y} \right) \\
&= \boldsymbol{B} \cdot (\nabla \times \boldsymbol{A}) - \boldsymbol{A} \cdot (\nabla \times \boldsymbol{B})
\end{aligned}$$

第4章の解答

問 4.1 曲面 S をスカラー関数 $F(x, y) = x^2 + y^2$ の等位面 $(x^2 + y^2 = 9)$ とすれば，$\nabla F = 2x\boldsymbol{i} + 2y\boldsymbol{j}$ より，単位法線ベクトルは $\boldsymbol{n} = \dfrac{x\boldsymbol{i} + y\boldsymbol{j}}{3}$ である．曲面上では $x^2 + y^2 = 9$ であることを用いた．側面を yz 平面に正射影して二重積分するなら，$dS = \dfrac{1}{\boldsymbol{i} \cdot \boldsymbol{n}} dzdy$ より，

$$\int_S \boldsymbol{A} \cdot \boldsymbol{n} dS = \iint_D \frac{3y^2 x + 3y^2 x}{3} \frac{3}{x} dzdy = 6 \int_0^3 \int_0^1 y^2 dzdy = 6 \left[\frac{y^3}{3} \right]_0^3 = 54$$

問 4.2 まずは接線線積分の値を求める．$d\boldsymbol{r} = -3\sin\theta \boldsymbol{i} + 3\cos\theta \boldsymbol{j}$ より，

$$\begin{aligned}
&\int_0^{2\pi} (6\sin\theta \boldsymbol{i} - 54\sin\theta\cos^2\theta \boldsymbol{j}) \cdot (-3\sin\theta \boldsymbol{i} + 3\cos\theta \boldsymbol{j}) d\theta \\
&= 18 \int_0^{2\pi} (-\sin^2\theta - 9\sin\theta\cos^3\theta) d\theta \\
&= -18 \int_0^{2\pi} (\sin^2\theta) d\theta = -18 \int_0^{2\pi} \left(\frac{1 - \cos 2\theta}{2} \right) d\theta = -18\pi
\end{aligned}$$

ここで，$\displaystyle\int_0^{2\pi} \sin\theta\cos^3\theta d\theta$ は 0 となるので，計算を省略した．

次にストークスの定理を用いる．$\boldsymbol{n} = \boldsymbol{k}$ より $\boldsymbol{k}\cdot\mathrm{rot}\boldsymbol{A} = -4xy - 2$ となる．よって，

$$\begin{aligned}\int_S \boldsymbol{k}\cdot\mathrm{rot}\boldsymbol{A}dS &= \iint_D (-4xy-2)dxdy = \int_0^3\int_0^{2\pi}(-4r^2\sin\theta\cos\theta - 2)rd\theta dr \\ &= 2\int_0^3\int_0^{2\pi}(-2r^3\sin 2\theta - r)d\theta dr = -2\int_0^3 2r\pi dr = -18\pi\end{aligned}$$

よって，それぞれの値が一致した．

第5章の解答

問 5.1 極座標によるラプラシアンは

$$\begin{aligned}\nabla^2\Psi &= \frac{1}{r^2\sin\theta}\left(\frac{\partial}{\partial r}\left(\frac{r^2\sin\theta}{1}\frac{\partial\Psi}{\partial r}\right) + \frac{\partial}{\partial\theta}\left(\frac{r\sin\theta}{r}\frac{\partial\Psi}{\partial\theta}\right) + \frac{\partial}{\partial\phi}\left(\frac{r}{r\sin\theta}\frac{\partial\Psi}{\partial\phi}\right)\right) \\ &= \left(\frac{1}{r^2}\frac{\partial}{\partial r}\left(r^2\frac{\partial\Psi}{\partial r}\right) + \frac{1}{r^2\sin\theta}\frac{\partial}{\partial\theta}\left(\sin\theta\frac{\partial\Psi}{\partial\theta}\right) + \frac{1}{r^2\sin^2\theta}\left(\frac{\partial^2\Psi}{\partial\phi^2}\right)\right)\end{aligned}$$

となる．

(1) U が ϕ に無関係な場合

$$\begin{aligned}\frac{\partial U}{\partial t} &= \kappa\left(\frac{1}{r^2}\frac{\partial}{\partial r}\left(r^2\frac{\partial U}{\partial r}\right) + \frac{1}{r^2\sin\theta}\frac{\partial}{\partial\theta}\left(\sin\theta\frac{\partial U}{\partial\theta}\right) + \frac{1}{r^2\sin^2\theta}\left(\frac{\partial^2 U}{\partial\phi^2}\right)\right) \\ &= \kappa\left(\frac{1}{r^2}\frac{\partial}{\partial r}\left(r^2\frac{\partial U}{\partial r}\right) + \frac{1}{r^2\sin\theta}\frac{\partial}{\partial\theta}\left(\sin\theta\frac{\partial U}{\partial\theta}\right)\right)\end{aligned}$$

(2) U が ϕ と θ に無関係な場合

$$\begin{aligned}\frac{\partial U}{\partial t} &= \kappa\left(\frac{1}{r^2}\frac{\partial}{\partial r}\left(r^2\frac{\partial U}{\partial r}\right) + \frac{1}{r^2\sin\theta}\frac{\partial}{\partial\theta}\left(\sin\theta\frac{\partial U}{\partial\theta}\right) + \frac{1}{r^2\sin^2\theta}\left(\frac{\partial^2 U}{\partial\phi^2}\right)\right) \\ &= \kappa\left(\frac{1}{r^2}\frac{\partial}{\partial r}\left(r^2\frac{\partial U}{\partial r}\right)\right) = \kappa\left(\frac{2}{r}\frac{\partial U}{\partial r} + \frac{\partial^2 U}{\partial r^2}\right)\end{aligned}$$

(3) U が ϕ と θ と t に無関係な場合

$0 = \kappa\left(\frac{1}{r^2}\frac{\partial}{\partial r}\left(r^2\frac{\partial U}{\partial r}\right)\right)$ よって，

$$\begin{aligned}&\frac{\partial}{\partial r}\left(r^2\frac{\partial U}{\partial r}\right) = 0, \qquad \left(r^2\frac{\partial U}{\partial r}\right) = C_1, \\ &\frac{\partial U}{\partial r} = \frac{C_1}{r^2}, \qquad U = -\frac{C_1}{r} + C_2\end{aligned}$$

ここで，C_1 と C_2 は定数である．

第6章の解答

問 6.1 (6.15), (6.16) 式を出発点として，(6.6) 式が成り立つことを示せばよい．つまり，(1) ⇒ (2) を示した際に行った計算を逆向きにたどればよい．まず (6.13), (6.14) となる a, b をとって (6.15), (6.16) 式に代入すると，(6.7), (6.8) 式を得る．さらに，(6.7) + (6.8) × i を計算すると，(6.6) 式を得る．

問 6.2 (a) $e^z e^w = \sum_{n=0}^{\infty} \frac{z^n}{n!} \cdot \sum_{m=0}^{\infty} \frac{w^m}{m!} = \sum_{n=0}^{\infty} \sum_{m=0}^{n} \frac{z^{n-m} w^n}{(n-m)!m!} = \sum_{n=0}^{\infty} \frac{(z+w)^n}{n!} = e^{z+w}$

(b) 商の微分の公式より $(e^{\alpha+z}/e^z)' = \dfrac{e^{\alpha+z}e^z - e^{\alpha+z}e^z}{(e^z)^2} = 0$. 例題 6.15 の結果を用いると，$e^{\alpha+z}/e^z = C$, $e^{\alpha+z} = Ce^z$ (C は積分定数)．これに $z=0$ を代入すると，$e^0 = 1$ より $e^\alpha = C$. したがって，$e^{\alpha+z} = e^\alpha e^z$.

第7章の解答

問 7.1 $z = x + yi$ に対し $f(z) = |z|^2 = x^2 + y^2$ であり，コーシー–リーマンの関係式を満たさないことがすぐにわかる．したがって $f(z)$ は正則でない．C_1 に沿っての積分は，$z(s) = s + s^2 i$ $(0 \leqq s \leqq 1)$ ととると，$f(z(s)) = |z(s)|^2 = s^2 + s^4$ であること等より，$\int_{C_1} f(z)dz = \frac{8}{15} + \frac{5}{6}i$. C_2, C_3 に沿っての積分は，それぞれ $z(s) = s$ $(0 \leqq s \leqq 1)$, $z(s) = 1 + si$ $(0 \leqq s \leqq 1)$ ととると，$|z(s)|^2 = s^2$ および $|z(s)|^2 = 1 + s^2$ となること等より，$\int_{C_2+C_3} f(z)dz = \frac{1}{3} + \frac{4}{3}i$.

問 7.2 (7.9) 式より，

$$\oint_C \frac{f(z)}{z-z_0}dz = \oint_{C_1} \frac{f(z)}{z-z_0}dz = \oint_{C_1} \frac{f(z)-f(z_0)}{z-z_0}dz + \oint_{C_1} \frac{f(z_0)}{z-z_0}dz$$

C_1 の半径 r を限りなく小さくとるとき，$f(z)$ は正則なので右辺第 1 項の被積分関数は有限の値をもつ．したがって，$r \to 0$ のとき (右辺第 1 項) は 0 に収束する．一方で右辺第 2 項は (7.9) 式と同じ計算により $2\pi i f(z_0)$ となる．

第8章の解答

問 8.1 $z = e^{i\theta}$ とおくと $dz = ie^{i\theta}d\theta$ より $d\theta = dz/iz$. (6.28) 式より $\cos\theta = (z + z^{-1})/2$ となるので，$I = -2i \int_C \dfrac{dz}{z^2+4z+1}$ と書き換えることができ，$0 \leqq \theta \leqq 2\pi$ より C は $|z| = 1$ の円形の閉じた経路となる．$f(z) = \dfrac{1}{z^2+4z+1}$ とおくと，$f(z)$ の極 $z = -2 + \sqrt{3}$ は

C の内部にあり，$\mathrm{Res}\, f(-2+\sqrt{3}) = \dfrac{1}{2\sqrt{3}}$ となる．したがって，留数定理 (8.9) を用いると $I = -2i \times 2\pi i \times \mathrm{Res}\, f(-2+\sqrt{3}) = \dfrac{2\pi}{\sqrt{3}}$.

第9章の解答

問 9.1 各 x で $N \longrightarrow \infty$ とすると $f_N(x)$ が $f(x)$ に各点収束するのは自明であろう．また自然数 N に対して，たとえば点 $x_0 = 2^{-1/N}$ において $|f_N(x_0) - f(x_0)| = \dfrac{1}{2}$ となり，一様収束の定義を満たさないので，$f_N(x)$ は $f(x)$ に一様収束しない．

問 9.2 $f_N(x)$ が $f(x) = 0$ に各点収束することは自明であろう．また，

$$\int_{-\infty}^{\infty} |f_N(x) - f(x)|^2 dx = 2\int_0^{\frac{1}{N}} N^2(1-Nx)^2 dx = \frac{2N}{3}$$

となるので，$f_N(x)$ は $N \longrightarrow \infty$ で $f(x)$ に平均収束しない．

第10章の解答

問 10.1 (9.22) 式に (9.10), (9.11) 式を代入して三角関数の加法定理を用いると，

$$f_N(x) = \frac{1}{2L}\int_{-L}^{L} f(y)dy + \frac{1}{L}\sum_{n=1}^{N}\int_{-L}^{L} f(y)\cos\frac{n\pi}{L}(y-x)\,dy$$

を得る．ここで右辺の積分について，y から $z = y - x$ へ変数変換すると，z の積分範囲は $-L - x \leqq z \leqq L - x$ であるが，$f(z)$ の周期性より $-L \leqq z \leqq L$ と変更できるので，

$$f_N(x) = \frac{1}{L}\int_{-L}^{L}\left(\frac{1}{2} + \sum_{n=1}^{N}\cos\frac{n\pi}{L}z\right) f(z+x)dz$$

となる．ここで三角関数の和の公式 $\sum\limits_{n=1}^{N}\cos nz = \dfrac{1}{2} + \dfrac{\sin[(2N+1)z/2]}{2\sin(z/2)}$ を用いれば与式の $K_N(z)$ の表式が得られる．さらに，積分公式 (8.12) を用いると，$\lim\limits_{N\to\infty}\dfrac{\sin Nz}{\pi z} = \delta(z)$ を示すことができる．これを用いれば $\lim\limits_{N\to\infty} K_N(z) = \delta(z)$ を示せる．したがって，$\lim\limits_{N\to\infty} f_N(x) = \int_{-L}^{L}\lim\limits_{N\to\infty} K_N(z) f(z+x)dz = \int_{-L}^{L}\delta(z) f(z+x)dz = f(x)$ となる．

問 10.2 $f(x) = y$ とおくと，$y = 0$ のとき $x = x_0$ であり，$f'(x)dx = dy$. 任意の関数 $g(x)$ に対して，$\int_{-\infty}^{\infty}\delta[f(x)]g(x)dx = \int_{-\infty}^{\infty}\delta(y)\dfrac{g(x)}{f'(x)}dy = \dfrac{g(x_0)}{f'(x_0)}$ となる．

問 10.3 任意の関数 $g(x)$ に対して，部分積分を用いて計算すると，$\int_{-\infty}^{\infty} g(x)[x\delta'(x)]dx =$

$[g(x)x\delta(x)]_{-\infty}^{\infty} - \int_{-\infty}^{\infty}[g(x)\,x]'\delta(x)dx = -\int_{-\infty}^{\infty}[g'(x)x+g(x)]\delta(x)dx = -g(0)$ より与式が成り立つ．

第11章の解答

問 11.1 (10.2) 式で $\omega \to 0$, (10.3) 式で $x \to 0$ の極限をそれぞれとると，

$$\lim_{\omega\to 0} F(\omega) = \int_{-\infty}^{\infty} \lim_{\omega\to 0} f(x)e^{-i\omega x}dx = \int_{-\infty}^{\infty} f(x)dx,$$

$$\lim_{x\to 0} f(x) = \frac{1}{2\pi}\int_{-\infty}^{\infty} \lim_{x\to 0} F(\omega)e^{i\omega x}d\omega = \frac{1}{2\pi}\int_{-\infty}^{\infty} F(\omega)d\omega$$

となるので，辺々かければ与式を得る．また，関数 $f(x)=1$ $(|x| \leqq a)$, 0 $(|x|>a)$ に対して $\lim_{x\to 0} f(x) = 1$, $\int_{-\infty}^{\infty} f(x)dx = 2a$ であることはすぐわかり，さらに $f(x)$ のフーリエ成分 $F(\omega) = \dfrac{2\sin(\omega a)}{\omega}$ に対して $\lim_{\omega\to 0} F(\omega) = 2a$. 以上を与式に代入すると，

$$2a \times \int_{-\infty}^{\infty} \frac{2\sin(\omega a)}{\omega} d\omega = 2\pi \times 1 \times 2a$$

したがって，(8.12) 式と同じ結果を得る．

第12章の解答

問 12.1 先進条件を満たすためには $\varepsilon > 0$ として 12.2 節と同様に計算すればよい．(12.13) 式の ω 積分は，$t>0$ のとき $I(t,k)=0$, $t<0$ のとき $I(t,k) = \dfrac{\pi i}{ck}(e^{-itck} - e^{itck})$ となる．したがって，$t>0$ のとき $G=0$, $t<0$ のとき $G(t,x,y,z) = \dfrac{1}{4\pi|\boldsymbol{x}|}\delta(t+|\boldsymbol{x}|/c)$ となる．これを (12.9) 式に代入すると，

$$f(t,x,y,z) = \int_{-\infty}^{\infty} dx' \int_{-\infty}^{\infty} dy' \int_{-\infty}^{\infty} dz' \, \frac{j(t_{\mathrm{adv}}, x', y', z')}{4\pi|\boldsymbol{x}-\boldsymbol{x}'|}$$

を得る．ここで，先進時 t_{adv} は以下で与えられる．

$$t_{\mathrm{adv}} = t + \frac{|\boldsymbol{x}-\boldsymbol{x}'|}{c}$$

索引

数　字

あ　行

か　行

さ　行

た 行

な 行

は 行

ま　行

や　行

ら　行

三井敏之（みつい・としゆき）

1970年　石川県金沢市生まれ.
1999年　ミネソタ大学大学院博士課程(物理学専攻)修了．Ph.D.
1999年　カリフォルニア大学ローレンスバークレー研究所博士研究員.
2002年　ハーバード大学分子生物学科博士研究員を経て,
現　在　青山学院大学理工学部教授.
　　　　専門は表面科学，ナノ材料，生物物理などの実験的研究.

山崎 了（やまざき・りょう）

1977年　神奈川県横浜市生まれ.
2004年　京都大学大学院理学研究科博士後期課程修了(博士(理学)).
　　　　日本学術振興会特別研究員，広島大学大学院理学研究科助教等を経て,
現　在　青山学院大学理工学部教授.
　　　　専門は宇宙物理学，特に高エネルギー天体現象に関する理論的研究.
著　書　『星間物質と星形成』シリーズ現代の天文学，第6巻(分担執筆，日本評論社).

日本評論社ベーシック・シリーズ＝NBS

物理数学——ベクトル解析・複素解析・フーリエ解析
（ぶつりすうがく）　（べくとるかいせき・ふくそかいせき・ふーりえかいせき）

2018年7月25日　第1版第1刷発行

著　者————三井敏之，山崎　了
発行者————串崎　浩
発行所————株式会社 日本評論社
〒170-8474 東京都豊島区南大塚3-12-4
電　話————(03) 3987-8621 (販売) (03) 3987-8599 (編集)
印　刷————藤原印刷
製　本————井上製本所
装　幀————図工ファイブ
イラスト————Tokin

ISBN 978-4-535-80642-9